FUNDAMENTOS DA CROMATOGRAFIA A LÍQUIDO DE ALTO DESEMPENHO

HPLC

A **Lei de Direito Autoral**
(Lei no 9.610 de 19/2/98)
no **Título VII, Capítulo II** diz

– Das Sanções Civis:

Art. 102 O titular cuja obra seja fraudulentamente reproduzida, divulgada ou de qualquer forma utilizada, poderá requerer a apreensão dos exemplares reproduzidos ou a suspensão da divulgação, sem prejuízo da indenização cabível.

Art. 103 Quem editar obra literária, artística ou científica, sem autorização do titular, perderá para este os exemplares que se apreenderem e pagar-lhe-á o preço dos que tiver vendido.

Parágafo único. Não se conhecendo o número de exemplares que constituem a edição fraudulenta, pagará o transgressor o valor de três mil exemplares, além dos apreendidos.

Art. 104 Quem vender, expuser à venda, ocultar, adquirir, distribuir, tiver em depósito ou utilizar obra ou fonograma reproduzidos com fraude, com a finalidade de vender, obter ganho, vantagem, proveito, lucro direto ou indireto, para si ou para outrem, será solidariamente responsável com o contrafator, nos termos dos artigos precedentes, respondendo como contrafatores o importador e o distribuidor em caso de reprodução no exterior.

REMOLO CIOLA

FUNDAMENTOS DA CROMATOGRAFIA A LÍQUIDO DE ALTO DESEMPENHO

HPLC

Fundamentos da cromatografia a líquido de alto desempenho

1ª edição - 1998
5ª reimpressão - 2013
Editora Edgard Blücher Ltda.

Blucher

Rua Pedroso Alvarenga, 1245, 4º andar
04531-012 - São Paulo - SP - Brasil
Tel 55 11 3078-5366
contato@blucher.com.br
www.blucher.com.br

FICHA CATALOGRÁFICA

Ciola, Remolo
Fundamentos da cromatografia a líquido de alto desempenho: HPLC / Remolo Ciola - São Paulo: Blucher, 1998

Bibliografia.
ISBN 978-85-212-0138-0

1. Cromatografia a líquido de alto desempenho I. Título.

03-6694 CDD-543.0894

Índices para catálogo sistemático:
1. Cromatografia a líquido de alto desempenho: Química analítica 543.0894
2. HPLC: Química analítica 543.0894

PREFÁCIO

Como o seu nome indica, o livro tem o objetivo de introduzir os "FUNDAMENTOS DA HPLC" aos profissionais e alunos de escolas de química que empregam este método de análise instrumental.

A cromatografia a líquido de alto desempenho—HPLC—é uma técnica relativamente recente, tendo assumido uma real importância nas últimos vinte anos, apesar da cromatografia de *per si* ter sido desenvolvida em termos científicos na primeira década do século.

Ela se apresenta como um método de ultra-microanálise, podendo detectar compostos moleculares, iônicos, ionizáveis, orgânicos ou inorgânicos, a níveis de concentrações de ppm e ppb ou inferiores. Ela é, portanto, uma técnica universal para a análise de compostos solúveis, com pesos moleculares até cerca de 20 milhões de daltons.

Os progressos teóricos dos últimos 15 anos a levaram a aplicações de importância capital, tanto na pesquisa e controle nas industrias químicas, farmacêuticas, petróleo e petroquímicas, na medicina, no controle da poluição e como técnica de produção industrial com unidades que podem produzir até 300 toneladas por ano de produtos químicos de pureza 99,999 % ou mais.

O presente livro constitui, na realidade, um curso prático de HPLC, mostrando os equipamentos básicos envolvidos, alguns aspectos teóricos da separação, as principais técnicas empregadas e algumas aplicações escolhidas entre as milhares existentes.

S. Paulo, março de 1998

Prof. Dr. Remolo Ciola

AGRADECIMENTOS

Ao Dr. Edgard Blücher e equipe pelo trabalho minucioso de revisão e, editoração e desenhos do Sr. Carlos Lepique.

A Celinha pela sua compreensão, apoio, amizade, encorajamento e amor.

CONTEÚDO

CAPÍTULO 1
CROMATOGRAFIA

1.1 INTRODUÇÃO **1**
1.2 HISTÓRICO **1**
1.3 USOS E LIMITAÇÕES DA CROMATOGRAFIA A LÍQUIDO **3**
1.4 COMPARAÇÃO ENTRE AS CROMATOGRAFIAS A LÍQUIDO CLÁSSICA E MODERNA **4**
1.5 CROMATOGRAFIA A LÍQUIDO DE ALTO DESEMPENHO - HIGH PERFORMANCE LIQUID CHROMATOGRAPHY—HPLC **6**
1.6 BIBLIOGRAFIA **6**
1.7 LITERATURA DA HPLC **7**

CAPÍTULO 2
OS INSTRUMENTOS DA CROMATOGRAFIA A LÍQUIDO

2.1 OS INSTRUMENTOS DA CROMATOGRAFIA A LÍQUIDO **8**
2.2 BOMBAS PARA HPLC **9**
2.2.1 Bombeamento isocrático e por gradiente **10**
2.2.2 Técnicas de bombeamento com formação de gradiente **11**
2.3 SISTEMA DE INTRODUÇÃO DA AMOSTRA **12**
2.4 SISTEMA ANALÍTICO — COLUNAS CROMATOGRÁFICAS **13**
2.4.1 Colunas analíticas **13**
2.4.2 Diâmetro e comprimento das colunas analíticas **14**
2.4.3 Colunas preparativas industriais **14**
2.4.4 Material da tubulação e das colunas **15**
2.5 SISTEMAS DE DETECÇÃO—DETECTORES **15**
2.5.1 Propriedades gerais dos detectores **16**
2.5.2 Sensibilidade **16**
2.5.3 Seletividade **16**
2.5.4 Precisão **17**
2.5.5 Exatidão **17**
2.5.6 Inexatidão **17**
2.5.7 Classes de detectores **18**
2.5.8 Detectores de absorbância no UV e no visível—fotômetros **19**
2.5.9 Fontes luminosas—lâmpada **19**
2.5.10 Filtros **20**
2.5.11 Redes de difração **21**
2.5.12 Célula do detector **22**

2.5.13 Detectores de fluorescência ... 22
2.5.14 Determinação do espectro de uma substância com o detector ... 24
2.6 DETECTORES POR INDICE DE REFRAÇÃO ... 25
2.6.1 Detectores eletroquímicos ... 27
2.7 BIBLIOGRAFIA ... 27

CAPÍTULO 3
A SEPARAÇÃO CROMATOGRÁFICA

3.1 INTRODUÇÃO ... 28
3.2 EFICIÊNCIA DAS COLUNAS CROMATOGRÁFICAS ... 29
3.2.1 Altura equivalente a um prato teórico ... 29
3.2.2 Resolução - Rs. ... 30
3.3 FENÔMENOS QUE REGEM A SEPARAÇÃO CROMATOGRÁFICA ... 30
3.3.1 Adsorção ... 30
3.3.2 A adsorção química ... 31
3.3.3 A adsorção física: ... 31
3.3.4 Partição ... 33
3.4 EFICIÊNCIA ... 36
3.4.1 Causas do alargamento dos picos ... 36
3.4.2 Retenção em cromatografia a líquido. ... 38
3.4.3 A equação geral da resolução. ... 40
3.5 BIBLIOGRAFIA ... 41

CAPÍTULO 4
FASES ESTACIONÁRIAS EMPREGADAS EM HPLC

4.1 INTRODUÇÃO ... 42
4.2 SÍLICA GEL ... 42
4.3 PROPRIEDADES FÍSICAS DA SÍLICA GEL ... 45
4.4 FASES QUIMICAMENTE LIGADAS À SÍLICA ... 45
4.4.1 Principais fases quimicamente ligadas derivadas da sílica ... 46
4.4.2 Fases não polares ... 46
4.4.3 Fases polares ... 46
4.4.4 Principais fases estacionárias com grupos ligados à sílica ... 46
4.5 POLÍMEROS ESPECIAIS. ... 49
4.5.1 Poliestireno-co-divinilbenzeno—pedvb ... 49
4.5.2 Resinas trocadoras de íons sulfônicas ... 50
4.5.3 Resinas aniônicas ... 50
4.5.4 Resinas poli(alquilestireno-co-divinilbenzen0) ... 51
4.5.5 Resinas poli(vinilpiridina-co-divinilbenzeno) ... 51
4.6 FASES ESTACIONARIAS COM DISTRIBUIÇÃO DE DIÂMETRO DE PORO CONTROLANDO A SEPARAÇÃO ... 51
4.6.1 Introdução ... 51
4.6.2 Relação entre diâmetro médio de poro da F.E. e adistribuição de peso molecular ... 53
4.6.3 Colunas lineares ... 55
4.6.4 Limites de permeação seletiva. ... 56
4.7 DIÂMETRO DAS PARTÍCULAS EMPREGADAS EM HPLC ... 56
4.8 DIÂMETRO DAS COLUNAS ... 59
4.9 FASES QUIRAIS ... 60
4.9.1 Fases estacionárias quirais ... 60

4.10 BIBLIOGRÁFIA. ... **62**

CAPÍTULO 5

A NATUREZA DA FASE MÓVEL EM HPLC

5.1 INTRODUÇÃO ... **63**
5.2 SELEÇÃO EM FUNÇÃO DAS PROPRIEDADES FÍSICAS. ... **64**
5.2.1 Viscosidade. ... **64**
5.2.2 Pressão de vapor ... **65**
5.2.3 Ponto de fulgor ... **66**
5.2.4 Valor limite de toxidez ... **67**
5.2.5 Compressibilidade ... **67**
5.2.6 Índice de refração ... **68**
5.2.7 Corte do UV - espectro de absorção no visível e UV ... **69**
5.3 FORÇA DOS SOLVENTES E POLARIDADE ... **70**
5.3.1 Variação da seletividade com a polaridade ... **72**
5.3.2 Miscibilidade ... **73**
5.3.3 Disponibilidade e custo dos solventes. ... **75**
5.4 A ESCOLHA DAS FASES MÓVEIS NO DESENVOLVIMENTO DO MÉTODO ANALÍTICO ... **75**
5.4.1 Desenvolvendo a separação ... **76**
5.4.2 Separações isocráticas com fases reversas ... **77**
5.4.3 Separações com fases reversas empregando técnicas de eluição com gradiente de solventes. ... **79**
5.5 BIBLIOGRAFIA ... **80**

CAPÍTULO 6

CROMATOGRAFIA DE ÍONS

6.1 INTRODUÇÃO ... **81**
6.2 SOLUÇÕES DE COMPOSTOS IÔNICOS E IONIZÁVEIS ... **81**
6.2.1 Ácidez e basicidade ... **83**
6.2.2 Condutância das soluções iônicas ... **84**
6.3 CONDUTÂNCIA EQUIVALENTE ... **86**
6.3.1 Métodos diretos e indiretos de detecção dos picos ... **88**
6.4 DETECTORES DE CONDUTIVIDADE ELÉTRICA ... **89**
6.4.1 Princípios de operação da célula ... **90**
6.4.2 Medida da condutância ... **91**
6.4.3 Outros métodos de detecção em cromatografia de íons ... **91**
6.5 SEPARAÇÕES EMPREGANDO TROCA ÍONICA ... **92**
6.5.1 Resinas trocadoras de íons ... **92**
6.5.2 Trocadores de íons derivados da sílica ... **94**
6.6 EQUILÍBRIO ENTRE RESINAS TROCADORAS DE ÍONS E SOLUÇÕES IÔNICAS ... **94**
6.6.1 Equilíbrio de troca iônica ... **95**
6.6.2 O fator capacidade ... **95**
6.7 CROMATOGRAFIA DE ÍONS COM COLUNAS SUPRESSORAS—SIC (CROMATOGRAFIA DE ÍONS COM DUAS COLUNAS) ... **95**
6.7.1 Introdução ... **95**
6.7.2 Natureza das fases estacionárias empregadas em cromatografia de íons. ... **96**
6.7.3 Colunas para cromatografia de íons ... **96**
6.8 A COLUNA SUPRESSORA E SUA QUÍMICA. ... **97**
6.9 TIPOS DE SUPRESSORES ... **98**

6.9.1 Supressores de colunas empacotadas **98**
6.9.2 Supressores de membranas de fibras ôcas **98**
6.9.3 Supressores de micromembranas **98**
6.9.4 Eluintes para cromatografia de íons suprimidos **99**
6.9.5 Eluintes para análise de ânions. **99**
6.9.6 Influência da concentração dos eluintes **100**
6.9.7 Eluintes para a análise de cátions **100**
6.9.8 Eluição com gradiente **101**
6.10 CROMATOGRAFIA DE ÍONS SEM COLUNA SUPRESSORA — SCIC CROMATOGRAFIA DE ÍONS COM UMA COLUNA **104**
6.10.1 Introdução **104**
6.10.2 Teoria **105**
6.10.3 A separação cromatográfica **105**
6.10.4 Explanação dos picos cromatográficos **105**
6.10.5 A natureza da fase móvel **106**
6.10.6 Principais fases móveis **108**
6.10.7 Eluintes básicos **111**
6.10.8 Efeito da concentração da fase móvel **112**
6.10.9 Efeitos da capacidade da resina **114**
6.11 ANÁLISE DE CATÍONS POR CROMATOGRAFIA DE ÍONS COM UMA COLUNA .. **114**
6.11.1 Introdução **114**
6.11.2 Fases estacionárias **114**
6.11.3 Fases móveis **114**
6.11.4 Soluções complexantes **115**
6.11.5 Equilibrios termodinâmicos envolvendo complexantes e cátions polivalentes **116**
6.12 CROMATOGRAFIA POR INTERAÇÃO IÔNICA **117**
6.12.1 Introdução **117**
6.12.2 Reagentes mais empregados na cromatografia por pareamento íonico. (Ion Iinteractíon Reagents - IIR) **119**
6.12.3 Mecanismos **120**
6.12.4 Modelo por pareamento na fase móvel **120**
6.12.5 Modelo de troca iônica na superfície **121**
6.12.6 Modelo de interaçâo iônica **121**
6.12.7 Exemplos de aplicações da cromatografia por pareamento de íons. **121**
6.13 REAÇÕES APÓS A COLUNA **122**
6.13.1 Fases móveis empregadas **122**
6.14 REAGENTES COMPLEXANTES **122**
6.14.1 Análise de complexos **122**
6.14.2 Eluição com gradiente **124**
6.15 BIBLIOGRAFIA **124**

CAPÍTULO 7
ANÁLISE QUALITATIVA E QUANTITATIVA
7.1 PREPARAÇÃO DA AMOSTRA **125**
7.2 O QUE SE DEVE CONHECER DA AMOSTRA ? **126**
7.3 TÉCNICAS DE PREPARAÇÃO DA AMOSTRA **126**
7.3.1 Extração em fase sólida **127**
7.3.2 Seleção da fase estacionária para tratar a matriz **127**
7.3.3 O emprego dos adsorventes **128**

7.4 SPE—ACONDICIONAMENTO, MONTAGEM DOS CARTUCHOS E VELOCIDADE DE ELUIÇÃO DOS SOLVENTES **129**
7.4.1 Acondicionamento do cartucho **130**
7.4.2 Acondicionamento das diversas fases estacionárias **130**
7.4.3 Seleção da fase estacionária para tratar a matriz **131**
7.4.4 Volumes de solventes recomendados para efetuar a eluição **134**
7.4.5 Esquema geral da extração dos eluatos empregando adsorventes sólidos. **134**
7.5 PROTEÇÃO DAS COLUNAS E SUA REGENERAÇÃO **135**
7.5.1 Introdução **135**
7.5.2 Teste das colunas. **136**
7.5.3 Cuidados no uso das colunas—considerações sobre a fase móvel **136**
7.5.4 Cuidados no uso da coluna **136**
7.5.5 Considerações operacionais **137**
7.5.6 Armazenamento das colunas **137**
7.5.7 Técnicas de regeneração de colunas **137**
7.5.8 Considerações especiais para colunas empregadas na separação por exclusão de tamanho **139**
7.5.9 Armazenamento **139**
7.5.10 Guia de proteção para as colunas de HPLC **139**
7.6 PROBLEMAS NAS SEPARAÇÕES **140**
7.6.1 Introdução **140**
7.6.2 Fator de assimetria **141**
7.6.3 Colunas deterioradas **142**
7.6.4 Excesso de amostra **143**
7.6.5 Solvente e / ou volume de injeção inadequado **143**
7.6.6 Efeitos extra-coluna **145**
7.6.7 Efeitos de retenção secundários **146**
7.6.8 Tampões inadequados **147**
7.6.9 Pseudo-caudas **147**
7.7 ANÁLISE QUALITATIVA **148**
7.8 ANÁLISE QUANTITATIVA **149**
7.8.1 Introdução **149**
7.8.2 Princípios da análise quantitativa **149**
7.8.3 Análise por padronização externa **149**
7.8.4 Calibração interna **150**
7.9 BIBLIOGRAFIA **152**

CAPÍTULO 8
APLICAÇÕES DA HPLC
8.1 INTRODUÇÃO **153**
8.2 DERIVADOS TIOHIDANTOÍNICOS DOS AMINOÁCIDOS **154**
8.3 ÀCIDOS FENOXIACÉTICOS **155**
8.4 AMINAS GRAXAS **156**
8.5 ÂNIONS INORGÂNICOS **157**
8.6 EXPLOSIVOS **158**
8.7 SULFONAMIDAS **159**
8.8 PENICILINAS **160**
8.9 ANTIBIÓTICOS DA TETRACICLINA **161**
8.10 ÁCIDOS GRAXOS LIVRES **162**

8.11 ÉSTERES FTÁLICOS **163**
8.12 SACARÍDEOS **164**
8.13 OLIGOSSACARÍDEOS **165**
8.14 PROTEÍNAS **166**
8.15 PEPTÍDEOS HIDROFÓBICOS (PEPTÍDEOS b AP) **167**
8.16 VITAMINAS - B **168**
8.17 ÁCIDOS HIPÚRICOS **169**
8.18 DNPH DERIVADOS DE ALDEÍDOS E CETONAS - MÉTODO EPA **170**
8.19 SEPARAÇÃO DE DERIVADOS DNS DE AMINOÁCIDOS DE PROTEÍNAS COM FASE MÓVEL CONTENDO REAGENTES QUIRAIS **171**
8.20 SEPARAÇÃO DE ATENOLOL COM COLUNAS QUIRAIS **172**
8.21 ALGUNS EXEMPLOS DE CITAÇÕES BIBLIOGRÁFICAS DA LITERATURA DE HPLC RETIRADAS DO CDCHROM (TEXTO RESUMIDO) **173**
8.21.1 Aminas **173**
8.21.2 Derivados de aldeídos **173**
8.21.3 Antibióticos **174**
8.21.4 Ácidos biliares **174**
8.21.5 Carotenos **174**
8.21.6 Catecolaminas **175**
8.21.7 Explosivos **175**
8.21.8 Fungicidas **175**
8.21.9 Inseticidas **175**
8.21.10 Nicotina **176**
8.21.11 Lipídeos **176**
8.21.12 Triglicerídeos **177**
8.21.13 Proteínas **177**
8.21.14 Esteróides **177**

CAPÍTULO 1

CROMATOGRAFIA

1.1 INTRODUÇÃO

A cromatografia pode ser conceituada como um método físico-químico de separação, no qual os constituintes da amostra a serem separados são particionados entre duas fases, uma estacionária, geralmente de grande área, e a outra um fluído insolúvel, na fase estacionária, que percola através da primeira. [1, 2].

Pelo conceito acima, a fase estacionária empregada poderá ser um sólido ou um líquido enquanto que a fase móvel poderá ser um fluído líquido, um gás ou um gás em condições supercríticas (acima da temperatura crítica e a altas pressões). Se a fase móvel for um líquido, a cromatografia será cromatografia a liquido ou cromatografia em fase gasosa. Se fase móvel for um gás ou um vapor, a cromatografia será cromatografia a gás ou cromatografia em fase gasosa.

A cromatografia tem cerca de 95 anos e ela tem se mostrado uma técnica incrivelmente importante para a análise de materiais com as mais variadas estruturas e propriedades físicas. Três cientistas ganharam o prêmio Nobel devido a seus trabalhos em cromatografia (A.J.P. Martin e R. L. M. Synge da Inglaterra em 1952 e A. Tiselius da Suécia em 1948). Além desses, dezenas foram contemplados com prêmios por suas pesquisas empregando técnicas cromatográficas e cerca de 200.000 trabalhos foram publicados nesse período.[3] Esses dados mostram a sua grande importância e a pergunta que se faz imediatamente é como ela foi desenvolvida e quais foram seus principais responsáveis.

1.2 HISTÓRICO

Em 1897 David Talbot Day[4] demonstrou que frações de petróleo quando passadas através de terra Fuller fracionam, alterando a composição. Ele investigou o processo com o objetivo de possíveis aplicações, tendo apresentado um trabalho no Primeiro Congresso Internacional de Petróleo em Paris,1900. Ele reconheceu possibilidades analíticas, porém não teve a capacidade de definir corretamente o fenômeno. Ele pensava em termos de processos envolvendo capilaridade e difusão, não percebendo corretamente os processos envolvidos.

Michael S. Tswett em 1903 apresentou seus primeiros estudos sobre o assunto, definindo, anos mais tarde, corretamente o processo e dando-lhe também o nome. Tswett nasceu em 17 de maio de 1872 em Asti, Piemonte, Italia, filho de Simeon Tswett, um cidadão russo e de Maria Dorozza italiana. Educado na Suíça onde fez doutoramento em 1896, mudou-se para a Rússia, onde foi professor na Escola de Medicina Veterinária da Universidade de Varsóvia, e do Instituto de Tecnologia de Varsóvia até 1915, quando houve a invasão do local pelas tropas alemãs. Faleceu em 26 de junho de 1919, possivelmente de uma doença cardíaca.[5]

Praticamente todo seu trabalho foi dedicado ao estudo de pigmentos vegetais, principalmente a clorofila, convencido de que ela seria uma mistura de substâncias. Nesse aspecto ele empregou métodos físicos que, operando à temperatura ambiente, pudéssem separar os componentes.

A técnica escolhida foi a adsorção empregando materiais sólidos dentro de tubos, introduzindo a amostra no topo e em seguida passando um solvente através do sólido. Com a finalidade de poder extrair os corantes da matéria vegetal, ele empregou uma grande série de solventes e avaliou mais de 100 substâncias sólidas capazes de uma retardação seletiva dos pigmentos individuais, e ao mesmo tempo deduzir regras importantes para o fenômeno de adsorção.

Seu trabalho preliminar foi apresentado em 21 de março de 1903 perante a Seção de Biologia da Sociedade de Ciências Naturais de Varsóvia e em seguida publicado em russo nos Procedimentos da Sociedade e em revistas alemãs [6]. Esse trabalho, com o título

"*Sobre uma nova categoria de adsorção e suas aplicações em analise bioquímica*", descreve a cromatografia sem ainda dar-lhe o nome. Três anos mais tarde, em dois trabalhos notáveis intitulados "*Estudos físico-químicos da clorofila. a adsorção "e" Análise por adsorção e o método cromatografico, aplicação na química da clorofila*" [7], ele definiu a técnica e deu-lhe o nome. Do seu primeiro trabalho temos a seguinte descrição :

"Quando uma solução de éter de petróleo é filtrada através de uma coluna contendo um adsorvente (eu uso principalmente o carbonato de cálcio que é introduzido firmemente num tubo de vidro), então os pigmentos são resolvidos de acordo com uma seqüência de adsorção do topo até o fundo, em várias zonas coloridas visto que os pigmentos adsorvidos mais firmemente deslocam os mais fracamente adsorvidos, e forçam ainda mais para baixo. A separação estará completa quando, depois que a solução dos pigmentos tiver passado, então o solvente puro passará pela coluna. como os raios de um espectro, os diferentes componentes da mistura são resolvidos na coluna de carbonato de cálcio e então podem ser determinados qualitativa e quantitativamente. E*u chamo tal preparação de cromatograma, e o método correspondente de método cromatográfico".*

Geralmente se assume que a palavra cromatografia vem do grego "chroma" (cor) e "graphe" (escrever).

O próprio Tswett[(8)], deu ênfase aos seguintes comentários: "*É evidente que o fenômeno de adsorção descrito não está restrito aos pigmentos da clorofila e devemos assumir que todas as espécies coloridas ou não coloridas podem ser sujeitas às mesmas leis."*

Tswett empregou corretamente os conceitos de adsorção introduzidos nos livros de W. Ostwald publicados entre 1891 e 1895. Atualmente, existe uma questão sobre o real batismo do nome cromatografia. Tudo leva a crer que ele cunhou o próprio nome à técnica, pois em russo Tswett significa cor, e, em outras palavras, cromatografia seria pois a *"técnica de Tswett"* [(9)].

Tswett trabalhou até 1916, tendo publicado cerca de 100 trabalhos sobre o assunto. A técnica não foi bem compreendida na época, até que os trabalhos de Kuhn e Lederer[(10)] a empregaram, com sucesso, na separação de carotenóides. O trabalho de Tswett foi efetuado empregando a cromatografia *líquido — sólido,* isto é, cromatografia por adsorção que teve, e ainda tem, importância analítica e industrial. As principais evoluções da cromatografia, após os trabalhos fundamentais de Tswett, foram as seguintes :

Martin e Synge desenvolveram em 1941[(11)], a cromatografia de partição na qual a fase móvel é um *líquido* e a fase estacionária também um *líquido* suportado sobre um sólido;

Desenvolvimento da cromatografia em papel, como uma variante da cromatografia de partição *líquido — líquido* por Consden, Gordon e Martin[(12)];

Desenvolvimento da cromatografia de partição *gás — líquido* em 1952 por Martin e James [(13)]; esta técnica foi prevista pelos autores na publicação anterior,[(11)];

Figura 1.1- Michael S. Tswett

Desenvolvimento da cromatografia a gás por adsorção por Erika Cremer e seus alunos Prior e Muller [14, 15], trabalhos extremamente importantes como foi bem discutido recentemente por Ettre[16]

Como se percebe pelo exposto acima, a contribuição de Martin foi fundamental na cromatografia. Ele desenvolveu as técnicas principais, que lhe valeram merecidamente o prêmio Nobel de 1952.

Esse desenvolvimento foi muito bem descrito por Martin[17], James [18] e Ettre[19], além de muitos outros. Dessa última citação retiramos uma ilustração do aparelhamento empregado inicialmente por Tswett.

1.3 USOS E LIMITAÇÕES DA CROMATOGRAFIA A LÍQUIDO

A cromatografia a gás demonstrou, desde o seu aparecimento, uma potencialidade enorme devido à sua eficiência, facilidade, baixo custo e possibilidade de analisar misturas voláteis de alta complexidade, por exemplo, óleos essenciais, frações de petróleo, inseticidas residuais, gases industriais, gorduras de todas as espécies, açúcares, formulações de inseticidas, monômeros, produtos petroquímicos, etc.

De um modo geral, acredita-se que a cromatografia a gás pode analisar mais de 20% dos compostos existentes.

Para ser possível a sua analise é necessário que os compostos analisados sejam, nas condições de operação, voláteis e termicamente estáveis.

Dentro dessas condições não podemos incluir, a não ser que se sintetizem seus derivados voláteis, as seguintes classes de compostos:

• *compostos iônicos* • *sais inorgânicos e orgânicos* • *aminoácidos puros*
• *compostos polares de alto peso molecular* • *polímeros de baixo e alto peso molecular*
• *compostos termicamente instáveis*• *corantes salinos etc., etc.,*

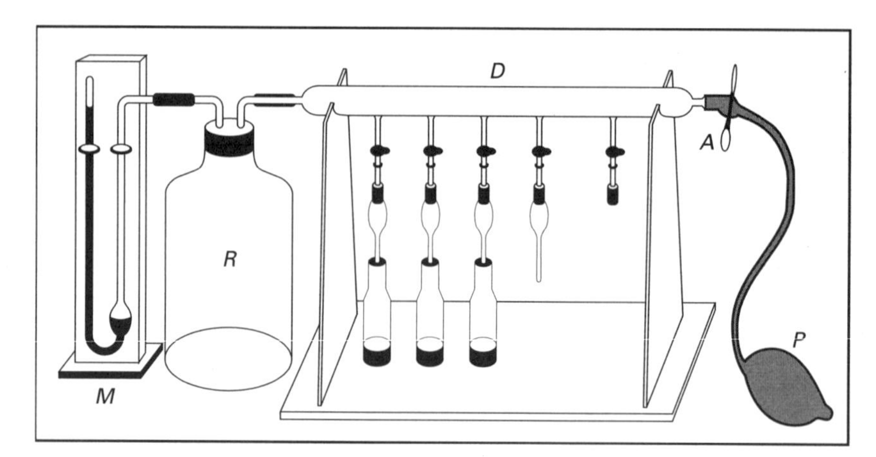

Figura 1.1 Cromatógrafo de Tswett, 1906

A cromatografia a *líquido*, por outro lado, não necessita da volatilidade, mas ela necessita da solubilidade das amostras na fase móvel e uma possível interação com a fase estacionária.

Na cromatografia a gás, a separação ocorre devido a interações entre as espécies analisadas e a fase estacionária, porém a fase móvel tem pouca influência na separação. Na cromatografia a líquido, as espécies que estão sendo analisadas sofrem influência enorme da fase estacionária, e ao mesmo tempo as propriedades destas são continuamente influênciadas pela fase móvel, fato que não ocorre na cromatografia a gás.

A cromatografia a líquido permite, entre outras, a análise das seguintes classes principais de compostos:

• *Proteínas* • *Ácidos nucléicos* • *Aminoácidos* • *Corantes* • *Polissacarídeos*
• *Pigmentos de plantas* • *Compostos iônicos* • *Íons metálicos* • *Cátions* • *Lipídeos polares*
• *Explosivos* • *Polímeros sintéticos* • *Surfatantes* • *Farmacêuticos*
• *Metabólicos de plantas* • *Ânions* • *Complexos de metais pesados*

Além dessas, todos os produtos de origem vegetal, animal e mineral, desde que solúveis na fase móvel, operando numa fase estacionária conveniente.

1.4 COMPARAÇÃO ENTRE AS CROMATOGRAFIAS A LÍQUIDO CLÁSSICA E MODERNA

A cromatografia a líquido permaneceu como uma arte técnica durante muitos anos. As teorias existentes não explicavam corretamente o desempenho das colunas cromatográficas, o papel da fase estacionária e o da fase móvel.

Nelas a cromatografia a líquido era feita como no tempo de Tswett, em tubos de vidro cheios da fase estacionária, e a passagem do solvente era feita por gravidade ou no máximo com ligeira pressão de um gás inerte sobre o solvente.

O processo era demorado, às vezes dias, e a monitorização era visual ou pela análise química das frações coletadas (contagem por gotas ou por volumes específicos). Com o auxílio dos resultados analíticos construía-se um cromatograma, que não passava de um gráfico de coluna. Às vezes a detecção era visual, em outras podia-se acoplar uma lâmpada de ultra-violeta para a detecção de compostos insaturados, como era o caso da análise de parafinas, olefinas e aromáticos sobre sílica, empregando o método FIA (fluorescent analysis).

Empregando essa técnica, a análise, dependendo do tamanho da coluna empregada, da natureza e granulometría da fase estacionária e do tipo de amostra, demorava horas ou dias.

Nesse aspecto a cromatografia a líquido dessa época era essencialmente uma técnica preparativa lenta. A partir das frações separadas conseguia-se, após sua purificação, a identificação, empregando métodos químicos ou físico-químicos convencionais. A cromatografia a líquido permaneceu estagnada até os anos 70 parecendo, comparada com a cromatografia a gás, uma técnica de poucos recursos. Os principais marcos atingidos até essa época foram [20] :

1903 Tswett - Fenômenos de adsorção em colunas
1931 Kuhn, Lederer e Winterstein - Primeiras separações preparativas de importância.
1938 Izmailov e Shraiber - Cromatografia em camada fina.
1941 Martin e Synge - Cromatografia de partição *líquido - líquido* - CLL
1944 Consden, Gordon e Martin - Cromatografia em papel.
1949 Speeding e Tompkins - Cromatografia de troca iônica.
1952 James e Martin - Cromatografia a gás
1957 Golay - Colunas capilares para CG.
1959 Porath e Flodin - Cromatografia por exclusão por tamanho.
1966 Piel - Cromatografia a líquido moderna [21].

Este último autor [21] foi o primeiro a efetuar separações cromatográficas rápidas e com grande eficiência.

A partir desses eventos a evolução da Cromatografia a líquido foi extremamente dinâmica, a contar pelo número de trabalhos publicados. Deve-se notar que a cromatografia a gás já estava tomando um impulso extraordinário, enquanto que a cromatografia a líquido ainda tinha uma série de problemas técnicos não resolvidos e portanto não era uma técnica analítica instrumental.

Ambas tinham e ainda têm, como é comum nas tecnologias, muitas variáveis a estudar e sempre elas terão possibilidades de enormes progressos, principalmente os advindos da aplicação da informática. A tabela dada a seguir nos apresenta o número de trabalhos publicados e resumidos pelo Chromatographic Abstracts até 1992.

ANO	C.GÁS	HPLC	RELAÇÃO CG/HPLC
1963	1051		
1964	1400		
1965	1100		
1966	1200		
1967	1120		
1968	1200		
1972	853	60	14
1973	1000	92	11
1974	850	99	8,6
1975	1090	327	3,3
1976	1200	442	2,7
1877	1223	371	3,3
1978	1200	407	2,9
1979	1247	401	3,1
1980	1101	1075	1,02
1984	923	1049	0,88
1985	918	1003	0,92
1986	895	1202	0,75
1987	764	2455	0,31
1988	1272	1225	1,04
1989	1225	2019	0,61
1990	1107	2396	0,46
1991	1138	2139	0,53
1992	Dados não disponiveis pelo autor.		

Tabela 1.1
Número de trabalhos publicados em cromatografia a gás e em cromatografia a líquido de 1963 a 1991

Os dados acima foram determinados pela análise de diversos volumes do Gas and Liquid Chromatographycs Abstracts.[22]

Estimativas do exame geral por editores de ABSTRACTS estima que até o presente foram publicados mais de 200.000 trabalhos em cromatografia, o que nos dá uma visão nítida da sua importância.

1.5 CROMATOGRAFIA A LÍQUIDO DE ALTO DESEMPENHO—HIGH PERFORMANCE LIQUID CHROMATOGRAPHY—HPLC

Estudos teóricos e práticos, que serão analisados posteriormente, demonstraram no fim dos anos 60 e nos anos subseqüentes, que a cromatografia a líquido necessitava de uma tecnologia muito diferente da empregada até aquela época.

Como fatores principais, mas não únicos, podemos chamar a atenção dos seguintes:

Necessidade de operações com partículas de fase estacionária extremamente pequenas inferiores a 10 micra de diâmetro.

Uso de solventes especiais e ultra-puros.

Uso de detectores com tamanho de célula de detecção inferior a 10 microlitros.

Uso de detectores especiais seletivos e super-sensíveis.

Devido ao emprego de partículas extremamente pequenas, foi necessário desenvolver bombas para líquidos de alta precisão e exatidão para operações a pressões de ate 500 atm. e baixas vazões de 0,010 até 2-3 mililitros por minuto em operações analíticas.

E teorias que explicassem satisfatoriamente:

- o mecanismo de separação cromatográfica,
- influência da temperatura,
- influência da pressão e vazão da fase móvel,
- influência da natureza do solvente puro e das misturas de solventes empregadas como fase móvel usadas na separação e no tempo de análise,
- influência da natureza da fase estacionária.

O emprego de altas pressões determinou o primeiro nome da técnica "*HIGH PRESSURE LIQUID CHROMATOGRAPHY"— HPLC* — para diferenciá-la da cromatografia a líquido clássica que operava à pressão ambiente.

Atualmente o "P" da sigla representa PERFORMANCE isto é, DESEMPENHO. Em português poderia ser traduzida por :

CROMATOGRAFIA A LÍQUIDO DE ALTO DESEMPENHO, "CLAD", porém, na opinião do autor, deve-se conservar a sigla **HPLC,** pois ela é empregada internacionalmente.

1. A HPLC é uma técnica de ultra-microanálise podendo, dependendo da substância e do detector empregado, quantificar massas de componentes inferiores a (10^{-18}g).

1.6 BIBLIOGRAFIA

1. Cíola, R.- Fundamentos da cromatografia a gás - Editora Edgard Blücher Ltda., Instrumentos Científicos CG Ltda. 1985
2. Keulemans, A.I.M.- Gas Chromatography - C.G.Verver,ed.Reinhold, New York, 1957.
3. Ettre, S. em Csaba Horváth - High Performance Liquid Chromatography - Vol. 1 p. 4 1980
4. Day, D. T. - Proced. Am. Phil. Soc. 36, 112-115 (1897)
5. Ettre, S. - Anal. Chem 43,25 A, Dez. 1971

6. Tswett ,M.S. - Proc. Warsaw Soc. Nat. SCi. Biolg. Set. - 14, número 6, 1903
7. Tswett., M. S. - Ber. Deut. Bot. Ges. 24,384-393 (1906)
8. Tswett, M.S. - Ber. Deut. Bot. Ges. 24, 322, 1906
9. Ettre, L.S. - Chromatographia, 3, 95, 1970
10. Kuhn e E. Lederer, - Ber. Deut. Chem. Ges. 64, 1349-1357 (1931)1.
11. Martin, A. P.J. e Synge, R. I. M., Bichem, J. 35, 1349 - 1368 (1941)
12. Consden, A. H. Gordon eMartin, A.J.P. - Biochem.J. 38,224-232,(1944)
13. James, T. e Martin, A. J. P., Biochem. J. 50, 679-90, (1952)
14. Prior, F., Thesis University of Inspruck,maio de 1947
15. Cremer, E. e Prior, F. - Obter. . 50,161 julho 1949
16. Ettre, .L.S. - Chromatografia 29 9/10, maio,413, 1990.
17. Martin, P. - "Historical Background" in Gas Chromatography on Biology and Medi cine -R. Portes Ed. Churchill Ltd. London, 1969.
18. James, A. T. "The Development of an Idea "in Gás Chromatography", H. J. Nobles e outros, Academic Press, 1961
19. Ettre, L. S. - Evolution of Liquid Chromatography em High Performance Liquid Chroma tography- Vol. 1 - Editado por Csaba Horwath - Academic Press, 1980.
20. Verzele, M. e Dewaele, C. - Preparative High Performance Chromatography—TEC, Bélgica
21. Piel, E., Anal. Chem., 38, (1966) 370-2
22. Gás and Liquid Chromatographic Abstracts - Preston Publications - Niles Ill.

1.7 LITERATURA DA HPLC

A literatura da HPLC é extremamente vasta, tanto em revistas, em livros de caráter geral, como em livros especializados.

Parte do livro baseou-se na experiência profissional do autor, parte em citações de artigos e uma outra parte de livros, catálogos e revistas consultadas e nem sempre citadas.

A titulo de informação damos a seguir uma lista das revistas mais importantes que tratam especifica ou parcialmente da HPLC.

Journal of Chromatography - Elsevier - Amsterdam
Journal of Chromatographic Science - Preston Publications - Niles - Illinois, EUA
Journal of High Resolution Chromatography -Hüthig gmbh - Heidelberg
Analytical Chemistry - American Chemical Society
LC - GC International - Advantstar Comunications - Chester - United Kingdom

A EXECUÇÃO EXPERIMENTAL DA HPLC

2.1 OS INSTRUMENTOS DA CROMATOGRAFIA A LÍQUIDO

A HPLC é uma técnica que atualmente emprega um conjunto de equipamentos especiais. Eles poderão diferir em caraterísticas e grau de automação, porém, são absolutamente necessários para uma execução conveniente.

Os aparelhos empregados para efetuar a *cromatografia a líquido* — HPLC — são chamados de *cromatógrafos a líquido.*

Eles se caracterizam por terem os seguintes componentes:

1-Reservatório e sistema de bombeamento da fase móvel

2- Sistema de introdução da amostra.

3- Sistema analítico — coluna cromatográfica e termóstato das colunas.

4- Sistema de detecção (um ou mais detectores).

5- Sistema de registro e tratamento de dados.

A figura 2.1 mostra um diagrama de bloco de um cromatógrafo contendo os itens acima.

De acordo com a figura 2.1, o solvente que se acha no reservatório é bombeado com o auxílio da bomba através do sistema de introdução da amostra até a coluna cromatográfica, situada ou não dentro de um termostato.

Nela, efetua-se a separação dos componentes da mistura de acordo com a natureza da fase móvel, fase estacionária e a natureza dos componentes analisados.

A fase móvel sai da coluna e passa por um sistema de detecção, onde são detectadas alterações de alguma propriedade física específica. Esta variação é transformada num sinal elétrico, que é convenientemente registrado e tratado matematicamente por um processador conveniente. O gráfico obtido se chama *cromatograma* e a figura 2.2 nos mostra um típico obtido por *cromatografia a líquido*.

A análise e a discussão dos componentes de um cromatógrafo podem ser extremamente extensas, pois cada fabricante tem seus próprios desenvolvimentos, que apresentam às vezes características que influenciam o desempenho total.

A seguir alguns deles serão estudados, com o objetivo de introduzir o leitor à terminologia empregada e principalmente aos fundamentos básicos dos equipamentos envolvidos e da técnica experimental necessários para compreender toda a evolução das teorias sobre a eficiência das colunas e o desempenho total do sistema.

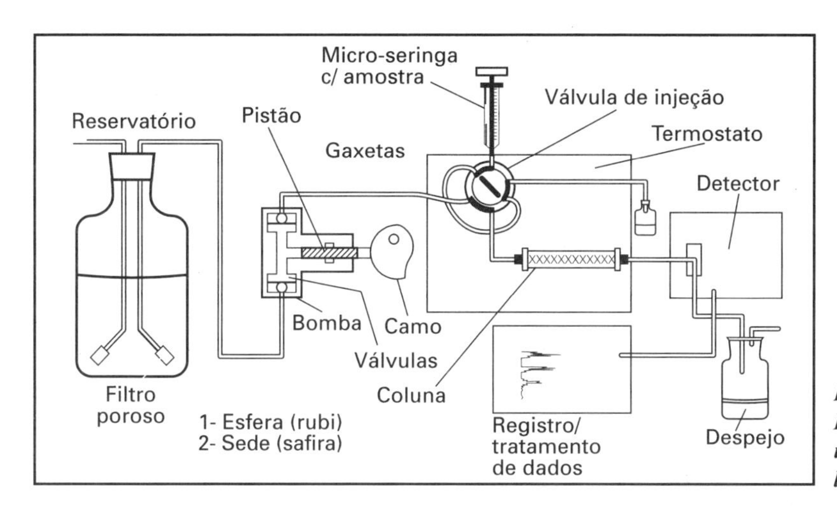

Figura 2.1
Diagrama de bloco de um cromatógrafo a líquido simples

O frasco deve ser de vidro (borossilicato) e, às vezes, dependendo da fase móvel empregada, deve ser de teflon ou outro polímero conveniente. Sua tampa deve ter furos de passagem da tubulação da fase móvel e de um gás, (hélio), empregado para remover ar ou outros gases dissolvidos no solvente. A superfície livre dos furos deve ser a menor possível, a fim de se evitar a difusão do solvente para a atmosfera e portanto a poluição do ambiente de trabalho.

Dependendo da técnica de desgaseificação empregada, o frasco poderá estar acoplado a aquecimento, agitação ou a sistemas de vácuo.

A linha do solvente, possui, obrigatoriamente na sua extremidade, um filtro de aço inoxidável que permite reter as partículas sólidas porventura existentes. Elas iriam atrapalhar o funcionamento da bomba e / ou causar entupimento da coluna cromatográfica.

2.2 BOMBAS PARA HPLC

As bombas empregadas em **HPLC** apresentam características totalmente especiais.

As principais são : devem operar a pressões de até 500 atm. com a mesma precisão e exatidão de operações a pressão quase ambiente.

As vazões normalmente empregadas em **HPLC** analítica vão de 0,005 até no máximo 4 ou 5 ml/min.

Elas não devem ser corroídas pelas fases móveis empregadas..

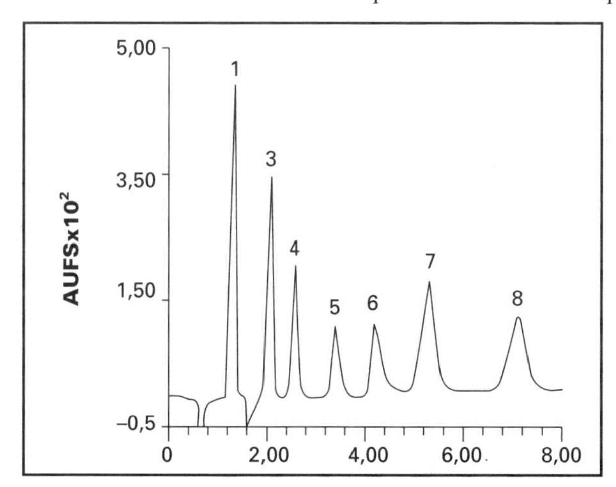

Figura 2.2 - Cromatograma típico obtido por HPLC — análise de ânions de uma amostra sintética em água, (fluoreto, carbonato, cloreto, nitrito, brometo, nitrato, fosfato, sulfato) — GBC

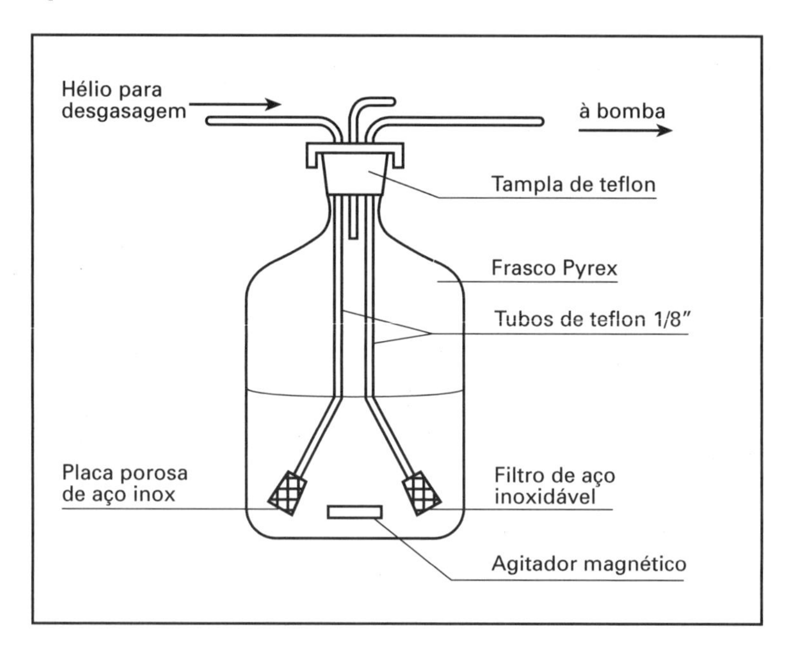

Figura 2.3
Reservatório típico para fases móveis na CL

As válvulas, suas sedes, os pistões, devem ser extremamente resistentes a altas pressões, atritos, dissolução, corrosão, etc., por isso são construídas com materiais sintéticos, tais como safira e rubi.

Os seus controles eletrônicos devem permitir, programação da vazão, possibilidade de parar o processo por razões de segurança, se a pressão não se mantiver entre os valores máximos ou mínimos preestabelecidos.

Os líquidos, apesar de pouco, são compressíveis e, portanto, a vazão real poderá se afastar da escolhida pelo operador, se não forem introduzidos fatores de correção de compressibilidade para o líquido empregado. As bombas modernas possuem tais dispositivos no programa de bombeamento.

As bombas comerciais, dependendo da tecnologia empregada, poderão operar com um, dois ou três pistões. Os resultados, geralmente são bem próximos, pois, normalmente, a existência de mais um pistão poderá ser compensada por um software controlador da bomba conveniente.

2.2.1 Bombeamento isocrático e por gradiente

A **HPLC** pode ser efetuada mantendo-se a composição da fase móvel constante durante toda a análise cromatográfica. Nesse caso fala-se em **HPLC** *isocrática*. Em outros casos, por necessidade do sistema que está sendo analisado, é conveniente alterar, durante a execução da análise, a composição da fase móvel de acordo com uma lei conveniente. Fala-se então em **HPLC** *como programação por gradiente.*

Assim, a composição pode ser alterada linearmente ou por leis que seguem variações com curvas côncavas ou convexas. Além do mais, em muitos casos, pode-se efetuar análises com gradientes contendo dois, três ou mesmo quatro solventes.

O efeito da programação da composição dos solventes é bem demonstrada pelos dois cromatogramas da figura 2.4.

Verificamos uma nítida diferença entre os dois processos:

No cromatograma isotérmico, os picos se alargam com o decorrer do tempo de análise.

Na programação por gradiente, os picos se mantêm praticamente da mesma largura e, geralmente, a análise é mais rápida. Isso acarreta uma maior sensibilidade da técnica. Outras vezes o sistema possui na sua composição compostos polares e não polares, que dependendo da fase envolvida, levam um tempo enorme para serem eluídos. A mudança rápida da polaridade da fase móvel pode efetuar uma análise mais rápida e mais eficiente.

2.2.2 Técnicas de bombeamento com formação de gradiente

O bombeamento de dois ou mais solventes para a coluna, mantendo-se a vazão total constante, porém variando-se a composição, não é uma tarefa fácil quando se exige alta precisão e exatidão na determinação dos tempos de retenção dos componentes da amostra.

Duas técnicas são empregadas nos equipamentos modernos :

1 - Gradiente formado a baixas pressões.

2 - Gradiente formado a altas pressões.

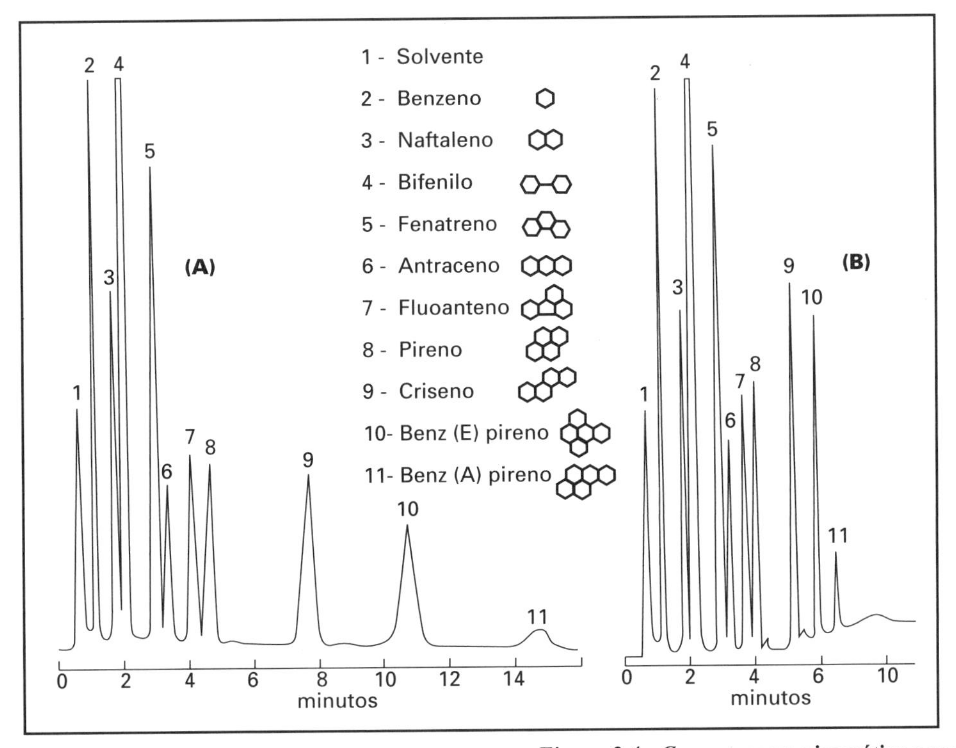

Figura 2.4 - Cromatograma isocrático e por gradiente

No primeiro caso os solventes são escolhidos e medidos por programação de tempo, com o auxilio de uma válvula de duas, três ou quatro vias situada antes da entrada da linha de sucção da bomba. Um computador faz a programação do tempo de abertura durante o período de sucção. O material líquido, após passar pela câmara do pistão e válvulas, é misturado, num dispositivo especial, a alta pressão a fim de se provocar uma mudança continua da composição. O emprego dessa técnica demanda uma única bomba e uma válvula de diversas vias controlada por um computador.

No segundo caso, cada solvente é bombeado por uma bomba específica. O computador rege duas ou mais bombas, de maneira, mantendo a vazão total constante, a variar a vazão bombeada por cada uma e portanto variando a composição em função do tempo de acordo com regras previamente estabelecidas.

Os gráficos da figura 2.5 mostram alguns tipos de gradientes empregados em *cromatografia* a líquido.

A **HPLC** emprega como fase móvel solventes geralmente pouco corrosivos, que não atacam o aço inoxidável. Em alguns procedimentos ela emprega soluções ácidas, básicas e tampões salinos.

Nessas condições, torna-se necessário o emprego de matérias que não sejam atacadas. Em muitos casos, principalmente quando se analisam íons, empregam-se corpos da bomba fabricados com ligas especiais, safira ou mesmo alguns plásticos de engenharia: *teflon, kel-f, PEEK.*

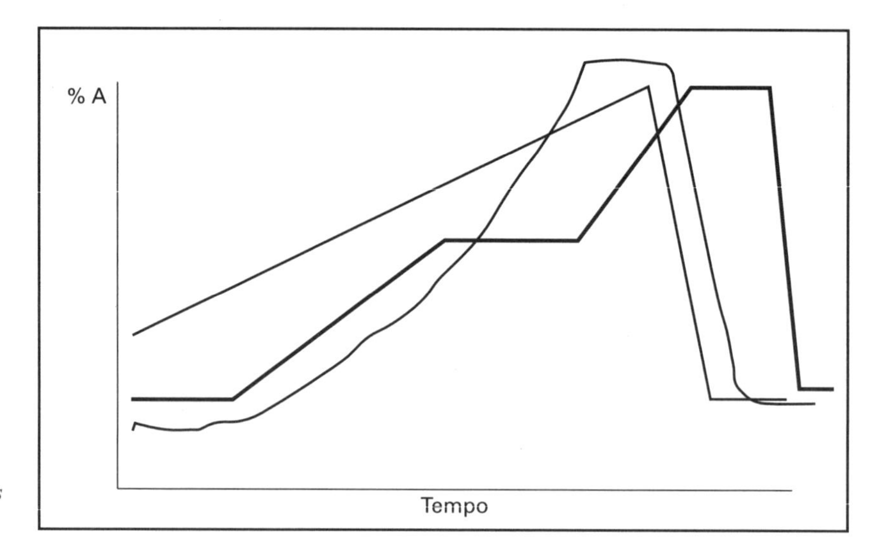

Figura 2.5 Tipos de gradientes empregados na CL

As válvulas e os pistões geralmente são de safira, cerâmica ou rubi. A tubulação geralmente é de aço inoxidável, teflon, PEEK e em casos especiais de titânio.

A escolha do material para válvulas segue o mesmo critério: depende dos solventes empregados.

Como os fabricantes não podem prever esses fatores, eles sempre colocam os melhores materiais disponíveis para este fim.

De qualquer maneira a **HPLC**, de um modo geral, não pode empregar, devido a fatores relacionados com a estabilidade química ou estrutural da fase estacionária, soluções muito ácidas ou muito básicas.

2.3 SISTEMA DE INTRODUÇÃO DA AMOSTRA

Na *cromatografia a líquido* moderna a injeção da amostra é feita com o auxílio de válvulas especiais que permitem a introdução, com grande precisão e exatidão, de quantidades mínimas da ordem de 20 microlitros ou mais e, em algumas especiais, volumes próximos a 1 microlitro.

A figura 2.6, apresenta o esquema de uma válvula típica na sua posição de carga e na sua posição de injeção.

CUIDADO—A ROTAÇÃO DA VÁLVULA DEVE SER FEITA COM A MAIOR VELOCIDADE POSSÍVEL. UMA ROTAÇÃO LENTA PODE OCASIONAR UM AUMENTO REPENTINO DA PRESSÃO E A PARADA DA BOMBA.

Todas as válvulas seguem praticamente os mesmos princípios, valendo todos os cuidados descritos acima quanto a resistência à corrosão. Desde já, deve-se alertar para os seguintes problemas:

1 - Para um bom desempenho, a fase móvel e a amostra devem ser previamente filtradas, antes de entrarem na válvula de amostração. Os filtros empregados, para esse fim, tem normalmente malhas inferiores a 0,5 micra .

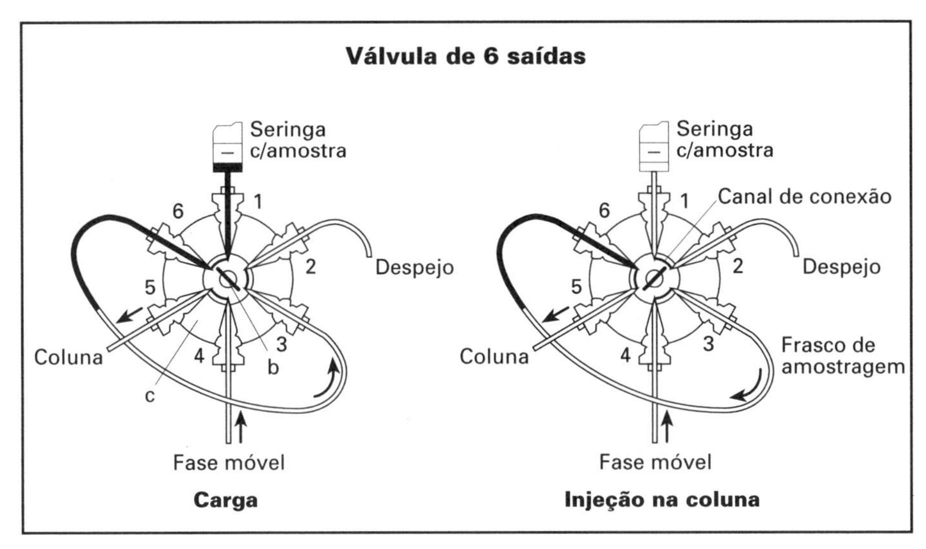

Figura 2.6 - Válvula de amostragem de 6 vias.

2 - Geralmente deve instalar-se um filtro na linha do solvente, antes da válvula de injeção.

3 - O frasco da amostra, é constituído geralmente de um tubo de aço inoxidável de diâmetro fino (0,2 mm). A amostra é introduzida na válvula com auxilio de uma micro-seringa com uma agulha especial, *sem ponta.* Se forem introduzidos volumes da mesma ordem do frasco de amostração, não se consegue lavar as paredes do tubo do solvente e o erro analítico pode ser acima de 10 %. A fim de se diminuir o erro de análise, deve-se lavar o tubo do frasco de amostragem com um volume da solução da amostra cerca de *cinco vezes o seu volume interno.* Nessas condições o erro de introdução de amostra é reduzido a valores inferiores de 1%.

A rotação das válvulas de introdução de amostra geralmente é feita manualmente. Para medidas precisas do tempo de retenção, elas devem ser giradas com o auxílio de um atuador pneumático ou elétrico. Nesse caso a introdução será feita em frações de segundo, tornando a identificação dos compostos, pelo seu tempo de retenção, muito mais precisa.

2.4 SISTEMA ANALÍTICO — COLUNAS CROMATOGRÁFICAS

A separação na **HPLC** é efetuada dentro das colunas cromatográficas. Elas são geralmente construídas em metais e projetadas para trabalhar a pressões de até 500 atm. Suas dimensões dependem do processo escolhido e elas, em primeira aproximação, podem ser separadas em colunas analíticas e colunas preparativas.

2.4.1 Colunas analíticas

As colunas analíticas são destinadas à separação de pequenas quantidades de material, não existindo, na maioria dos casos, o objetivo de isolar, para fins de identificação ou outros, os materiais separados mas somente a necessidade de detectá-los para fins qualitativos ou quantitativos.

Os tubos das colunas são cheios com a fase estacionária conveniente, geralmente sílica ou seus derivados de granulometria 3, 5, 7 ou 10 micra, ou mesmo, nas tendências modernas, de 1 mícron de diâmetro médio. Como o material de enchimento é extremamente compactado dentro da coluna, a queda de pressão dentro desses tubos é enorme, fato que obriga as colunas a serem relativamente curtas e os tubos com paredes espessas, a fim de se evitar deformações internas da fase estacionária, que destruiriam a sua eficiência .

A experiência mostrou, que a instalação de uma pequena coluna a montante da coluna analítica aumenta de muito a sua vida. Ela tem como objetivo reter sólidos, que poderiam entupir os filtros da coluna analítica e em muitos casos reter materiais que por reações químicas podem precipitar sobre a fase. Elas são chamadas internacionalmente de *colunas guarda.*

A figura 2.7 apresenta o corte de uma coluna com sua coluna guarda.

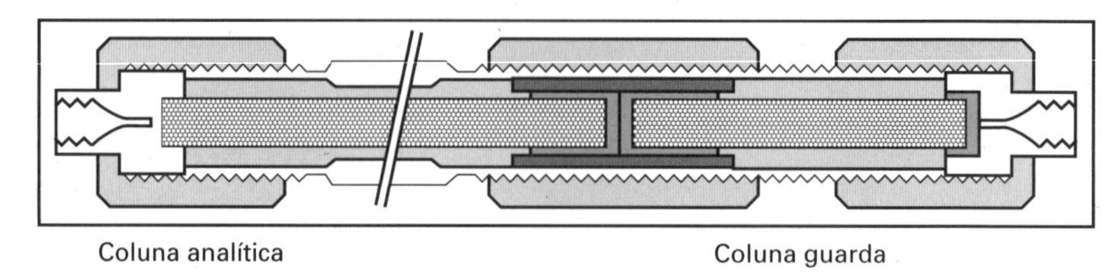

Figura 2.7 - Coluna analítica com coluna guarda

2.4.2 Diâmetro e comprimento das colunas analíticas

Dependendo da finalidade analítica e da eficiência da fase estacionária, as *colunas analíticas* podem ter, geralmente, as seguintes medidas:

COMPRIMENTO:	DE 3 A 60 cm
DIÂMETRO INTERNO:	DE 0,2 ATÉ 8 mm

As colunas com diâmetros internos de 0,1 até 0,5 mm são chamadas de *colunas capilares*, e elas podem ter a fase estacionária sob a forma de grânulos ou mesmo sob a forma de um filme polimérico ancorado quimicamente na superfície do tubo. As colunas normais geralmente têm um diâmetro interno de 4 a 6 mm e um comprimento que depende da granulometría da fase estacionária. Se ela for baixa, de 5 a 3 micra, normalmente o comprimento não passará de 10 a 15 cm. Para fases estacionárias, com diâmetro de 7 a 10 micra, o comprimento poderá chegar a 25 cm e, em casos especiais, até 50 ou 60 cm.

Modernamente, a fim de reduzir o custo dos solventes e aumentar a sua eficiência, estão sendo introduzidas de 1 a 3 mm de diâmetro interno. Com essa técnica opera-se com fluxos menores, obtendo-se uma economia substancial do custo de operação. Nesse caso a bomba e o detector devem ser otimizados.

Como o tempo de retenção e outras propriedades do cromatograma dependem da temperatura, em muitos casos a coluna é mantida dentro de um termostato no qual acham-se instalados tubos de aquecimento, a válvula de introdução da amostra e, em diversos casos, a célula do detector.

Deve-se notar que o diâmetro médio da fase estacionária, sua natureza, diâmetro do tubo, comprimento e particulares de construção são importantes na eficiência da separação, tempo de análise e quantidade de fase móvel consumida. Esses fatores serão estudados nos próximos capítulos com detalhes.

2.4.3 Colunas preparativas industriais

A **HPLC** nos últimos anos tornou-se uma técnica, além de analítica, preparativa. No caso de colunas preparativas, destinadas à produção em escala industrial, até 300 t/ano, empregam-se também fases estacionárias de granulometría extremamente baixa (7 a 10 micra), porém, as colunas são projetadas com diâmetros e vazões de operação muito maiores. Elas são empacotadas pela técnica de compressão radial.

Colunas preparativas modernas apresentam diâmetros de 10, 20 e até 80 cm e alturas de 1 até 4 metros, operando a pressões de algumas centenas de atmosferas.

Para a **HPLC** preparativa torna-se necessário o emprego de bombas de maiores vazões, operando a altas pressões. Em muitos casos a separação pode ser efetuada em condições isocráticas ou mesmo por programação por gradiente, porém, por problemas técnicos da difícil transferência de calor, geralmente são isotérmicas, operando à temperatura ambiente. Os problemas da **HPLC** analítica e da preparativa são semelhantes na operação, porém, os volumes envolvidos e os custos operacionais são muito diferentes. Uma outra diferença existe na detecção dos constituintes e sua posterior separação por uma técnica conveniente e econômica, que deve ser otimizada de caso para caso.

As aplicações modernas da **HPLC** preparativa industrial estão dirigidas nos seguintes principais tópicos: preparação e isolamento de compostos para fins de identificação, preparação de padrões puros, materiais de alto valor e de difícil purificação por outros métodos, por exemplo, compostos opticamente ativos, derivados de isótopos ou isômeros de interesse científico, farmacêutico ou bélico.

2.4.4 Material da tubulação e das colunas

De um modo geral, o material escolhido para toda a tubulação do cromatógrafo deve possuir as seguintes caraterísticas:

1 - Resistir a fenômenos de corrosão ou ataque por parte da fase móvel empregada.

Dependendo da pressão empregada, foram e são empregados tubos de teflon poli (tetrafluoro etileno), PEEK e outros, que se caracterizam por sua inércia química, baixa solubilidade em solventes e que não atacados por ácidos e bases fortes. Sua resistência a altas pressões infelizmente é baixa e o diâmetro do tubo pode expandir, ocasionando perda da coluna. Em muitos casos, porém ele é empregado como material de revestimento inerte dentro de tubos de alta pressão.

Os tubos metálicos empregados são geralmente de aço inoxidável 316 ou 316 L de baixo carbono ou, para casos especiais, em titânio.

Novamente os fabricantes escolhem como material da tubulação os que apresentam, em média, os menores índices de corrosão com as fases móveis mais usadas. Nas análises de íons, ou aminoácidos, são empregadas soluções salinas acarretando possíveis efeitos de corrosão nas tubulações. Neste caso, após terminar a operação, deve-se lavar cuidadosamente toda a instalação, a fim de remover todos os traços de sais que, além do mais, podem cristalizar dentro da bomba, principalmente sobre as gaxetas, ocasionando fenômenos de erosão sobre a superfície do pistão de safira, destruindo-o lentamente.

2 - Resistir às pressões de trabalho e a possíveis sobrepressões ocasionais. Como norma, a pressão de ruptura deve ser no mínimo 10 vezes maior que a maior pressão máxima projetada para o trabalho. Com uma parede do tubo das colunas mal projetada, poderá haver dilatações a altas pressões com conseqüente movimentação da fase estacionária, acarretando uma queda de pressão não aceitável pelo equipamento, com um conseqüente mau funcionamento do sistema de proteção da bomba e sua parada imediata. Neste caso, a coluna cromatográfica poderá ser destruída em poucos segundos.

O mesmo fato de parada da bomba ocorre quando uma conexão vaza ou um tubo antes da coluna se rompe: a pressão cai imediatamente, com o conseqüente desligamento pelo seu controle automático.

2.5 SISTEMAS DE DETECÇÃO—DETECTORES

O detector é o olho do sistema cromatográfico — ele mede as mudanças de concentração ou a massa dos compostos da amostra que está deixando a coluna.

Os detectores fotométricos medem, por exemplo, as mudanças na absorção de luz monocromática ou a fluorescência; detectores de índice de refração medem as mudanças do índice de refração do efluente da coluna.

Detectores eletroquímicos e por condutividade medem as mudanças das caraterísticas elétricas da solução.

Outros detectores são fabricados para fins especiais e serão citados quando necessário.

A não ser que o detector seja especificado corretamente, as informações do cromatograma e a qualidade dos dados obtidos são completamente sem valor.

2.5.1 Propriedades gerais dos detectores

Um detector é um transdutor que converte uma mudança de concentração na fase móvel eluinte num sinal, que poderá ser registrado por um processador de dados ou por um registrador conveniente.

A interpretação desse registro produz dados qualitativos e quantitativos sobre a amostra e seus constituintes. Os detectores mais empregados na **HPLC** são os fotômetros no UV, os espectrofotômetros UV / VIS ; estes determinam a diferença de absorbância na região do ultra - violeta ou no visível.

AS CARATÉRÍSTICAS DE MAIOR IMPORTÂNCIA DOS DETECTORES SÃO:

• *SENSIBILIDADE* • *SELETIVIDADE* • *EXATIDÃO* • *PRECISÃO*

2.5.2 Sensibilidade

Sensibilidade é definido como o sinal produzido por unidade de concentração do componente da amostra considerado, isto é, os detectores mais sensíveis produzem, em igualdade de condições de operação, sinais maiores. Nos detectores ópticos obtêm-se sinais maiores quando se aumenta o caminho óptico, porém, o aumento de sinal estará acompanhado, sempre, de um aumento de ruído. Como a linha básica determina a relação sinal/ruído, este fator deve ser empregado na comparação de detectores. O detector que possui a relação sinal ruído maior é mais sensível, mesmo que o pico formado seja menor.

Define-se a ***quantidade mínima detectada*** (**QMD**), em condições de operação especificadas, como sendo a massa ou a concentração que produz um sinal duas vezes maior do que o ruído da linha básica.

$QMD = 2 \cdot c \cdot R/h$ ou $QMD = 2 \cdot R \cdot m \cdot /h$

onde:

C = CONCENTRAÇÃO

m = MASSA INJETADA

R = RUÍDO

h = ALTURA DO PICO

(R e h MEDIDAS NAS MESMAS UNIDADES)

A figura 2.8 mostra claramente o significado dos termos acima.

Os detectores que respondem a uma propriedade específica da espécie molecular de interesse são, em geral, muito mais sensíveis do que os que medem a diferença de uma propriedade do sistema, por exemplo, índice de refração, que mede a diferença entre o índice de refração da fase móvel e a da fase móvel com o pico que está sendo eluído.

Como exemplo temos a fluorescência e reatividade eletroquímica.

2.5.3 Seletividade

Seletividade é a habilidade relativa de um detector medir um composto e não outro; um detector, mais seletivo para as mesmas massas analisadas, produz um sinal muito maior que para outro.

Por exemplo um detector de fluorescência é mais seletivo que um fotômetro UV, porque responde *somente* a compostos que florescem.

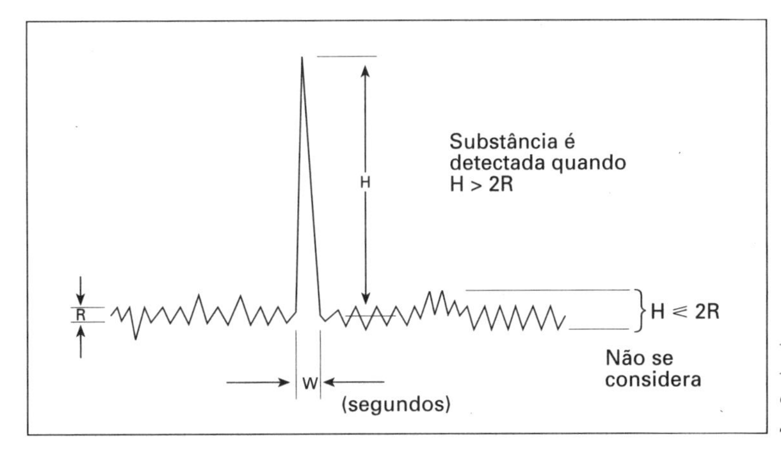

RELAÇÀO SINAL RUÍDO = H / R

Figura 2.8
Ruído, quantidade mínima detectada, relação sinal - ruído

2.5.4 Precisão

Precisão é a *repetibilidade* da medida: um detector preciso dá a mesma repetibilidade de resposta, ou muito próxima, para uma determinada concentração.

Um detector com problemas de funcionamento produz sempre resultados flutuantes e erráticos.

Por exemplo, quando as lâmpadas de deutério ficam velhas, sua luminosidade oscila aumentando o ruído da linha básica e portanto a determinação da altura do pico torna-se imprecisa. Nesse caso injeções repetidas de volumes iguais da mesma amostra fornecerão resultados muito menos precisos daqueles obtidos com uma lâmpada nova.

A *imprecisão* de um conjunto de medidas é quantificada pela determinação do desvio padrão, *S*, ou pelo coeficiente de variança dado em percentagem CV%.

$$S = \sqrt{\{S(v - vi)^{''}/(n-1)\}} \qquad (e\ 1)$$

$$CV\% = (S \times 100)/v \qquad (e\ 2)$$

onde:

v = valor médio (por exemplo, área ou contagens)

$= (\sum vi).\ 1/n \qquad (e\ 3)$

vi = valor individual

S = desvio padrão

n = número de medidas (de preferência maior de 10)

2.5.5 Exatidão

Exatidão é uma medida de quão perto está o valor encontrado do valor verdadeiro. A maioria dos detectores baseia-se na padronização para produzir resultados precisos. Em outra palavras, os detectores não produzem resultados absolutos, eles produzem picos dos componentes, que são *comparados com os obtidos por injeção, de um mesmo volume, de uma solução padrão, do mesmo composto, em condições absolutamente iguais.*

A comparação dos picos geralmente é feita por medidas da sua área ou da sua altura.

2.5.6 Inexatidão

A *inexatidão* pode ser definida como a diferença numérica do valor médio de um conjunto de medidas e seu valor nominal. Essa diferença positiva ou negativa pode ser expressa pela equação:

$$E = v - vo \qquad (e\ 4)$$

$$E\% = ([v - vo] \times 100)/vo \qquad (e\ 5)$$

onde, vo = volume nominal

A figura 2.9 apresenta um desenho que demonstra claramente o sentido dos termos precisão e exatidão.

Um detector operado corretamente deve produzir resultados precisos e exatos.

A variação da precisão ou da exatidão deve-se a um grande número de causas na operação do equipamento de **HPLC** e não unicamente provenientes dos detectores (técnica de injeção, temperatura da coluna ou às vezes do detector, comprimento de onda empregado, variação da composição da fase móvel, etc., etc.).

A análise dos resultados que mostram falta de precisão e exatidão deve ser feita sempre examinando sistematicamente todas as variáveis de operação do cromatógrafo, e não somente de uma ou algumas das suas partes.

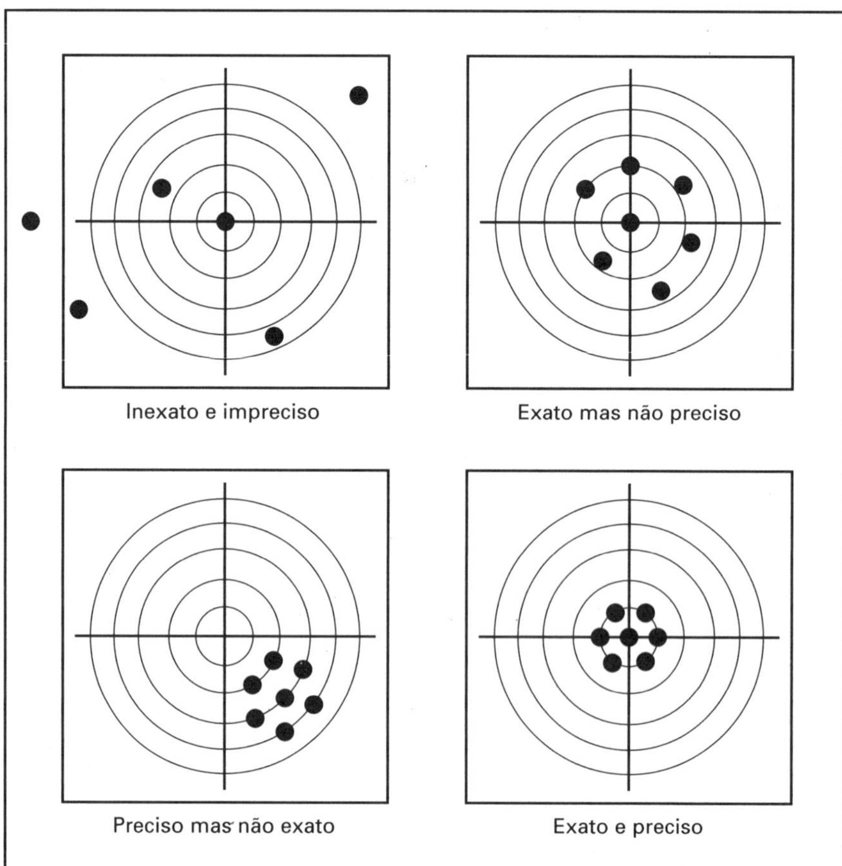

Figura 2.9 Precisão e exatidão

2.5.7 Classes de detectores

O número de técnicas de detecção empregadas em **HPLC** é enorme. Os livros de Scott [1] e Yeung[2] mostram claramente a complexidade do assunto.

Devido a sua importância, como detectores de uso geral, serão tratados, resumidamente, os detectores de:

ABSORÇÃO NO UV E NO VISÍVEL • FLUORESCÊNCIA

ÍNDICE DE REFRAÇÃO • ELETROQUÍMICOS.

Outros detectores, às vezes de enorme importância técnica, devido à sua complexidade e pouco uso não serão discutidos, deixando-os para a literatura especializada dos fabricantes.

2.5.8 Detectores de absorbância no UV e no visível — fotômetros.

Os fotômetros UV foram os detectores mais empregados em HPLC. Eles medem as variações na absorbância da luz na região de 190 a 350 nm durante a passagem do efluente da coluna na célula de fluxo. O mesmo projeto de detector, com poucas variáveis, permite a região da luz visível (350 a 700 mm) , onde, porém, a sensibilidade é bem menor e uma grande parte é totalmente transparente nestas regiões. Alguns detectores permitem num mesmo aparelho, a determinação entre as duas regiões — são os detectores UV/Vis.

Os primeiros detectores assumiam como um comprimento de onda *universal* o valor de 254 nm, devido a algumas razões técnicas envolvendo as lâmpadas UV empregadas. Eles tinham a absorbância fixa neste valor, tiveram e ainda tem alguma importância. A possibilidade de variar o comprimento de onda para se determinar a absorbância do efluente da coluna permite a otimização da sensibilidade e em muitos casos da seletividade da absorção.

A figura 2.10 mostra o princípio de funcionamento dos detectores de absorbância no UV.

Um detector de absorbância no UV é constituído esquematicamente das seguintes partes:

LÂMPADA • FILTRO • CÉLULA DE FLUXO • SENSOR

2.5.9 Fontes luminosas — lâmpada

A *lâmpada, geralmente chamada também de fonte, fonte luminosa*, pode ser de tungstênio, que emite radiação na luz visível. Geralmente, porém, se empregam lâmpadas especiais que emitem na luz ultravioleta e permitem uma maior sensibilidade. As lâmpadas podem ser classificadas em duas categorias [3]:

Lâmpadas de linhas e lâmpadas contínuas.

As fontes de linhas são combinadas com filtros nos detectores de comprimentos de onda fixos. Lâmpadas de mercúrio são as principais fontes de linhas e são empregadas em detectores com filtros para a detecção a 254, 280 nm e alguns comprimentos de onda menos importantes.

Para outros comprimentos de onda, lâmpadas de xenônio, zinco ou cádmio podem ser empregadas, associadas a filtros convenientes.

As fontes contínuas são empregadas com monocromadores, que selecionam um comprimento de onda especificado pelo operador.

As fontes (lâmpadas) contínuas mais empregadas são as de deutério, que são empregadas para comprimentos de onda entre 190 e 360nm. Lâmpadas de xenônio são também empregadas como fontes contínuas.

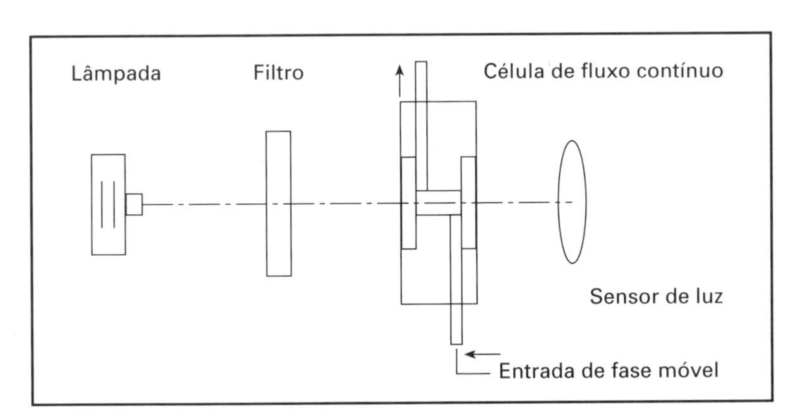

Figura 2.9 b - Princípio de funcionamento dos detectores de absorbância

A comparação dos espectros de emissão dessas lâmpadas acha-se na figura 2.11. Nela encontramos os espectro de quatro fontes e podemos verificar que mesmo a lâmpada deutério tem um território continuo até 360 nm, e acima deste valor torna-se de linhas, além de ser fraca e apresentar alto ruído acima de 350 nm.

A tabela 2.1 apresenta os comprimentos de onda de algumas lâmpadas empregadas nos detectores de filtros.

2.5.10 Filtros

Examinando a figura 2.11, verifica-se que é necessário, para fins de medidas de absorbância, um comprimento de onda definido do espectro luminoso. Para esse fim é necessário um filtro que permita passar um único comprimento de onda fixo. Os detectores desse tipo são chamados de *detectores de comprimento de onda fixo,* porque somente um comprimento de onda fixo, ou uma banda muito estreita, pode ser usada.

Quando for empregada uma rede de difração, se poderá dispor de uma grande quantidade de comprimentos de onda, e neste caso os detectores serão chamados de *detectores de comprimento de onda variável* ou *detectores espectrofotométricos*.

Dois tipos de filtros são empregados nos detectores.

Os filtros tipo *corte (cutoff)* (filtros de ângulo), permitem a passagem de luz de um comprimento de onda acima ou abaixo de um certo valor. Eles podem ser subdivididos também em filtros de passagem de luz de comprimento de onda baixo (passa - baixo) ou de passagem de luz de comprimento de onda alto (passa - alto). Assumindo um corte no valor de 0,5 T (transmitância), os filtros de passagem baixa deixarão passar somente a luz com comprimento abaixo do valor de corte, como aparece na figura 2.12, onde acham-se representados os filtros de corte curto (a), de corte longo, (b) e os filtros de passagem de uma faixa (banda) do espectro (c).

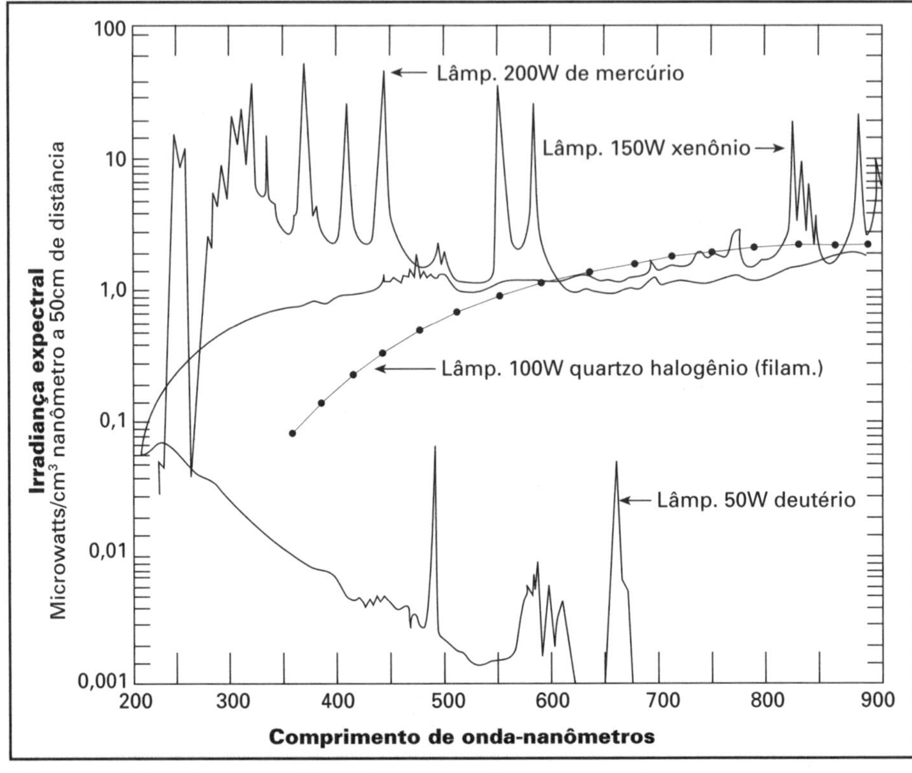

Figura 2.11 - Espectros típicos de algumas lâmpadas empregadas em nanometros

LÂMPADA	COMPRIMENTO DE ONDA - nm
MERCÚRIO	254, 280, 365
ZINCO	214, 308
CÁDMIO	229, 326
FLUORESCÊNCIA PRETA	360
FLUORESCÊNCIA AZUL	410, 440

Tabela 2.1 Comprimento de onda principais

Os de passagem baixa podem ser empregados na excitação nos detectores de fluorescência.

O filtro de faixa representado na figura 2.12, tem uma abertura media (banda) de 546 nm e transmite luz somente no comprimento de onda entre 540 e 555 nm.

Filtros de faixa (band filters) são empregados nos detectores UV fixos, (fotômetros) para selecionar o comprimento de onda das lâmpadas de deutério e nos filtros de emissão para os detectores de fluorescência

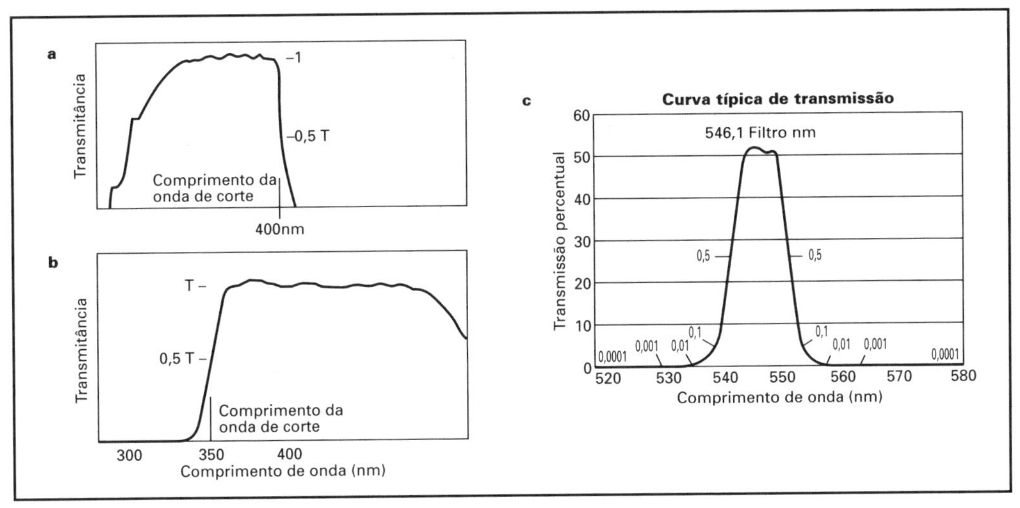

Figura 2.12 - Filtros de passagem baixa típico (*a*), passagem alta (*b*) e transmissão de um filtro de faixa - reunião dos filtros* a *e* b *(c)

2.5.11 Redes de difração

As redes de difração podem ser usadas antes ou depois da célula nos detectores de comprimento de onda variável.

As figuras 2.13 e 2.14 mostram duas montagens comerciais de filtros com redes.

Quando a rede for colocada antes da célula, o efluente é atravessado por uma luz de comprimento de onda definido, ou por uma faixa muito estreita de luz que passa através da célula.

Nos aparelhos mais populares o comprimento de onda é escolhido girando um dial manualmente, ou com o auxílio de circuitos com software. Em outros casos, o comprimento é alterado a uma velocidade de 20 *nm/s,* fato que permite analisar o espectro do material eluinte. É uma técnica de aproximação, pois a concentração da substância se altera durante a eluição e conseqüentemente a transmitância.

Quando a rede de difração for posta entre a célula do detector e o sensor de luz, diversas opções de trabalho podem ser feitas:

1 - Seleção de uma único comprimento de onda (faixa estreita)

2 - A rede pode ser girada varrendo uma faixa de comprimento de onda definida.

3 - Um conjunto de fotodíodos pode ser instalado após a passagem da luz pela célula.

Esses fotodíodos, seletivos a determinados comprimentos de onda, em grande número, cerca de 250, permitem levantar praticamente o espectro da substância durante a eluição. É o *detector de rede de díodos (diode array detector),* cujo esquema acha-se na figura 2.15.

Os detectores de *rede de diodos* eram, até há alguns anos, pouco sensíveis, porém na atualidade se apresentam com características muito interessantes, principalmente com a melhora dos computadores com programas dedicados para este fim, com o aumento da sensibilidade dos diodos e com correções da aberração cromática da rede de difração.

2.5.12 Célula do detector

A célula do detector é uma cubeta de fluxo contínuo de microdimensões, onde passa o efluente da coluna. Ela é montada no caminho óptico do detector. Dois tipos de células são normalmente encontrados nos detectores de UV ou UV/VIS : células cilíndricas e células cônicas. A célula cilíndrica tem geralmente um caminho de líquido do tipo Z, bem mostrado pela figura 2.16; ela é construída em aço inoxidável ou teflon, com dois furos através, que permitem, se necessário, eluir a análise e ter a referência da fase móvel (raramente usada). Nas partes laterais encontram-se duas janelas de quartzo, seladas com gaxetas de teflon. As dimensões mais empregadas para as análises normais são de um diâmetro de 1mm x caminho óptico de 10 mm, que fornece um volume da ordem de 8 microlitros. Para casos especiais de **HPLC** com microcolunas, empregam-se detectores com células de volume morto de 2-3 microlitros, porém elas tem uma relação sinal-ruído menor.

As células cônicas permitem uma redução das reflexões internas e os efeitos de refração. O seu formato acha-se também na figura 2.16.

Nos detectores para UV, a referência é cheia com solventes somente quando a fase móvel for muito absorvente, o que é pouco comum. Geralmente o ar é empregado como referência, porém, a maioria dos detectores modernos nem possui o ramo de referência.

2.5.13 Detectores de fluorescência

Os detectores de fluorescência medem as mudanças da fluorescência no efluente das colunas quando este for exposto a comprimentos de onda selecionados.

As fontes de luz são as mesmas que as empregadas nos detectores de absorbância descritos acima, diferindo pela existência de monocromadores ou filtros de interferência para a seleção da radiação de incidência e para a seleção da radiação fluorescente que deve ser medida. Muito cuidado deve ser tomado na programação, de maneira que o comprimento de onda da luz seja menor do que o comprimento de onda da radiação fornecida pela excitação. Se essa condição não for alcançada, haverá interferência da luz da lâmpada na detecção.

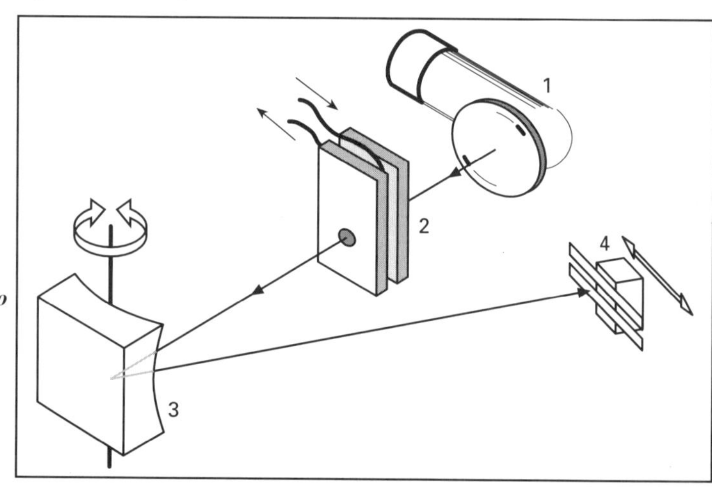

Figura 2.13
Detector de UV com comprimento e grade de onda variável entre a célula e o fotodiodo. 1- Lâmpada de deutério com lente; 2- Célula; 3- Grade holográfica côncava de ângulo variável; 4- Fotodetector de posição variável.

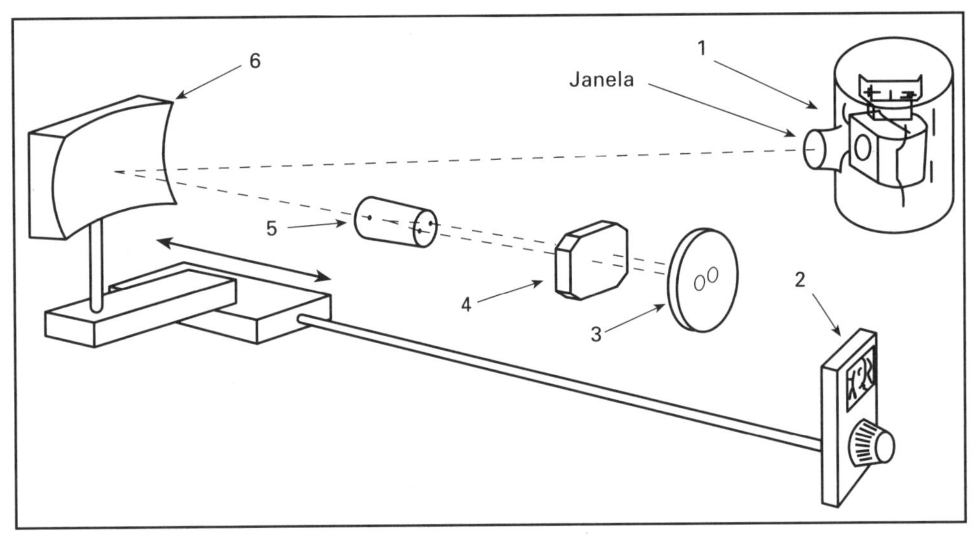

Figura 2.14 - Detector de UV variável com a rede entre a célula e o fotodiodo. (1) lâmpada de deutério, (2) seletor de comprimento de onda, (3) fotodiodo, (4) célula de fluxo, (5) divisor de fibra ótica, (6) grade holográfica.

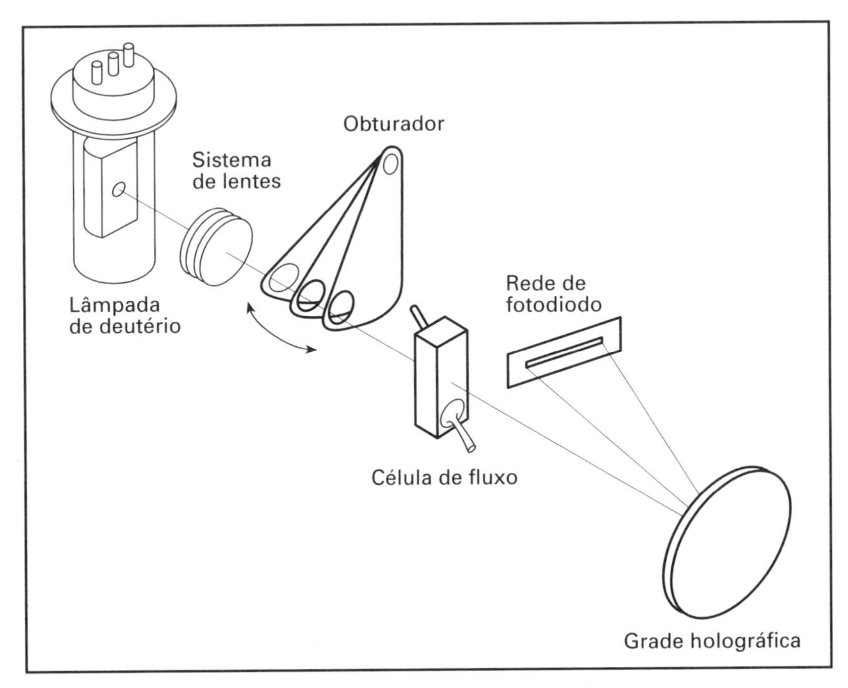

Figura 2.15 Detector de UV com a rede de diodos

A detecção nos detectores atuais é sempre feita com fotodiodos situados na saída do caminho óptico.

Como sensores, em muitos casos, são empregados válvulas fotomultiplicadoras.

Os detectores de fluorescência que empregam filtros para selecionar os comprimentos de onda de excitação e de emissão são chamados de *fluorômetros de filtros.*

Espectrofluorômetros são detectores de fluorescência que empregam redes de difração (monocromadores) para selecionar os comprimentos de onda de excitação e de emissão.

A figura 2.17 apresenta um esquema genérico de um fluorômetro de filtros.

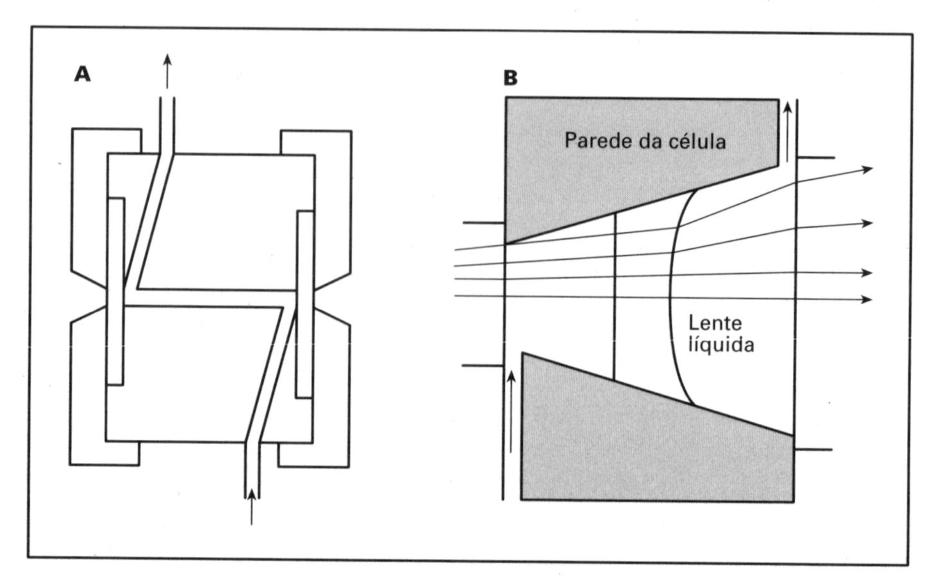

Figura 2.16
Células para detectores UV/visível

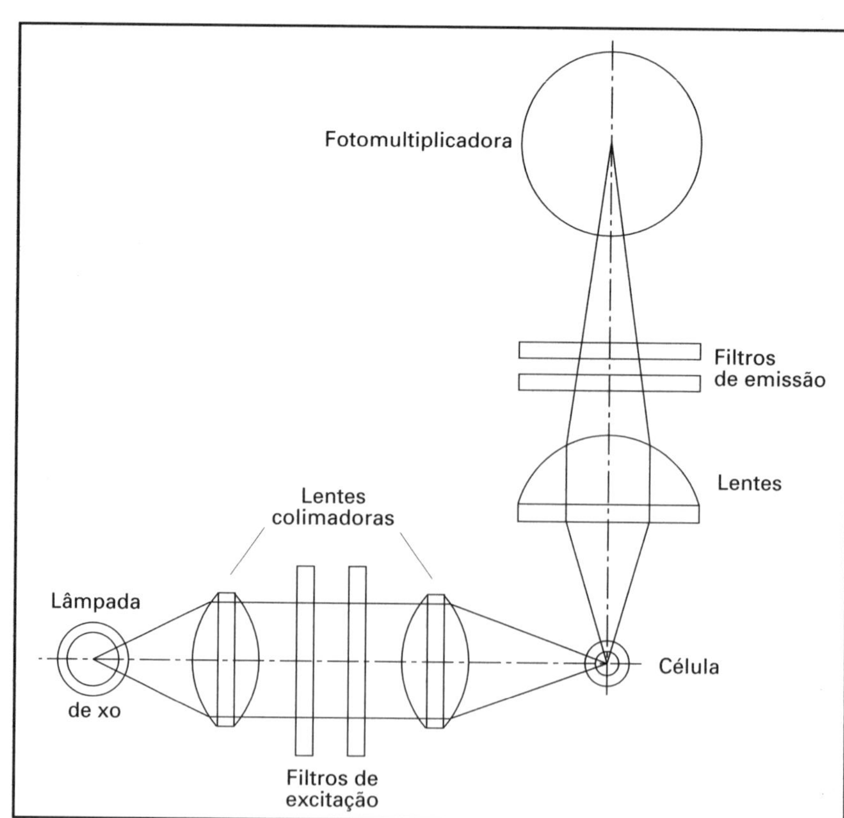

Figura 2.17
Esquema óptico de um fluorômetro de filtros

2.5.14 Determinação do espectro de uma substância com o detector

A figura 2.18 apresenta um espectro obtido com um *detector espectrofotométrico*, parando a bomba quando o máximo de absorbância é obtido durante a análise. Os pontos foram determinados manualmente. Na mesma figura, encontra-se também o espectro obtido da mesma substância com o auxilio de um espectrofotômetro *Zeiss - DMR 11*.

Como pode se observar, os dois espectros são bem coincidentes. A figura 2.19 mostra, para mesmos volumes injetados da mesma amostra, os picos dos cromatogramas obtidos ao se variar o comprimento de onda de detecção. Na mesma figura os pontos indicam os valores da absorbância do alaranjado beta naftol obtidos com o espectrofotômetro *Zeiss -DMR 11* para os mesmos comprimentos de onda.

A coincidência é ótima, mostrando a importância que tem uma boa escolha do comprimento de onda.

2.6 DETECTORES POR ÍNDICE DE REFRAÇÃO

Os detectores por índice de refração medem as mudanças do índice de refração do efluente das colunas. Eles respondem a todos os compostos, porém a detecção somente é possível quando o índice de refração da fase móvel for diferente do índice de refração da substância analisada.

Ele é portanto um detector universal, não seletivo, não muito sensível e por isso empregado quando os outros não respondem ao composto de interesse.

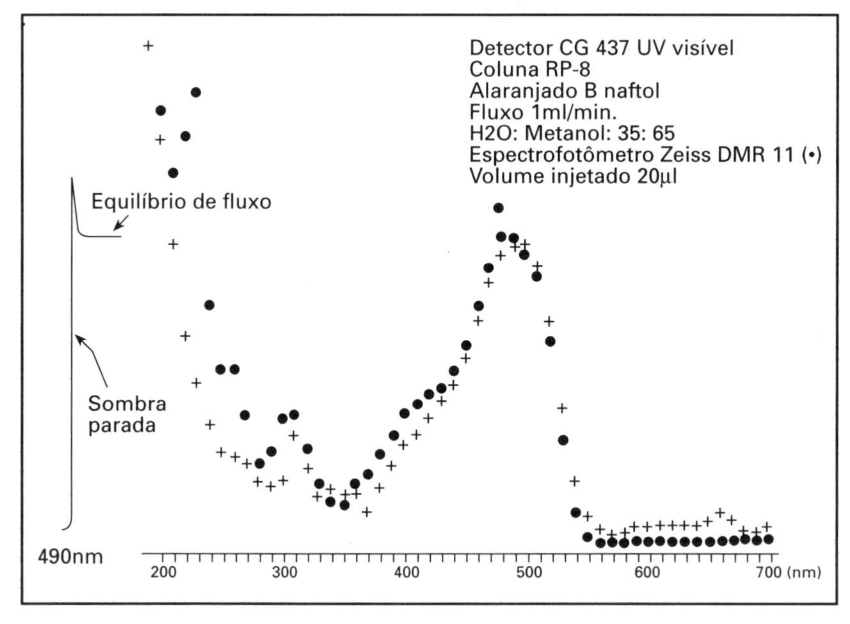

Figura 2.18 - Resposta do detector a diversos comprimentos de onda

Eles são empregados quando a sensibilidade não for muito importante, por exemplo, nas separações preparativas e na cromatografia de polímeros por *cromatografia por exclusão por tamanho.* Não podem ser empregados em análises por programação por gradiente, pois o índice de refração da fase móvel varia com a composição da mistura.

Existem três tipos de sistemas ópticos empregados nos detectores de índice de refração:

1 - Fresnel
2 - Deflexão
3 - Interferométrico

O mais empregado é o do sistema óptico de Fresnel e este será visto com alguns detalhes.

A óptica do tipo Fresnel acha-se representada na figura 2.20.

Ele se baseia nas leis da reflexão de Fresnel, que dizem que a quantidade de luz refletida numa interface vidro/líquido depende do índice de refração do líquido e do ângulo de incidência da luz[4].

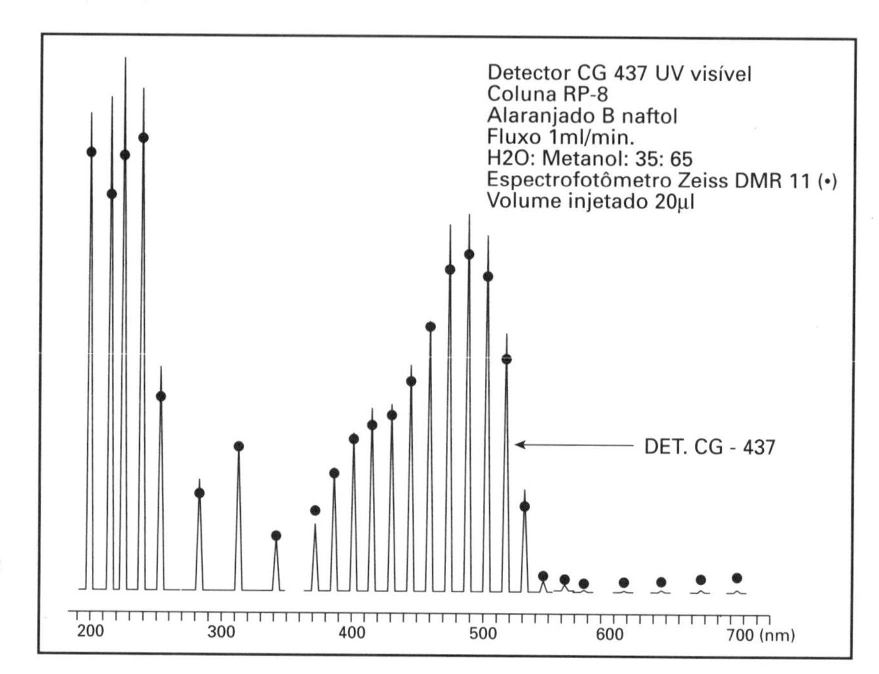

Figura 2.19
Variação da altura do pico a diversos comprimentos de onda.

Na prática a luz proveniente de uma lâmpada de tungstênio é dividida entre os feixes de análise e referência, e é focalizada na célula do detector como é mostrado na figura 2.21.

Como o índice de refração se altera com a temperatura, o feixe de luz é filtrado com um filtro que bloqueia a passagem das radiações infravermelhas, que são responsáveis pelo aquecimento.

O volume das celas de análise e referência é bastante pequeno, cerca de 3 microlitros. A luz refletida é focalizada para um fotodiodo, que é o sensor de medida. O aparelho tem que ser ajustado quanto ao ângulo da radiação incidente a um valor subcrítico, para se obter o máximo de sensibilidade. O sistema de Fresnel necessita de dois prismas diferentes para cobrir toda a gama de compostos, porém, as fases móveis empregadas em **HPLC** geralmente são de índice de refração baixo e portanto não apresentam problemas.

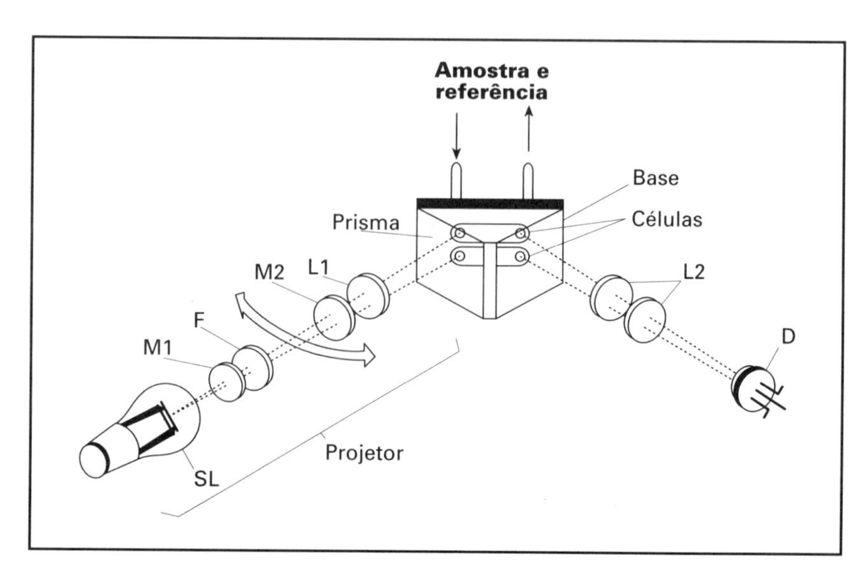

Figura 2.21
Índice de refração com óptica tipo Fresnel

2.6.1 Detectores eletroquímicos

Os detectores eletroquímicos se baseiam na possibilidade de muitos compostos serem oxidados ou reduzidos quando estiverem na presença de um potencial elétrico.

A reação eletroquímica tem lugar no eletrodo ativo. É necessário o emprego de um potenciostato para manter um potencial constante através da célula.

Devido ao fato do potencial entre o eletrodo ativo e o eletrodo auxiliar ser mantido constante, esses detectores são também chamados de *detectores amperométricos*.

A figura 2.22 apresenta uma célula eletroquímica de filme fino.

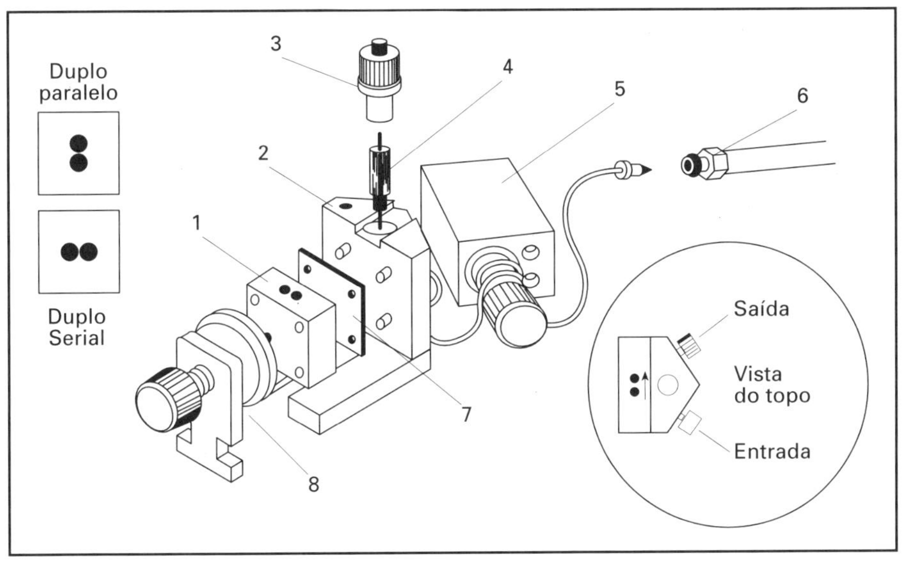

Figura 2.22 - Célula do detector eletroquímico de filme fino[3] (1) bloco do eletrodo, (2) eletrodo auxiliar, (3) bloqueio, (4) eletrodo de referencia, (5) pré aquecedor da fase móvel, (6) coluna, (7) gacheta, (8) mecanismo de escape rápido.

2.7 BIBLIOGRAFIA

1. Scott, R. P. W. - "Liquid chromatography Detectors" - J. Chromatogr. Library, 33, 2nd ed., Elsevier 1986).
2. Yeung, E.S. - Editor " Detectors for Liquid Chromatography - John Wiley & Sons - 1986
3. Dolan W. e Snyder L.R - Troubleshooting LC Systems - Humana Press. New Jersey - 1989.
4. Snyder, L.R. Kirkland, J.J. - Introduction to Modern Liquid Chromatography, - Wiley-Interscience, N.York - 1979
5. Ciola, R. - Master of Science Thesis - Northwestern University, - Evanston - Illinois. - 1958

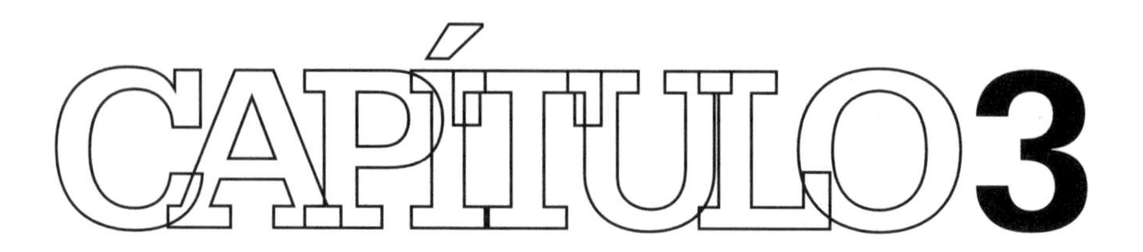

A SEPARAÇÃO CROMATOGRÁFICA

3.1 INTRODUÇÃO

O emprego da *cromatografia a líquido* para solucionar problemas analíticos ou preparativos necessita, além da instrumentação adequada, da combinação correta das condições experimentais, tais como:

Tipo de coluna (fase estacionária),
Fase móvel, sua composição e vazão,
Temperatura,
Quantidade de amostra injetada, etc.

A seleção correta dessas variáveis necessita do conhecimento básico dos fatores que controlam a separação na cromatografia a líquido.

Dois processos característicos de transporte de massa são envolvidos na separação cromatográfica:

1-Migração diferencial, (velocidades de migração diferencial), das espécies objeto de análise, provocada por sua partição entre a fase estacionária (líquida ou sólida) e a fase móvel (líquida ou gás).

Esses processos são regidos por fenômenos de adsorção ou partição.

2-Alargamento, dentro da coluna, da distribuição molecular para qualquer um dos compostos introduzidos para análise.

A introdução da amostra no topo da coluna, demora, se bem executada, menos de um segundo. À primeira vista, a largura de todos os picos deveria ser a do tempo gasto na injeção.

Tal fato ocorre devido a fenômenos de transporte da substância, provocados pela características da fase móvel e pelas propriedades das partículas da fase estacionária (diâmetro, forma física, natureza. eficiência, tecnologia do empacotamento, espessura, rugosidade da superfície do tubo, etc.) .Os picos às vezes alargam muito, acarretando uma perda da separação e conseqüentemente uma péssima resolução da análise.

Deve-se notar que, nessa segunda classe de fenômenos, os fatores que regem a migração diferencial não afetam o alargamento da distribuição molecular dentro da coluna, (alargamento dos picos); eles afetam somente sua velocidade relativa de movimentação.

3.2 EFICIÊNCIA DAS COLUNAS CROMATOGRÁFICAS

A influência dos fenômenos de transporte acarreta o alargamento dos picos, que em outras palavras significa uma perda da eficiência do processo de separação, isto é, a eficiência das colunas.

Na destilação fracionada sempre foram empregados termos que, por cálculo, fornecem números que quantificam a eficiência de uma coluna para separar dois compostos.

Os principais são :

Número de pratos teóricos n
Altura equivalente a um prato teórico H

Esses mesmos termos foram aplicados por James e Martin quando desenvolveram a cromatografia por partição. Eles, porém, não representam os mesmos sistemas, pois na destilação entram nos fenômenos de transporte somente os componentes a serem separados, porém na cromatografia, além dos componentes a estes, entram, como fatores principais, a fase estacionária e a fase móvel.

Podemos conceituar um prato teórico, em cromatografia a gás ou a líquido, como sendo um segmento da coluna onde se atinge um equilíbrio termodinâmico entre a fase móvel, a fase estacionária, e o componente que está sendo analisado.

O conceito de número de pratos teóricos somente é valido para cromatogramas obtidos isotérmicamente e em condições isocráticas, e ele é calculado a partir do próprio cromatograma , figura 3.1, com auxílio das equações de definição de n e um cromatograma para cálculo. Na mesma figura encontramos outras equações que serão vistas posteriormente.

O número de pratos teóricos é válido somente para as condições experimentais especificas docromatograma. Ele *varia* para outras.

3.2.1 Altura equivalente a um prato teórico

Por altura equivalente de um prato teórico, H, entendemos o comprimento da coluna no qual o equilíbrio termodinâmico foi atingido *entre a substância, a fase móvel e a fase estacionária.* Ele é calculado dividindo-se o comprimento da coluna pelo número de pratos teóricos calculado. Geralmente ele é dado em milímetros.

$$H = L/n \qquad (e\ 1)$$

onde L é o comprimento da coluna em milímetros e n, seu número de pratos teóricos.

O número de pratos teóricos e a altura equivalente a um prato teórico são dados importantes para mostrar a eficiência das colunas cromatográficas. Se n for elevado e H, conseqüentemente, pequeno, significa que os picos obtidos serão finos e portanto será mais fácil a separação entre duas substâncias que eluem próximas.

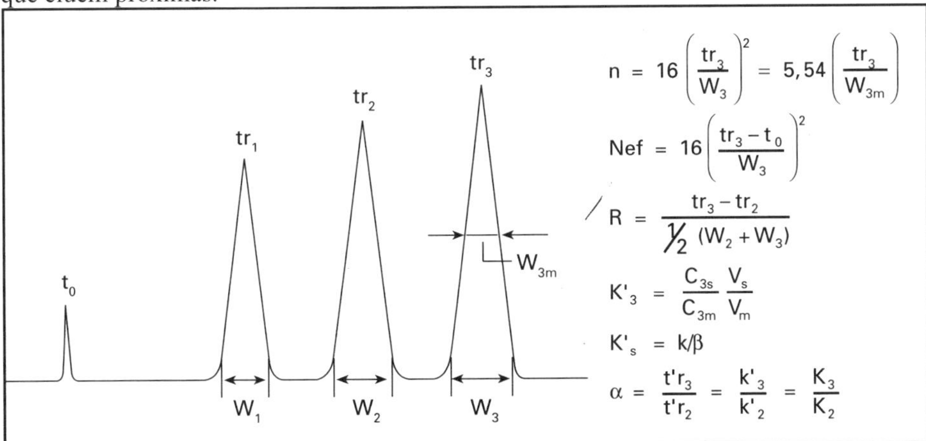

Figura 3.1 - Equações de cálculo de* n, Nef, k, Rs *e a a partir do cromatograma

3.2.2 Resolução - Rs.

A equação (*e* 3) define o termo de resolução em cromatografia.

$$Rs = 2(tr2 - tr1)/(L1 + L2) \qquad (e\ 3)$$

onde: *tr1* e *tr2* são os tempos de retenção respectivamente das duas substâncias 1 e 2 e *L2* e *L1* as larguras dos respectivos picos medidas na base e nas mesmas unidades do tempo de retenção.

Valores altos da resolução significam que as substâncias estão mais separadas.

Valores acima de 1,5 significam que as duas substâncias têm uma separação até a linha básica, fato importante em análises quantitativas, pois a *medida exata da área* depende da resolução total das substâncias envolvidas.

Valores inferiores a 1,5 significam que a separação somente é parcial e, portanto, a determinação da área dos picos das substâncias se torna inexata e a análise quantitativa errônea.

Os cromatogramas da figura 3.2 apresentam a resolução de dois compostos analisados, *numa mesma coluna e com a mesma fase estacionária,* em altas e baixas concentrações da amostra.

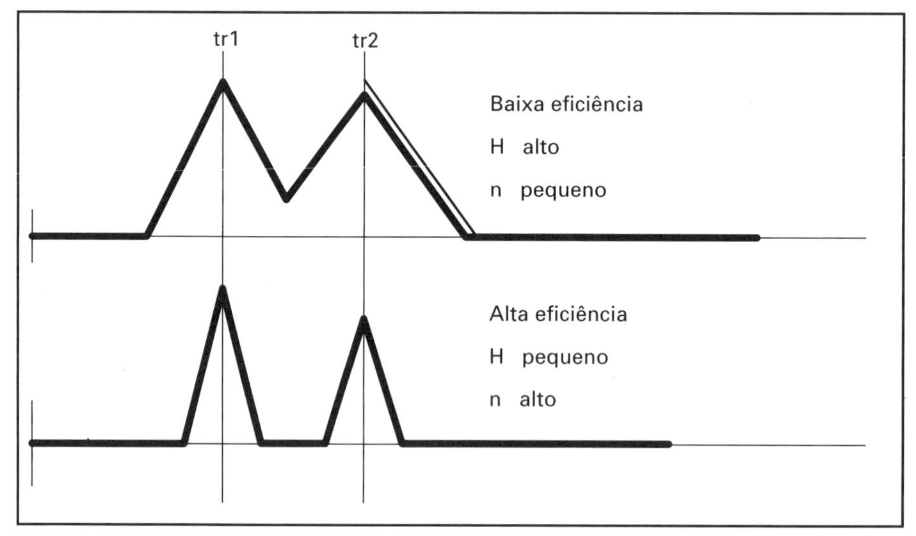

Figura 3.2 - Resolução de dois componentes para diferentes massas analisadas nos mesmos tempos de retenção fase estacionária e fase móvel.

3.3 FENÔMENOS QUE REGEM A SEPARAÇÃO CROMATOGRÁFICA

A separação dos compostos empregando *cromatografia à líquido* deve-se principalmente aos seguintes fenômenos que ocorrem na interface: **fase estacionária / fase móvel:**

Adsorção • Partição • Exclusão por tamanho molecular

3.3.1 Adsorção

Quando duas fases imiscíveis são postas em contato, sempre ocorre que a concentração e uma fase é maior na sua interface do que no seu interior. A essa tendência de acumulação de uma substância sobre a superfície de outra damos o nome de adsorção.

Ela ocorre porque os átomos de qualquer superfície não possuem as forças de atração perpendiculares sobre o plano balanceadas e, portanto, possuem certo grau de insaturação. A adsorção é um fenômeno espontâneo, ocorrendo, pois, com a diminuição da energia livre superficial, e diminuição da desordem do sistema, isto é, as moléculas adsorvidas perdem graus de liberdade e, portanto, há uma diminuição de entropia e conseqüentemente o processo é exotérmico.

$$\Delta G = \Delta H - T\Delta S$$

O fenômeno é importante na catálise e na cromatografia sólido — gás e sólido — líquido. Neste caso, o sólido tem a superfície insaturada por cargas iônicas, polares ou, como na sílica, uma superfície recoberta por grupos hidroxila que são fortemente polares e formadores de pontes de hidrogênio.

Existem dois tipos de adsorção:

adsorção física • adsorção química

3.3.2 A adsorção química

A adsorção química envolve a formação de ligações químicas entre as moléculas do adsorbato e átomos ou grupos de átomos do adsorvente. Neste caso:

- o calor de reação é grande, isto é, têm mesmos valores dos calores de reação das reações químicas convencionais.
- as ligações entre o adsorvente e o adsorbato podem ser determinadas por espectroscopia no infra - vermelho ou outras técnicas,
- a velocidade de reação é mais lenta, necessitando de maiores temperaturas para ocorrer,
- possui uma energia de ativação alta.
- ela é específica, isto é, ocorre somente entre espécies reativas.

3.3.3 A adsorção física:

- não forma ligações entre o adsorvente e o adsorbato, seu calor de reação é baixo, da mesma ordem do calor de condensação, isto é, muito menor que o calor das reações químicas,
- não se consegue detectar, por espectroscopia, a formação de ligações.

Os adsorventes polares, como a sílica, possuem grupos hidroxila que podem fazer pontes de hidrogênio com álcoois, aminas, ácidos carboxílicos, etc.

A alumina, a sílica e outros adsorventes, possuem grupos ácidos de Lewis ou de Brönsted que formam ligações com muitos compostos, inclusive olefinas, como é analisado com detalhes na citação acima.

Todos os sólidos podem fazer adsorção física, principalmente a baixas temperaturas. A altas temperaturas a adsorção física diminui, tornando-se zero. Em muitos casos, com o crescer da temperatura, começa a ativação do adsorvente e do adsorbato, iniciando-se a adsorção química. .

A baixas temperaturas, perto do zero absoluto, temos adsorção física, a qual decresce com o aumento da temperatura de acordo com o princípio de Le Chatellier. A partir de um certo valor dela, o volume de hidrogênio adsorvido aumenta por adsorção química com a formação de ligações entre hidrogênio e níquel. A figura 3.3 mostra o fenômeno que ocorre experimentalmente.

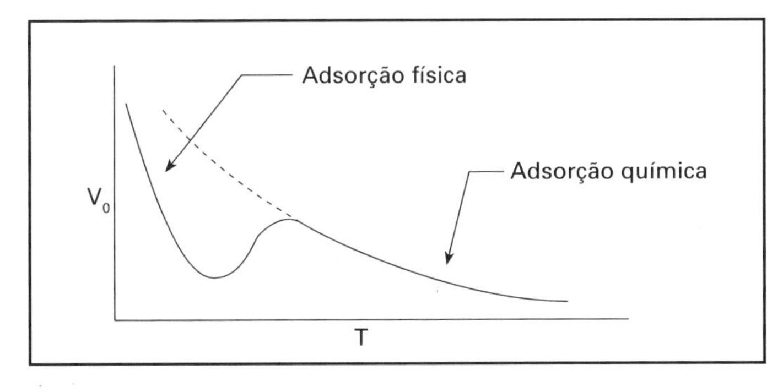

Figura 3.3 - Adsorção física e química de hidrogênio em níquel [1]

No caso da adsorção de moléculas não polares em fases estacionárias não polares, por exemplo octadecilsílica, a adsorção ocorre por forças de dispersão. O mesmo ocorre na adsorção de moléculas polares, porém com a parte da molécula não polar, ela ocorre por adsorção do grupo não polar por forças de dispersão — adsorção lipofílica.

As figuras 3.4, 3.5 e 3.6 apresentam esquemas da adsorção de diversos compostos em sólidos de estruturas diferentes.

A adsorção química de substâncias sobre superfícies sólidas é regida por diversas equações teóricas e experimentais. A citação [1] apresenta as principais que têm aplicações em catálise e em cromatografia.

A mais importante é a de Langmuir, que relaciona a fração da área unitária recoberta pelo adsorbato em função da concentração da substância e seu coeficiente de adsorção, que pode ser definido pela constante de equilíbrio para a reação entre a substância ***S*** e o centro ativo ***C***.

$$S + C \rightarrow SC \qquad (e\,3)$$
$$K = Asc/As \cdot Ac \qquad (e\,4)$$

A equação de Langmuir explica, para sistemas de uma substância adsorvida, o *recobrimento de uma superfície unitária do adsorvente;*

$$Vm = KP\,(1 + KP) = KC\,/\,(1 + KC) \qquad (e\,5)$$

onde Asc, As e Ac são respectivamente as atividades da substância, do centro ativo C e do complexo de adsorção SC. Vm = Volume necessário para cobrir uma superfície unitária Θ, do adsorvente. P a pressão parcial ou C a concentração do adsorbato. A equação acima é aplicada para um tipo de centro ativo. Se o adsorvente tiver mais de um tipo, cada um deles agirá independentemente.

Quando a superfície estiver em contato com diversas substâncias, então a equação de Langmuir deverá ser aplicada sob a forma:

$$(\Theta)_i = Ki.Ci\,/\,(1 + Ki \cdot Ci + \Sigma Kj \cdot Cj) \qquad (e\,6)$$

onde $(\Theta)_i$ é a fração da superfície recoberta pela substância i quando no sistema existirem j componentes.

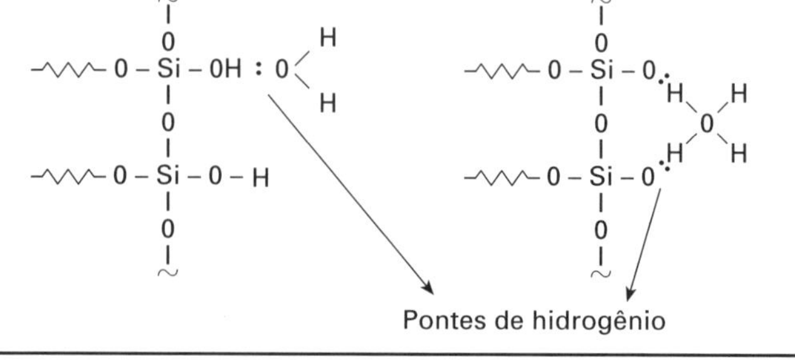

Pontes de hidrogênio

Figura 3.4
Adsorção de água em sílica gel

A equação (e 6) mostra que a quantidade adsorvida depende do valor do seu coeficiente de adsorção e da sua concentração. Compostos polares, por exemplo água sobre adsorventes polares que contém grupos hidroxila são fortemente adsorvidos, devido a formação de pontes de hidrogênio fortes.

O aducto superficial formado entre a água e a sílica tem propriedades diferentes da superfície da sílica e portanto o comportamento cromatográfico será modificado. Por outro lado, se um composto C for fortemente adsorvido na sílica ou em qualquer outro adsorvente, a introdução de pequenas quantidades de uma outra substância E, que tenha um coeficiente de adsorção maior, acarretará o deslocamento do primeiro e sua substituição por E, começando a viajar dentro da coluna. Se a concentração do eluinte E for alta, a superfície será completamente modificada por cobertura, e a substância C será pouco ou, dependendo dos valores do seu coeficiente de adsorção, nada adsorvida.

+ (íon de carbônio)

R = H ou alquila

Figura 3.5
Adsorção de compostos polares, água, álcoois e olefinas em alumina

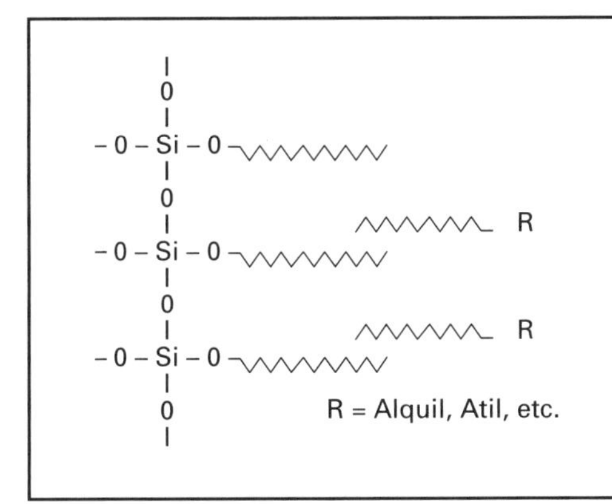

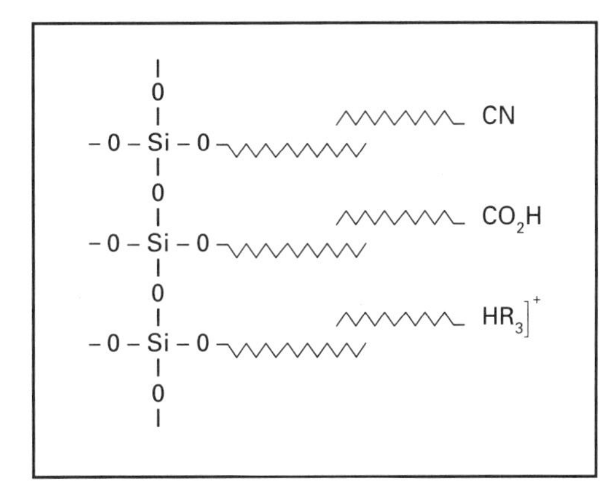

Figura 3.6 - Adsorção de compostos em alquil - sílica

3.3.4 Partição

Quando uma substância I fica em contato com duas fases heterogêneas fluidas, imiscíveis entre si, por exemplo, um gás e um líquido ou dois líquidos imiscíveis entre si, existe uma tendência desta substância se dissolver em ambas as fases, formando duas soluções imiscíveis, porém cada uma delas homogênea.

Um movimento dinâmico se estabelece entre as duas, e após um determinado momento, geralmente bem pequeno, atinge-se um equilibro termodinâmico de maneira que, a uma *temperatura constante*, as concentrações da substância dentro de cada uma das soluções permanecem constantes.

Se uma das duas fases for removida por um processo conveniente, e substituída pela mesma fase pura, e o sistema for deixado atingir o equilibro, as concentrações da substância I, nas duas soluções, serão diferentes, porém, *suas relações permanecerão constantes.*

Para soluções diluídas, as *relações* das concentrações nos dois casos, *se determinadas as mesmas na mesma temperatura,* darão sempre o mesmo valor. Esse valor constante é chamado de ***coeficiente de partição***, representado geralmente por ***Kp*** ou simplesmente ***K***.

Se representarmos por **[*I*]*s*** e por **[*I*]*m*** as concentrações no primeiro caso e por $[I]si$ e $[I]mi$ as concentrações obtidas após *i* trocas de um dos solventes, o coeficiente de partição terá sempre o mesmo valor, a temperatura T, e igual a :

$$Kp = [I]s/[I]m = \cdots = [I]si/[I]mi =$$

coeficiente de partição para a substância considerada i *e para as fases imiscíveis* s *e* m *,*
medidas na temperatura definida pela experiência.

Termodinamicamente, quando for atingido o equilíbrio, os potenciais químicos da substância *I* nas fases *m* e *s* serão iguais.

A figura 3.7 apresenta esquematicamente os processos de partição entre as fases *s* e *m* e uma substância considerada. Se ao invés de uma substância tivermos diversas, o processo continuará sendo o mesmo.

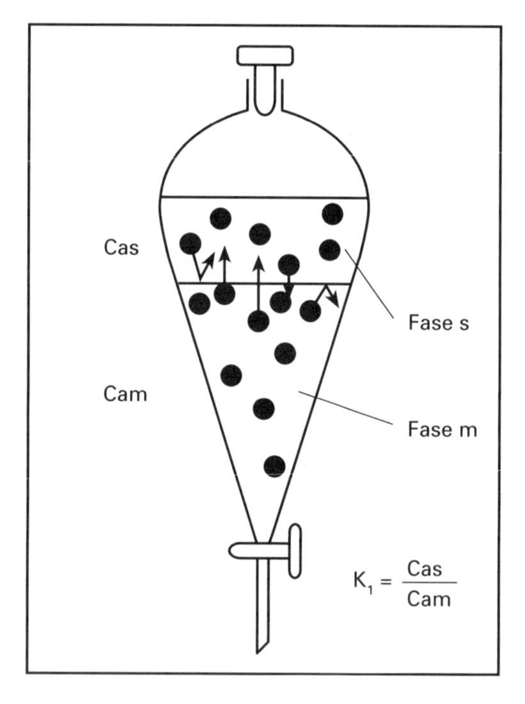

Figura 3.7
***Coeficiente de partição de uma substância entre a fase móvel* m *e a fase estacionária* s.**

De um modo geral, cada substância, em condições ideais, têm seu valor para o coeficiente de partição, porém, em muitos casos, dependendo das condições, por exemplo, temperatura, tipo de interações, o valor experimental do coeficiente de partição, para diversas substâncias, poderá ser o mesmo, isto é, as partições e os tempos de retenção terão o mesmo comportamento, acarretando a não separação cromatográfica dessas substâncias. Nas extrações o equilíbrio é obtido por simples agitação do sistema.

Na cromatografia, o processo é diferente, pois, um volume da fase móvel, representada por Dm, se movimenta dentro da coluna renovando continuamente sobre um elemento de volume Ds as composições de equilíbrio, satisfazendo sempre o valor do coeficiente de partição para os componentes considerados *s* e *m*.

Nessas condições o sistema tenta atingir imediatamente o equilíbrio, e o coeficiente de partição da substância será dado pela relação da concentração de I nos elementos de volume de Ds e Dm.

Como a fase móvel passa imediatamente ao volume Ds seguinte, onde novamente será atingido outro equilíbrio, o coeficiente de partição sempre se manterá o mesmo, porém, dentro da coluna a distribuição da substância *I* viajará de acordo com uma distribuição estatística exponencial, produzindo uma curva de erro e assim será detectada.

Outras substâncias existentes na amostra, com diferentes valores do coeficiente de partição, viajarão dentro da coluna com velocidades maiores ou menores, dependendo se o seu coeficiente de partição for menor ou maior daquele da substância *I*, pois o tempo de retenção, como será demonstrado posteriormente, *para uma mesma coluna e mesmas condições experimentais,* é proporcional ao valor do seu coeficiente de partição na condições de trabalho. Considerando que as substâncias se movem dentro da coluna somente quando elas estão na fase móvel, a velocidade de eluição dentro da coluna será sempre inversamente proporcional ao valor do coeficiente de partição, pois este é proporcional ao número de moléculas distribuídas na fase estacionária, dividido pelo número de moléculas distribuídas na fase móvel.

Repetindo, o tempo de retenção , isto é, o tempo necessário para eluir as substâncias dentro da coluna, desde o instante da injeção até o máximo do pico, será tanto menor quanto menor for o coeficiente de partição e maior for a velocidade da fase móvel.

Uma mudança de fase móvel acarretará uma competição com os centros ativos da fase estacionária e o sistema se regerá, na grande maioria dos casos, por meio de valores de outros coeficientes de partição ou pela existência de uma rede complexa de equilíbrios.

Por esses motivos é que na *cromatografia à líquido* a fase móvel tem um papel extremamente importante, pois rege a distribuição dos compostos entre as duas fases e portanto a ordem de aparecimento e tempo de retenção dos picos.

A figura 3.8 (A e B), mostra a influência da composição da fase móvel no tempo de retenção e na ordem de aparecimento dos picos para análises feitas com a mesma fase estacionária.

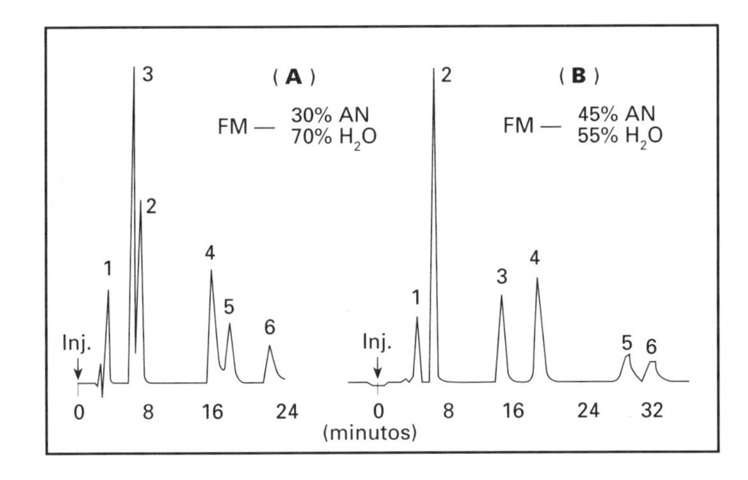

Figura 3.8 - (a e b) Influência da composição da fase móvel na separação de alguns fármacos

É importante notar desde já que a mudança da fase móvel poderá acarretar adsorção lipofílica de grupos não polares sobre o filme da fase não polar, alterando a superfície exposta para a fase móvel. Assim a adsorção de metanol da fase móvel, através dos grupos metila adsorvidos nos grupos alquila da fase estacionária, forma uma nova espécie estrutural que contém grupos hidroxila na superfície.

Esse fato acarreta uma diminuição dos grupos alquila na superfície, alterando as suas propriedades e diminuindo a superfície unitária alquila, e um aumento dos grupos OH na superfície, que irão atuar como uma nova fase com valores das *constantes de equilibrio de partição e solubilidades diferentes,* diminuindo portanto o tempo de retenção das substâncias que anteriormente eram maiores. Um exemplo marcante pode ser dado pela análise de compostos empregando uma fase de alquil-sílica C18, efetuada com água, e quantidades de metanol crescentes.

Os cromatogramas da figura 3.9 mostram claramente o efeito da alteração superficial da fase estacionária pela adsorção lipofílica dos grupos metila sobre a superfície. Esse fenômeno tem larga aplicação na cromatografia, pois a superfície pode ser alterada deixando expostos à fase móvel grupos polares, não polares, ácidos, básicos ou complexantes.

Novamente esse é um dos fatos experimentais de maior importância, e que permite, com uma única fase estacionária polar ou não polar, o uso de um sem número de fases móveis e seu emprego em milhares de tipos de análises.

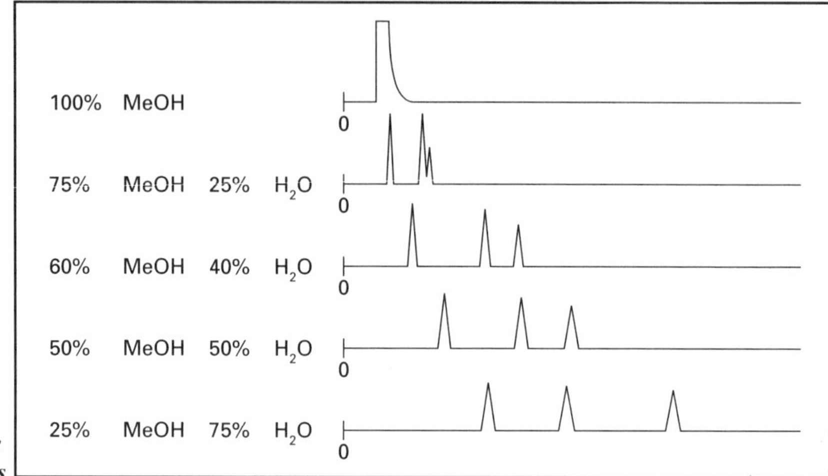

Figura 3.9 Efeito da concentração de metanol no tempo de retenção de compostos analisados

3.4 EFICIÊNCIA

3.4.1 Causas do alargamento dos picos

A introdução da amostra dentro da coluna cromatográfica é um processo que demora, geralmente, menos de um segundo.

Teoricamente, num caso ideal, a largura dos picos deveria ser também de um segundo. Tal fenômeno, porém, não ocorre, devido a uma série de processos de transporte de massa que altera a velocidade de trânsito das moléculas de uma mesma espécie dentro da coluna. Snyder e Kirkland [(2)], mostraram algumas das causas de alargamento dos picos dentro da coluna. A figura 3.9 apresenta 5 casos de contribuição de alargamento molecular em cromatografia líquida.

1 - As moléculas da substância injetada xxxxx, iniciam a viagem como uma linha reta no topo da coluna, posição *a*. Conforme elas se movem, a faixa se alarga, pois elas viajam por caminhos diferentes dentro dos interstícios das partículas, conforme se verifica na fase seguinte *b*.

A altura equivalente a um prato teórico *H* é o resultado da somatória das contribuições de cada um dos processos de alargamento intra - coluna e também dos extra - coluna.

$$H = \sum Hi \qquad (e\ 7)$$

O processo descrito neste item 1, refere-se á difusão caótica - Eddy diffusion - isto é caminhos preferenciais diferentes, e sua contribuição é dada pela expressão:

$$H = Ce \cdot dp \qquad (e\ 8)$$

onde *Ce* é uma constante do processo e *dp* o diâmetro da partícula. Nesse caso, a equação mostra que nas colunas de CL a eficiência diminuirá ao se aumentar o diâmetro das partículas da fase estacionária.

2 - Contribuição de transferência de massa na fase móvel (C) (mobile phase transfer). Ao passar no interstício de partículas as moléculas que viajam perto das paredes da fase estacionária terão velocidades menores daquelas que viajam no centro.

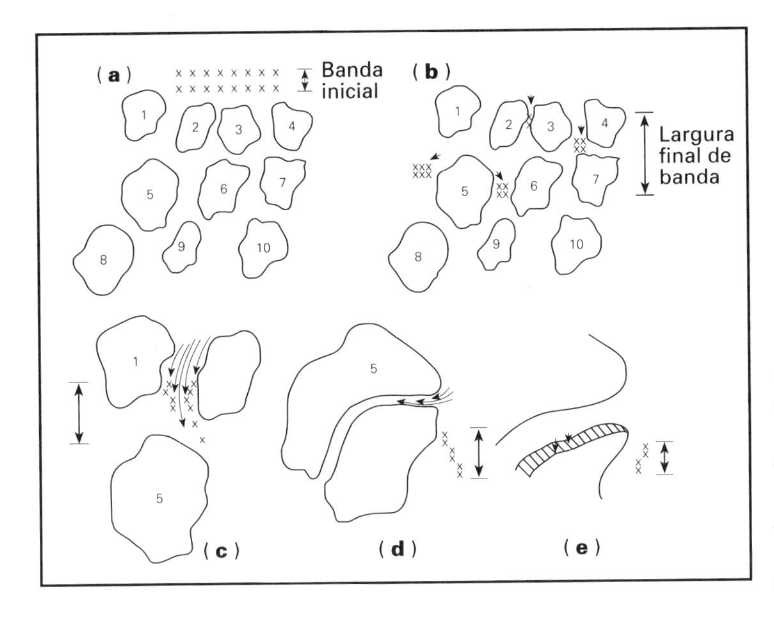

Figura 3.9 - Causas de alargamento dos picos (Snyder [2]) (c) transferência de massa na fase móvel, (d) transferência de massa na fase móvel estagnante, (e) transferência de massa na fase estacionária.

O resultado será um alargamento médio das partículas cuja influência no valor de H é dado pela equação:

$$Hi = Cm \cdot dp^2 \cdot u/Dm \qquad (e\ 9)$$

onde u representa a velocidade da fase móvel, Dm o coeficiente de difusão da substância na fase móvel e dp o diâmetro da partícula.

Nesse caso a velocidade da fase móvel aumenta o valor de H, porém, o diâmetro da partícula contribui ainda mais por estar ao quadrado. A natureza da espécie molecular e a da fase móvel contribuem, porém somente o valor experimental de Dm poderá definir o valor.

3 - Contribuição da fase móvel estagnada. Nos sólidos porosos, dentro dos poros a movimentação da fase móvel é regida pelos movimentos moleculares. Nesse caso (d) algumas moléculas são mais retidas do que outras e portanto temos possibilidade de alargamento dos picos. O diâmetro das partículas tem grande importância pois a ele está relacionado o comprimento do poro e portanto a possibilidade da molécula se distrair, durante algum tempo, dentro dele.

$$Hi = Csm \cdot dp^2 \cdot u/Dm \qquad (e\ 10)$$

4 - Influência de transferência de massa com a fase estacionária

Após a difusão das moléculas dentro do poro, elas penetram na fase estacionária ou se ligam a ela por algum mecanismo. Se algumas penetram mais profundamente dentro da fase estacionária, também demorarão mais a sair e conseqüentemente se atrasarão em relação a outras e como conseqüência o pico se alargará.

A contribuição ao valor de H será nesse caso de:

$$Hi = Cs \cdot u \cdot df^2/Ds \qquad (e\ 11)$$

onde df corresponde à espessura do filme da fase estacionária, u à velocidade da fase móvel e Ds o coeficiente de difusão da substância da fase estacionária.

5 - Difusão longitudinal

Processos de difusão longitudinal também causam alargamento dos picos e eles contribuem de acordo com a equação:

$$Hl = Cd \cdot Dm/u \qquad (e\ 12)$$

Nesse caso a velocidade da fase móvel tem um efeito benéfico, contrário daquele dos casos anteriores. A variação de H em função da velocidade da fase móvel deve portanto passar por um mínimo, fato que ocorre experimentalmente.

A equação de Giddings ,

$$H = \Sigma Hi \qquad (e\ 13)$$

representa em primeira aproximação a somatória das contribuições acima para o valor de *H*, devido aos problemas de alargamento interno na coluna.

Uma análise desses fatores: a altura equivalente a um prato teórico, o número de pratos teóricos e a resolução para uma coluna definida e pronta, depende da eficiência do seu empacotamento, natureza da fase estacionária, a sua espessura, a natureza da fase móvel, sua velocidade dentro da coluna e a natureza do composto tomado para determinação do número de pratos teóricos. Dentro dessas considerações deve-se levar em conta também a quantidade de massa injetada, a qual deve ser a menor possível, pois a largura dos picos é proporcional à massa do composto analisada.

H é uma função complexa de muitas variáveis, entre as quais podemos destacar como contribuições internas da coluna :

Hi = *f* (Substância I, FM, FE, u, Dm, Ds, 1/u, 1/Dm, dp, dp^2, df^2, diâmetro do poro, área superficial, diâmetro da partícula, acabamento interno do tubo da coluna, temperatura da coluna, etc.)

As causas de *alargamento dos picos por causas externas* à coluna são diversas, e podemos enunciar entre outras as seguintes:

He = f (comprimento do tubos que ligam a válvula de amostragem à coluna, seu diâmetro e natureza interna, volumes das conexões envolvidas comprimento, natureza e diâmetro dos tubos que ligam a coluna ao detector, volume da cela do detector, etc.)

$$H = Hi + He \qquad (e\ 14)$$

Apesar desse número enorme de variáveis, e da sucessão dos estágios de transporte de massa descritos acima, se o cromatógrafo for operado corretamente as substâncias deixam a coluna:

- em tempos característicos de cada substância (tempos de retenção), que permitem identificá-las.
- a diferença dos tempos de retenção entre substâncias é sempre constante e, quanto maior, melhor a separação.
- a largura dos picos é constante para uma mesma massa analisada.
- a área dos picos é constante, para um mesmo detector, mesma fase móvel, mesma coluna e mesmas condições de detecção, permitindo a análise quantitativa de alta precisão.
- a eluição é um processo estatístico e as moléculas saem da coluna com uma forma gaussiana (erro padrão) e assim são detectados ao sair.

3.4.2 Retenção em cromatografia a líquido

Os conceitos acima podem ser postos em relações matemáticas precisas. As equações de retenção podem ser deduzidas da maneira abaixo.

a) Velocidade relativa de migração

Chamando a velocidade média das moléculas do solvente *S*, dentro da coluna, (u, cm/s) e a velocidade do componente da amostra *X*, (u_x cm/s), e por *R* a fração de moléculas de *X* na fase móvel e sobre u, isto é,

$$R = u_x / u \qquad (e\ 15)$$

Se a fração de moléculas na fase móvel for zero ($R = 0$), não ocorrerá migração e u_x será zero. Se a fração de moléculas na fase móvel for unitária (isto é, todas as moléculas de *X* na fase móvel,

$R = 1$) então as moléculas de X se moverão com a velocidade da fase móvel e portanto, $u_x = u$.

R representa portanto a velocidade relativa de migração do composto X.

b - Fator capacidade - *k*.

O *fator capacidade k* ,que é um parâmetro fundamental da cromatografia, é definido pela relação n_s / n_m. Neste caso, n_s é o número de moles de X na fase estacionária e n_m o número total de moles de X na fase móvel.

$k = n_s / n_m \quad \rightarrow \quad k + 1 = n_s / n_m + n_m / n_m$

Como

$$R = n_m / (n_s + n_m) = 1/(1 + k) \qquad (e\ 16)$$

chegamos à equação

$$u_x = u / (1+k)$$

Como a velocidade é dada pelo espaço percorrido durante um certo tempo, então, se L for o comprimento da coluna em cm, t_r o tempo de retenção em segundos, isto é, o tempo necessário para X atravessar a coluna, a velocidade do pico do composto será u_x (cm/s).

$$t_r = L / u_x$$

Para a fase móvel teremos

$$t_o = L / u$$

por eliminação de L entre as duas equações temos :

$$t_r = u . t_o / u_x \qquad (e\ 17)$$

que substituindo

$$t_r = t_o(1+k) \qquad (e\ 18)$$

ou, rearranjando,

$$k = (t_r - t_o)/t_o \qquad (e\ 19)$$

Muitas vezes a retenção é medida em volumes (ml), em lugar do tempo.

Nesse caso, o volume de retenção V_r será o volume total da fase móvel necessário para eluir o centro de um dado pico. Como a vazão é constante, $V_r = t_r . F$, onde F é a vazão da fase móvel em ml/s.

Para a fase móvel

$$V_m = t_o . F \qquad (e\ 20)$$

Portanto:

$$V_r = V_m (1 + k) \qquad (e\ 21)$$

Deve-se notar que fornecer dados de volume de retenção, para fins de identificação, é mais interessante, pois ele não varia com a velocidade da fase móvel e portanto a calibração de colunas cromatográficas será mais confiável.

Retornando a equação de definição de k,

$n_s = [X]_s \cdot V_s \quad$ e $\quad n_m = [X]_m . V_m$

substituindo temos:

$$k = [X]_s . V_s / [X]_m . V_m$$

$$k = K \cdot (V_s / V_m) \qquad (e\ 22)$$

onde:

K é o coeficiente de distribuição ou partição da substância X entre as duas fases.

A equação (e 22), mostra que o fator capacidade, k, e portanto o tempo de retenção, *aumenta com o aumentar da quantidade de fase estacionária dentro da coluna. É alto quando o coeficiente de partição for alto.*

Como o coeficiente de partição diminui com o aumentar da temperatura, o tempo de retenção também diminuirá, com o aumentar da temperatura. Fases estacionárias com pequena cobertura pelicular, *df*, produzem, em igualdade de condições, tempos de retenção menores.

3.4.3 A equação geral da resolução.

A equação experimental :

$Rs = 2(t_2 - t_1) / (L_2 + L_1)$

define a resolução porem, o que o cromatografista necessita, é saber como *poderá controlá-la.*

Substituindo, na equação da resolução os valores dos tempos de retenção e as larguras dos picos L, calculados pela equação de cálculo do número de pratos teóricos , e a equação do fator capacidade, e assumindo que o número de pratos teóricos não se altera entre os picos 1 e 2, chegamos à **equação fundamental da resolução:**

$$Rs = (\tfrac{1}{4}) \cdot \{k_2/k_1 - 1\} \cdot \{k_1/(1 + k_1)\}\sqrt{n} \qquad (e\ 23)$$

Se definirmos o fator de separação, α, para os picos 1 e 2 pela equação :

$$\alpha = k_2/k_1 = K_2/K_1 \qquad (e\ 24)$$

a resolução ficara sob a forma:

$$Rs = (\tfrac{1}{4}) \cdot (\alpha - 1) \cdot [k/(1 + k)]\sqrt{n} \qquad (e\ 25)$$

Dependendo das condições assumidas na derivação da equação acima pode se chegar a uma equação análoga onde o termo $(\alpha - 1)$ se torna $(\alpha - 1) / \alpha$.

A diferença entre os dois é tão pequena que não interfere nos resultados.

$$Rs = (\tfrac{1}{4}) \cdot (\alpha - 1)/a) \cdot (k/(1 + k)\sqrt{n} \qquad (e\ 26)$$

O termo k representa o fator capacidade, tomado, por aproximação, como sendo igual para os dois picos, isto é, $(k_2 \approx k_1)$.

Na equação fundamental da resolução os termos:

$(\alpha - 1)$ ou $(\alpha - 1)/a$ — **termo de seletividade:** varia com a fase estacionária e / ou a fase móvel. Como o coeficiente de seletividade α é a relação dos dois fatores capacidade $k_2 = k_2 . V_s/v_m = K_2 / \beta$ e $k_1 = K_1/ \beta$ onde β, é a razão de fases e K o coeficiente de partição das substâncias consideradas e, estes, por serem constantes de equilíbrio termodinâmico, variarão com a temperatura. Como conseqüência, α poderá assumir valores maiores ou menores da unidade a temperaturas diferentes. Quando o seu valor for unitário, não haverá nenhuma resolução pois o termo assumirá o valor zero.

$\sqrt{n}$ — **termo eficiência:** depende principalmente da natureza e técnica de empacotamento da coluna, (que, às vezes, poderá ser melhorado ou mesmo substituído), seu comprimento e das condições experimentais (temperatura e vazão da fase móvel). Devemos lembrar que a resolução variará com a raiz quadrada de n, isto é, ela aumentará de 1,4 vezes se dobrarmos o número de pratos teóricos ou o seu comprimento. Devemos notar que, ao aumentar o comprimento, a queda de pressão para uma mesma vazão poderá ser extremamente alta, gerando problemas técnicos de bombeamento.

Pela equação de Giddings, foi visto que H e portanto n, são função também da substância considerada da natureza da fase móvel e da natureza da fase estacionária, pois variam com o valor dos coeficientes de difusão da substância na fase móvel e na fase estacionária (D_s e D_m), alterando o valor de H.

Assim, as características físico químicas dos componentes do sistema podem influenciar o valor de n e portanto da resolução. Uma coluna pode ser ótima para uma amostra e péssima para outras amostras de polaridade ou natureza diferentes.

$k/(1+k)$ **termo capacidade:** depende do coeficiente de partição, o qual dependerá da substância, da fase estacionária e da fase móvel. Para uma mesma coluna, somente se poderá aumentar o seu valor alterando-se a composição da fase móvel, pois a razão de fases, β, permanecerá dentro do erro experimental, constante. A aplicação da equação fundamental da resolução é um tópico de grande importância e ele será tratado, sob diferentes aspectos, nos próximos capítulos.

3.5 BIBLIOGRAFIA

1. Ciola, R. - Fundamentos da Catálise- Editora Moderna -1981
2. Snyder, L.R; , Kirkland, J.J. - Introduction to Modern Liquid Chromatography - Second ed. - 1979 - Wiley-Interscience -USA

FASES ESTACIONÁRIAS EMPREGADAS EM HPLC

4.1 INTRODUÇÃO

Diversos materiais foram estudados e estão sendo empregados como fases estacionárias na *cromatografia* a líquido. Deles, os que têm no presente grande importância são a sílica gel e seus derivados orgânicos, os copolímeros termorrígidos e infusíveis, derivados de reagentes di e tetra funcionais. Em alguns casos, foram empregados alumina e carvões.

4.2 SÍLICA GEL

As fases estacionárias empregadas em HPLC sofreram nos últimos anos grandes modificações e melhoramentos, devido aos avanços nos conhecimentos sobre:

a) Teoria da cromatografia a líquido,
b) Natureza da superfície da sílica,
c) Mecanismo da separação.

A sílica empregada como fase estacionária ou como matéria-prima para sua obtenção foi muito estudada, devido sua atividade de adsorção, catálise, suporte de catalisadores, desidratação e, é lógico, como fase estacionária em cromatografia em fase líquida e em fase de vapor.

A sílica gel, classificada geralmente como um óxido de silício, é um sólido amorfo, ao contrário do quartzo natural ou sintético, que é cristalino. Ela é fabricada na indústria e no laboratório por tratamento de soluções de silicatos alcalinos ou orgânicos com ácidos, a um pH escolhido de acordo com a composição do sistema empregado na síntese.

Após algum tempo, que é função das condições experimentais, forma-se um gel, que em seguida é lavado e secado de acordo com técnicas especiais que definirão suas propriedades físico-químicas. Dependendo das condições de reação e, principalmente, das técnicas de lavagem e tratamento térmico, ela pode se apresentar como um sólido translúcido, quase transparente e poroso.

A sílica gel pode apresentar volumes de poro da ordem de 0,5 a 0,6 cm^3/g com uma área superficial que pode variar entre 1 e 800 metros quadrados por grama o que acarreta diâmetros de poro médio entre algumas dezenas e até alguns milhares de angstroms.

De um modo geral para a análise de compostos de baixo peso molecular (inferiores a 2.000) o diâmetro médio dos poros deve ser maior do que o diâmetro molecular do composto estudado (entre 50 e 250 angstroms) enquanto que, para a análise e caracterização de polímeros de alto peso molecular, o diâmetro médio do poro deve ser bem maior (500 a 4.000 angstroms).

A estrutura da sílica gel contém grupos siloxanas 'OSiO' e grupos silanol, SiOH, como pode se verificar pelo exame da figura 4.1.

Sob o ponto de vista cromatográfico, os grupos silanol são os mais importantes, devido à sua polaridade, facilidade de fazer pontes de hidrogênio e capacidade de induzir dipolos em outras moléculas. Uma superfície completamente hidroxilada de sílica contém cerca de 8 grupos SiOH por nanometro quadrado, porém com tratamento térmico esses valores diminuem rapidamente.

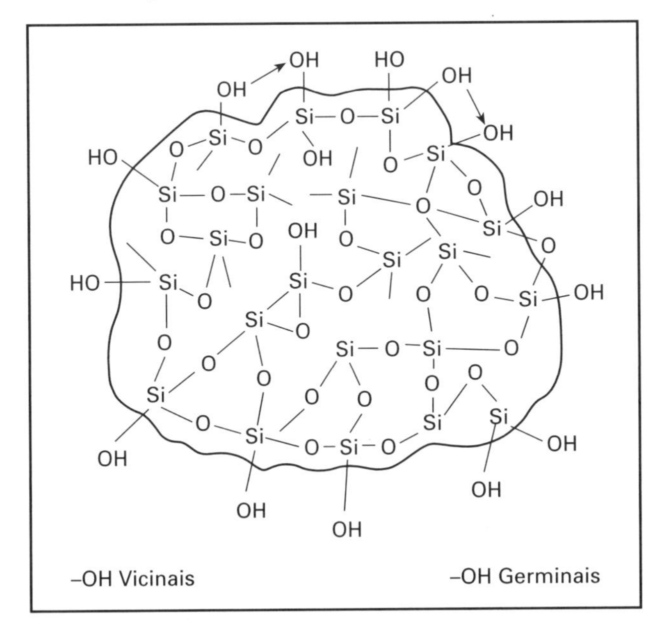

-OH GRUPOS SILANOL
-SiOSi- LIGAÇÕES SILOXANA

Figura 4.1 - Superfície da sílica (1)

Sílicas comerciais aquecidas a cerca de 200 °C têm uma concentração da ordem de 100 hidroxilas por 100 angstroms quadrados. Para uma sílica de 450 m2 isto corresponde a valores da ordem de 3 mmol/g, isto é, cerca de sete micromoles por m^2. A sílica gel é um ácido fraco com um valor de pKa do silanol de 9,5.

Quando aquecida após ter sido equilibrada com ar atmosférico, a sílica perde água de adsorção a temperaturas entre 125 e 175 °C.

A temperaturas entre 200 e 400 °C ela perde água por desidratação dos grupos silanol a siloxana. Esses últimos têm papel muito pequeno no fenômeno de adsorção e são considerados, sob o ponto de vista cromatográfico, inativos.

O tratamento térmico da sílica serve portanto para alterar a sua atividade, porém, o tratamento abaixo de 200 °C serve somente para secá-la, o que altera profundamente, também, a sua capacidade de adsorção e portanto a sua atividade *cromatográfica*. A sílica gel convenientemente ativada a 200 °C adsorve rapidamente água quando exposta a atmosfera.

A figura 4.2 apresenta dados experimentais da variação de massa de sílicas, de diversas áreas superficiais, tratadas previamente à alta temperatura e expostas ao ar à temperatura ambiente.

Pelo exame da figura 4.2 verificamos que a adsorção de água, mesmo em condições de baixa pressão de vapor (*água atmosférica*), é relativamente rápida e sobre este fato temos que ter sempre em mente quando o conteúdo de água superficial for fator importante da atividade cromatográfica

A sílica gel é pouco solúvel nos solventes orgânicos normalmente empregados em cromatografia (metanol, cloreto de metileno, THF etc.), porém, dependendo do pH ela pode ser apreciavelmente solúvel em água, propriedade que limita o seu uso a valores acima de pH 8 ou 9, fato que leva à sua desativação prematura, como mostra a figura 4.3. A solubilidade da sílica é proporcional à sua área superficial, à temperatura e ao pH da solução provocado pela existência de soluções salinas ou hidróxidos de alto pH e principalmente soluções concentradas de hidróxidos de tetra-alquilamônio.

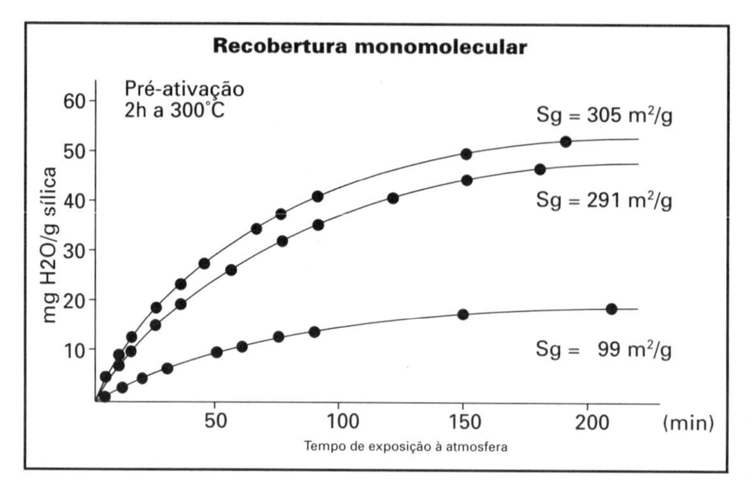

Figura 4.2
Adsorção de água por sílicas de diversas áreas superficiais[2]

A sílica gel empregada em cromatografia pode ser formada de partículas irregulares obtidas por trituração de partículas maiores ,ou pode ser de partículas esféricas obtidas por processos de fabricação em suspensão em óleos orgânicos, com a mesma tecnologia da polimerização de monômeros em suspensão e preparação de catalisadores de forma esférica.

Como foi exposto, a sílica é um dos materiais mais importantes da cromatografia, pois ela pode ser empregada diretamente na cromatografia sólido — gás e na sólido — líquido.

Além do mais, suas hidroxilas se comportam como as de ácidos fracos e possuem a mesma atividade química, com a grande diferença que elas se acham firmemente ancoradas na superfície de um sólido de alta estabilidade e baixíssima solubilidade

A figura 4.1 mostra os tipos de ácidos de Brönsted da sílica. Esse fato tornou possível ligar quimicamente as hidroxilas da estrutura da sílica a grupos com as mais variadas funções e mais diversas polaridades. Essas novas fases são chamadas de *fases quimicamente ligadas,* que assumiram nos últimos anos cerca de 98% das aplicações analíticas cromatográficas.

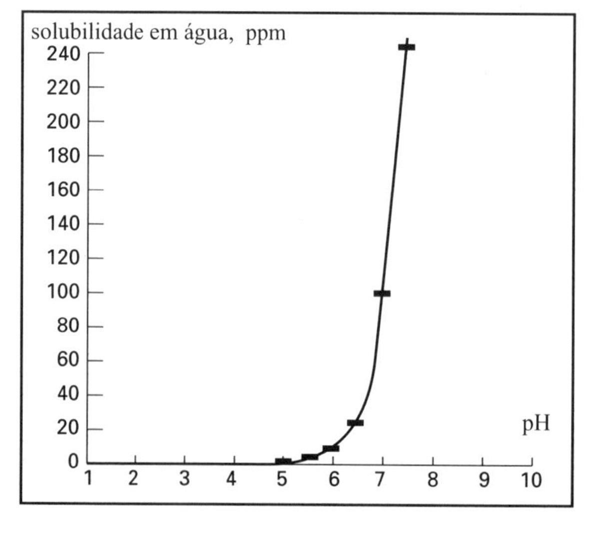

Figura 4.3
Solubilidade da sílica em função do pH[1]

4.3 PROPRIEDADES FÍSICAS DA SÍLICA GEL

A figura 4.4 nos mostra o comportamento térmico da sílica [2], isto é, a variação das propriedades físicas em função do tratamento térmico de uma sílica gel. Em abcissas apresentamos a temperatura de calcinação e em ordenadas a área superficial específica ,Sg, em metros quadrados por grama, o diâmetro médio dos poros dos materiais calcinados em angstroms, Dp, e o volume de poro, Vp dados em cm^3/g.[3]

Praticamente todos os sólidos empregados em *cromatografia* e em catálise apresentam comportamento semelhante quando o material sofre tratamento térmico ou tratamento com vapores (água) a alta temperatura. De um modo geral as propriedades da sílica dependem das condições de fabricação.

No caso da sílica gel, na sua fabricação industrial e em laboratório, devem ser fixadas entre 25 e 40 variáveis experimentais, afim de se obter um produto reprodutível, isto é, com as mesmas caraterísticas físico-químicas. Esse fato explica porque colunas cromatográficas de diferentes fabricantes ou mesmo, em muitos casos, do mesmo fabricante, possuem caraterísticas físico-químicas diferentes, ocasionando eficiência, resoluções, estabilidade mecânica e química diferentes. Além do mais, muitos dos produtos que intervêm na fabricação podem conter impurezas que podem alterar a sua natureza superficial.

A tabela 1 apresenta as principais propriedades das sílicas empregadas em cromatografia.

ÁREA ESPECÍFICA	ENTRE 1 E 800 m^2/g
VOLUME DE PORO	ENTRE 0,5 E 1 cm^3/g
DIÂMETRO MÉDIO DOS POROS	ENTRE 50 E 4.000 angstroms.
DENSIDADE BRUTA	ENTRE 0,3 E 0,6 g/cm^3

Tabela 1 Principais propriedades da sílica

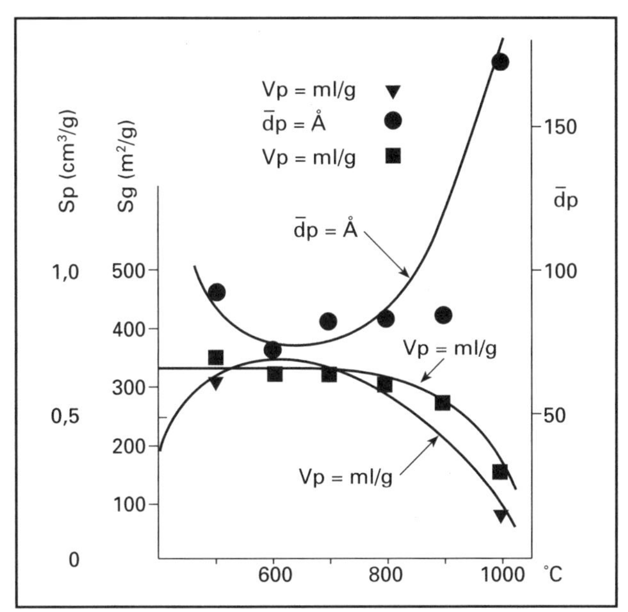

Figura 4.4 Variação do Vp, Sg e dp da sílica [2]

4.4 FASES QUIMICAMENTE LIGADAS À SÍLICA

As fases, quimicamente ligadas, são as mais importantes da cromatografia a líquido moderna. Todas elas se baseiam nas possibilidades do grupo silanol reagir seja no hidrogênio seja por substituição da hidroxila, por uma seqüência de reações totalmente análogas às da química inorgânica ou orgânica.

Alguns exemplos mostrarão possíveis caminhos de síntese das fases quimicamente ligadas As figuras 4.5, 4.6 e 4.7 apresentam reações do grupo silanol empregadas na fabricação de fases quimicamente ligadas.

4.4.1 Principais fases quimicamente ligadas derivadas da sílica

Os grupos ligados a sílica podem produzir tipos distintos de fases estacionárias, dependendo da sua natureza polar, não polar, iônica, ou mesmo complexante. Alguns exemplos permitem classificá-las imediatamente entre polares e não polares.

4.4.2 Fases não polares

São, de longe, as mais importantes na atualidade. Os principais grupos não polares ou pouco polares ligados a sílica são :

a) Grupos alquílicos com cadeias de 2, 4, 8, 18 e em alguns casos de 22 átomos de carbono. São sempre, com exceção da de 2, que são metila, cadeias sem ramificações e portanto de natureza não polar,

b) Grupos fenila. Ainda como fases pouco polares podemos encontrar grupos fenila ou alquilfenila, ligadas à sílica, porém, com poucas aplicações.

4.4.3 Fases polares

Nesse caso os grupos ligados à sílica são polares. Como exemplo temos as seguintes:

a) Ciano (-CN), amino, ésteres, fenóis, etc.

b) Grupos sulfônicos, - alquil amônio, carboxilas, etc.

São grupos trocadores de íons fortes e grupos carboxílicos que são trocadoras de íons mais fracos.

As fases não polares, por razões históricas, são também chamadas de *fases reversas*, ao contrário das polares. que são chamadas de *fases normais*.

4.4.4 Principais fases estacionárias com grupos ligados à sílica

Os dados apresentados a seguir nos mostram os principais grupos ligados a sílicas de diversos diâmetros de poro. Eles apresentam, em seqüência, o tipo da modificação na hidroxila da sílica (*tipo*), o grupo funcional (GF), estrutura química (EQ) e seus principais usos.

$-C_4$ Butila $-(CH_2)_3\ CH_3$

Fase reversa, pareamento de íons, separação de peptídeos e proteínas. Produz um tempo de retenção menor do que as fases C8 e C18.

$-C_8$ Octila $-(CH_2)_7\ CH_3$

Fase reversa e pareamento de íons. Recomendada para materiais ligeiramente ou altamente polares tais como peptídeos pequenos e proteínas, esteróides, nucleosídeos, fármacos polares, etc.

$-C_{18}$ Octadecila (ODS) OU (*octadecilsilica*)
$-(CH_2)_{17}\ CH_3$

Fase reversa e pareamento de íons. Recomendada para materiais não polares ou moderadamente polares, tais como ácidos graxos, glicerídeos, hidrocarbonetos aromáticos polinucleares, ésteres, vitaminas lipo solúveis, esteróides, prostaglandinas, PTH amino ácidos, etc.

$-C6H_5$ Fenila $-(CH_2)_3-\phi$

Fase reversa, pareamento de íons. Compostos moderadamente polares.

Tempos de retenção semelhantes aos da C8, porém com uma seletividade diferente para aromáticos policíclicos, aromáticos polares, ácidos graxos, etc.

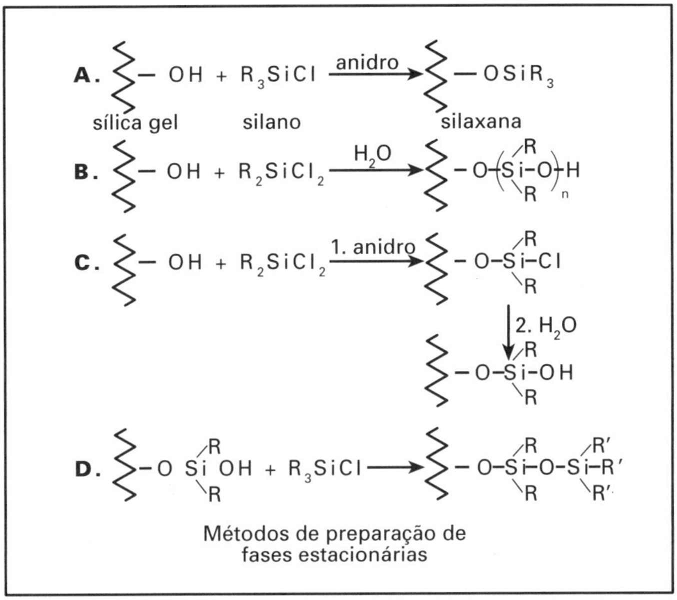

A. sílica gel —OH + R_3SiCl (silano) —anidro→ sílica —$OSiR_3$ (silaxana)

B. sílica —OH + R_2SiCl_2 —H_2O→ sílica —O—$(SiR_2$—O$)_n$—H

C. sílica —OH + R_2SiCl_2 —1. anidro→ sílica —O—SiR_2—Cl —2. H_2O→ sílica —O—SiR_2—OH

D. sílica —O—SiR_2—OH + R'_3SiCl → sílica —O—SiR_2—O—SiR'_3

Métodos de preparação de fases estacionárias

Figura 4.5
Preparação de fases quimicamente ligadas por reação de hidroxilas com cloroalquilsilanas em presença de água

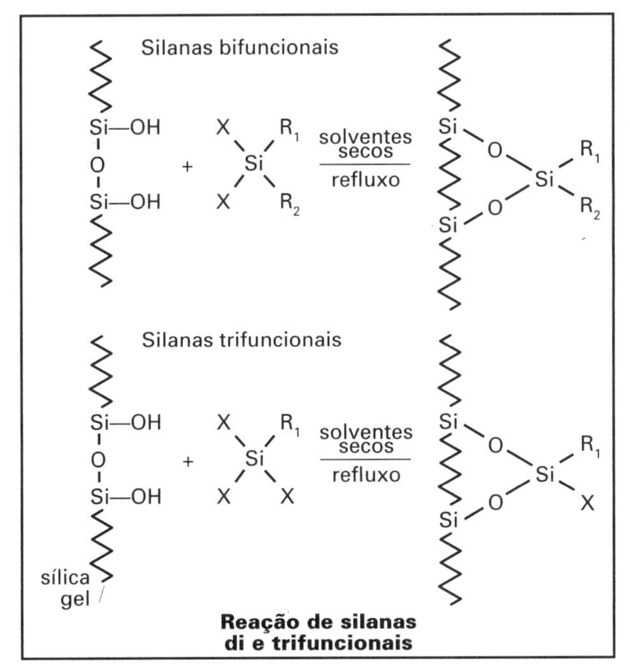

Figura 4.6
Reação de grupos hidroxila com alquilclorosilanas

-CN Ciano (Nitrila) $-(CH_2)_3\,CN$

Fase normal ou fase reversa. Como fase normal, empregando solventes pouco polares, ela se comporta praticamente como a sílica pura. Devido a facilidade de reequilibrar rapidamente, têm mais empregos do que a sílica pura em cromatografia envolvendo programação por gradiente. Quando empregada como fase reversa ela têm uma seletividade diferente das C_{18}, C_8 e fenila.

$-NO_2$ Nitro $-(CH_2)_3-Ø-NO_2$

Separação de compostos com duplas ligações, por exemplo aromáticos mono e polinucleares.

-NH_2 Amina -$(CH_2)_3$ -NH_2

Fase extremamente versátil, pois pode se comportar como fase normal, fase reversa e trocadora aniônica fraca. Como fase reversa separa carbohidratos.

Como fase normal empregando hexano ou DCM e isopropanol, pode separar compostos polares como anilinas substituídas, ésteres, pesticidas, etc.

Empregando com fase móvel tampões, por exemplo acetatos, fosfatos, etc. na presença de alguns modificadores orgânicos, por exemplo, acetonitrila pode separar ânions e ácidos orgânicos.

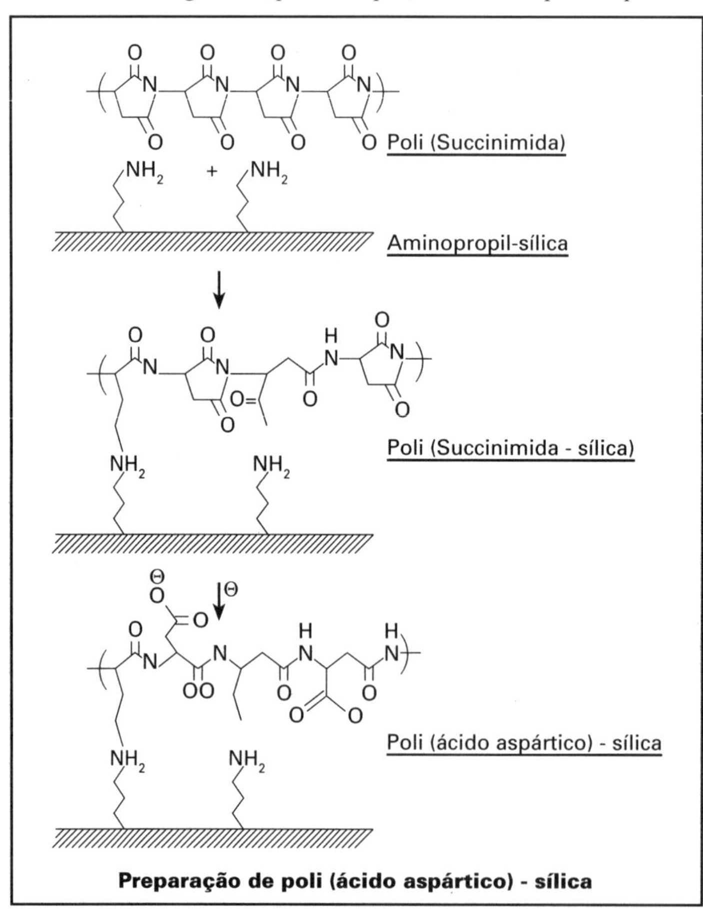

Figura 4.7
Exemplo de síntese de fases quimicamente ligadas

-$N(CH_3)_2$ Dimetilamino -$(CH_2)_3$ -$N(CH_3)_2$

Trocadora de íons aniônica fraca. Têm os mesmos usos do que a amina.

-OH Diol -$(CH_2)_3$ -O -CH(OH) -CH_2 -OH

Uso em cromatografia normal e em fase reversa. A estrutura diol é menos polar do que a sílica e facilmente molhada pela água

Empregada na separação de peptídeos e proteínas.

SA Ácido sulfônico -$(CH_2)_2$ -ϕ -SO_3 Na

Troca iônica forte, catiônica com capacidade de cerca 1 *meq / g*.

SB Íon de amônio quaternários -$(CH_2)_3$-ϕ -CH_2-^{N} $(CH_3)_3$ + Cl^-

Cromatografia por troca iônica. Trocadora aniônica, fortemente básica. Capacidade 1 me/g.

4.5 POLÍMEROS ESPECIAIS

4.5.1 Poliestireno-co-divinilbenzeno - pedvb

Os principais polímeros empregados na cromatografia a gás e na cromatografia a líquido são os derivados da copolimerização de estireno com divinilbenzeno. Dependendo da quantidade do monômero tetrafuncional (divinilbenzeno), obtém-se maior ou menor quantidade de ligações cruzadas, que conferem ao copolímero formado maior ou menor grau de rigidez, resistência térmica (infusíveis) e principalmente insolubilidade nos solventes aquosos e orgânicos polares e não polares.

A figura 4.8 nos apresenta a estrutura do poli(estireno-co-divinilbenzeno), obtido por copolimerização de estireno e divinilbenzeno. Devemos notar que a polimerização em suspensão é efetuada na presença de solventes que se caracterizam por dissolverem bem os monômeros e iniciadores, *porém não dissolvem o polímero*. Durante o processo de polimerização o solvente é expulso da esfera, deixando um material poroso com uma área que é função dos parâmetros experimentais fixados.

O polímero tem grandes concentrações de ligações cruzadas e seus poros se caracterizam por ter a sua superfície completamente coberta com grupos fenila.

Esses grupos fenila se comportam como qualquer anel aromático e portanto podem ser sulfonados, alquilados, clorometilados, nitrados, etc., fato que irá alterar a sua polaridade, ou introduzir grupos que permitem troca iônica, seja ela catiônica forte, fraca ou aniônica forte ou fraca, além da sua capacidade de atuarem como catalisadores.

Esses polímeros, na sua forma original ou na sua forma iônica, têm grande importância na moderna análise de compostos não polares, polares, iônicos ou fortemente polarizáveis de baixo e alto peso molecular.

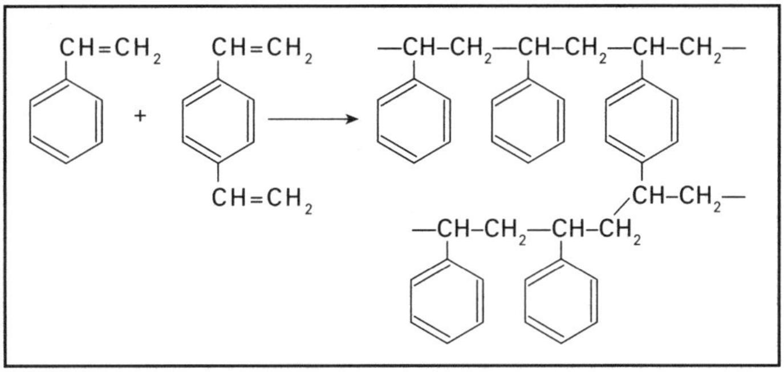

Figura 4.8
Poli (estireno-co-divinilbenzeno)

Outros polímeros, mais recentes, são provenientes da copolimerização de divinilbenzeno com vinil alquilbenzeno. Nesse caso o grupo alquila geralmente contém 18 átomos de carbono e portanto confere ao polímero grande estabilidade em relação ao pH (0 até 14) além de ser uma fase não polar.

Existe a possibilidade de efetuar a síntese de polímeros nos quais o monômero bifuncional é um material polar, por exemplo acrilonitrila, acrilatos de alquila ou metila, vinilpiridina sempre associados a monômeros tetrafuncionais di-olefínicos (divinilbenzeno, dimetacrilato de etilenoglicol, etc.;).

A figura 4.9 mostra a estrutura da poli (vinil piridina-co-divinilbenzeno) mostrando sua atuação como moléculas de trialquilaminas e em meio ácido.

As resinas podem ter grandes áreas superficiais. Dependendo da quantidade do agente cruzante, pode-se obter géis moles facilmente incháveis com solventes orgânicos ou resinas completamente insolúveis e infusíveis, pois seu peso molecular é praticamente infinito. A sua área superficial e porosidade também variam conforme a técnica de fabricação (de alguns a centenas de metros quadrados por grama). A estrutura interna dos poros, geralmente apresenta-se com anéis aromáticos expostos ao solvente e aos produtos que devem ser separados e portanto a fase, apesar de pouco polar, sempre apresenta efeitos com compostos que apresentam orbitais pi formando caudas e diminuindo a sua eficiência. Apesar desses fatores, elas e seus derivados são bastante empregados. Sua estabilidade quanto a variações de pH é muito alta, pois não possuem a estrutura da sílica que é facilmente atacada a altos ou baixos valores do pH.

4.5.2 Resinas trocadoras de íons sulfônicas

São as fases derivadas por sulfonação dos anéis aromáticos contidos na superfície dos poros e da superfície externa das resinas derivadas do estireno. Elas se caracterizam por terem uma concentração conveniente de grupos sulfonicos que lhe conferem uma acidez superficial forte e ao mesmo tempo o poder de troca iônica de cations com o hidrogênio dissociável do grupo sulfônico de acordo com o equilíbrio:

$$R-SO_3H + M^+ \rightleftarrows H^+ + R-SO_3-M^+$$

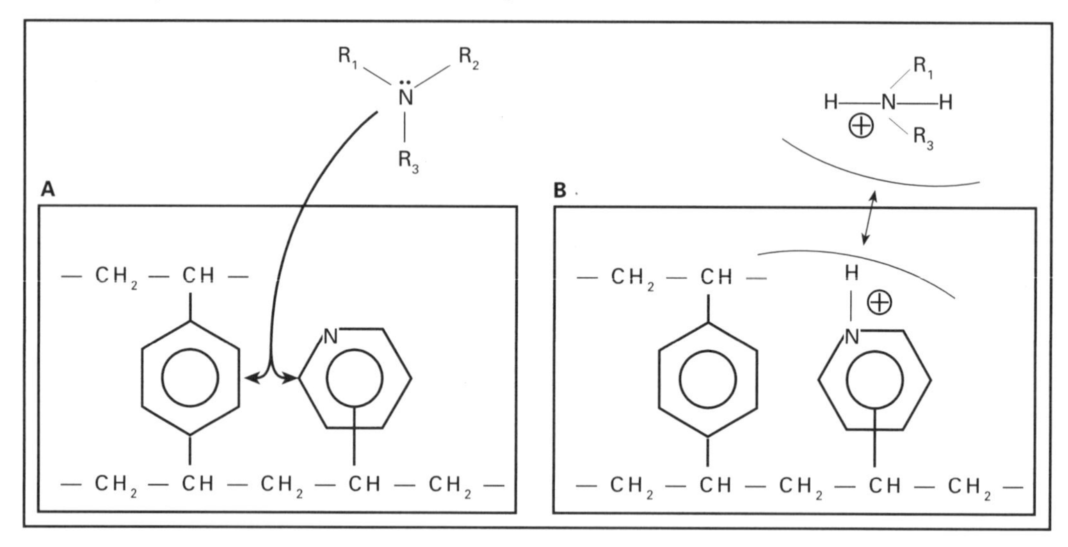

Figura 4..9 - Poli (vinil piridina-co-divinilbenzeno)

São fabricadas e usados em química dois tipos:

a) Resinas sulfônicas com um alto conteúdo de grupos sulfônicos. Elas se destinam às separações industriais, de laboratório ou de química analítica envolvendo troca iônica normal.

b) Resinas com baixo conteúdo de grupos sulfônicos destinadas somente a análise de íons, isto é, à cromatografia de íons.

4.5.3 Resinas aniônicas

Por reações dos mesmos anéis aromáticos discutidos acima com agentes clorometilantes, por exemplo, CH^2O/HC^l ou clorometil éter, pode-se introduzir no anel aromático o grupo clorometila que pode reagir posteriormente com uma amina terciária, produzindo o cloreto de um sal de amônio quaternário ancorado na superfície, o qual pode efetuar trocas aniônicas e pode ser classificado como uma resina aniônica forte.

O seguinte equilíbrio ocorre nas reações de troca aniônica:

$$\{R-CH_2NR_3 + C^{l-}\} + A^- \rightleftarrows \{R-CH_2NR_3 + A^-\} + Cl^-$$

A figura 4.10 apresenta estruturas de resinas catiônicas e aniônicas.

O deslocamento da composição de equilíbrio para um lado ou para outro, depende da constante de equilíbrio termodinâmico envolvida nas reações de troca iônica e, na maioria dos casos da concentração ou melhor da atividade dos íons, sujeitos a troca (cátions ou ânions)

4.5.4 Resinas poli (alquilestireno-co-divinilbenzen0)

Nos últimos anos foram introduzidas resinas nas quais o estireno foi substituído por alquilestireno. Com essa técnica o polímero formado apresenta uma longa cadeia de 18 átomos ligada aos anéis aromáticos, com isso facilitando a sua cobertura e eliminando o efeito sobre compostos com elétrons pi. Como resultado prático o tempo de retenção foi diminuído, a eficiência aumentada, chegando-se a uma fase estacionária semelhante à octadecilsílica, com a vantagem de serem resistentes a grandes variações de pH.

4.5.5 Resinas poli(vinilpiridina-co-divinilbenzeno)

A estrutura, como foi visto anteriormente, apresenta grupos piridina expostos à superfície dos poros. Seu comportamento é de uma base fraca reagindo com ácidos a baixo pH, formando íons piridônium que são neutralizados a valores de pH altos. A fase tem também caráter de resina trocadora de íons fraca, porém ela permite o uso de ótimos solventes, pois é totalmente insolúvel em orgânicos, ácidos e bases. Nessas condições ela pode separar compostos neutros, ácidos e bases. A figura 4.11 apresenta a análise de diversos compostos efetuada com a resina PVP-CO-DVB a diversos pH.

Os materiais assim obtidos podem ser tratados por qualquer dos compostos sililantes, ou, no caso dos polímeros, pode se introduzir grupos alquila, sulfônicos, amônio quaternários, etc., produzindo materiais que, além de serem ativos em adsorção ou partição, efetuam a separação de acordo com o tamanho das moléculas analisadas.

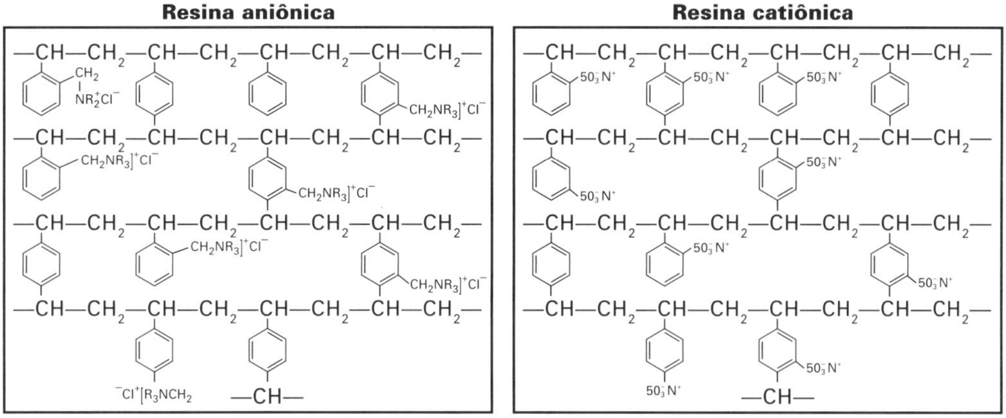

Figura 4.10 Resinas catiônicas e aniônicas

4.6 FASES ESTACIONARIAS COM DISTRIBUIÇÃO DE DIÂMETRO DE PORO CONTROLANDO A SEPARAÇÃO

4.6.1 Introdução

Dependendo da técnica de fabricação empregada, as sílicas ou qualquer um dos polímeros estudados anteriormente podem ter uma distribuição de diâmetros de poro e consequentemente um valor do diâmetro médio de poro fabricado sob medida.

Nesse caso, algumas moléculas poderão entrar nos poros pequenos, outras nos poros médios, isto é, elas são *permeadas seletivamente*, algumas por terem um diâmetro molecular maior do que o diâmetro dos poros viajarão com a velocidade do solvente, isto é, elas serão *excluídas* da sua entrada e saída dentro dos poros.

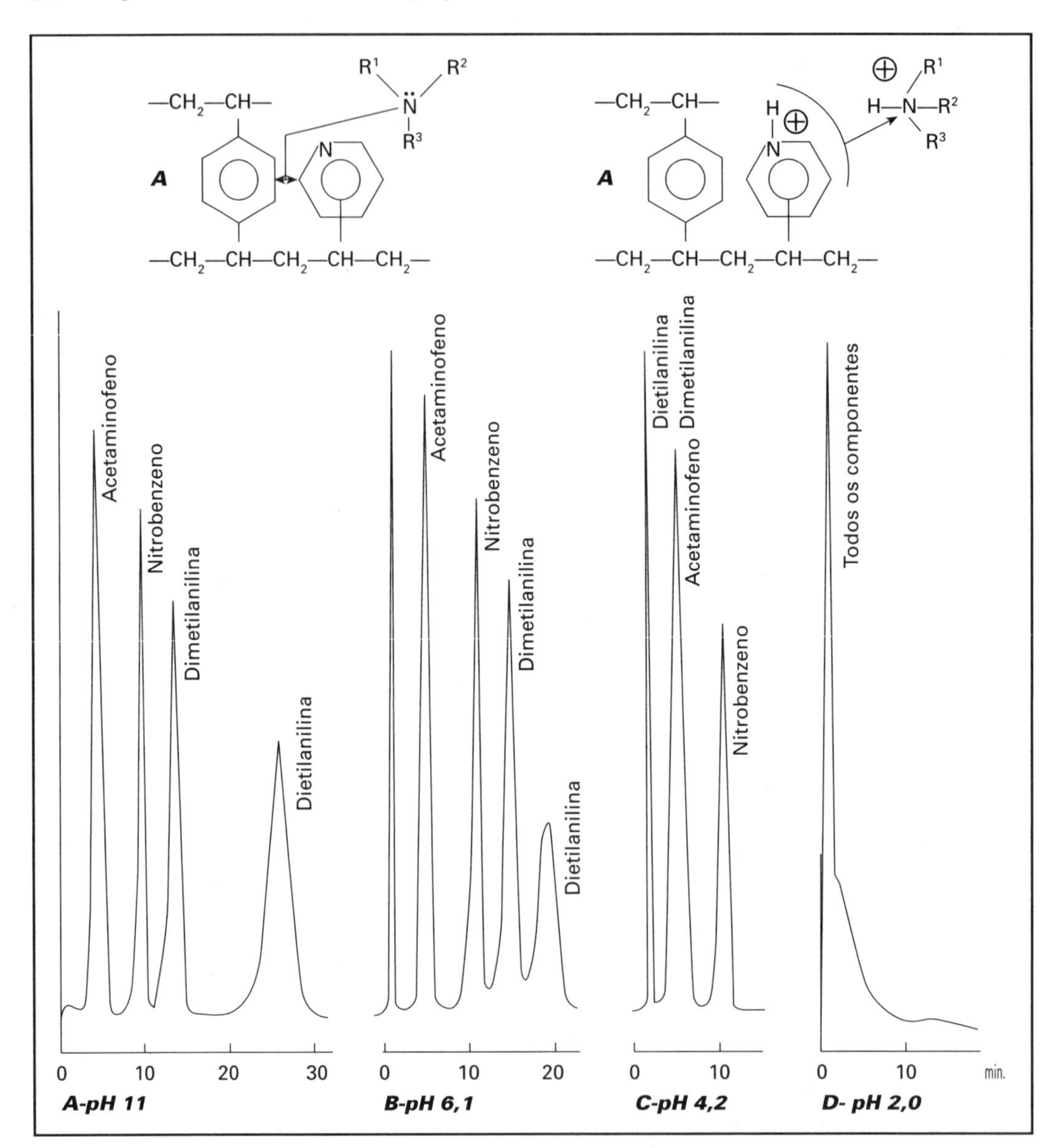

Figura 4.11- Separação composta com PVP-CO-DVB a diversos valores do pH

Por fim, outras moléculas ou íons, por terem diâmetro molecular menor do que qualquer um dos poros, serão permeadas completamente e elas poderão ser separadas normalmente por fenômenos de adsorção ou partição; elas são, portanto *permeadas totalmente*.

Esse tipo de comportamento tem aplicações extraordinárias, pois permite classificar os componentes da mistura por seu diâmetro molecular aparente na solução, que é função do peso molecular. Essa técnica é chamada de *cromatografia por exclusão por tamanho* ou, historicamente *de cromatografia por permeação de gel.*

Esse tipo de *cromatografia* pode ser levado a efeito em soluções de solventes orgânicos, com água, em soluções aquosas e mesmo em soluções salinas, dependendo da estrutura da fase móvel envolvida.

A figura 4.12 apresenta a estrutura esquemática de resinas empregadas na separação por exclusão por tamanho, enquanto que a figura 4.13 mostra a estrutura esquemática de resinas mistas, também chamadas de **lineares.**

Estas são constituídas pelas misturas de resinas de diversos diâmetros médios de poro. Analisando a figura 4. 12 verificamos que para a primeira resina, de poros finos, as moléculas de peso molecular alto, e portanto diâmetro molecular maiores ou iguais às das espécies B, C, e D, não conseguem entrar dentro dos poros e portanto são excluídas completamente da fase estacionária. Elas viajarão com a velocidade da fase móvel.

Para a segunda resina as espécies moleculares C e D têm diâmetro molecular maior do que o diâmetro do poro e portanto são também excluídas. As moléculas A e B são permeadas. Para a terceira resina , seu diâmetro de poro é maior e portanto somente as moléculas D são excluídas; as outras são permeadas. Na ultima resina, o diâmetro dos poros é maior do que o diâmetro molecular e portanto todas as moléculas serão permeadas. Os *cromatogramas* ao lado de cada resina mostram o que se detecta na análise.

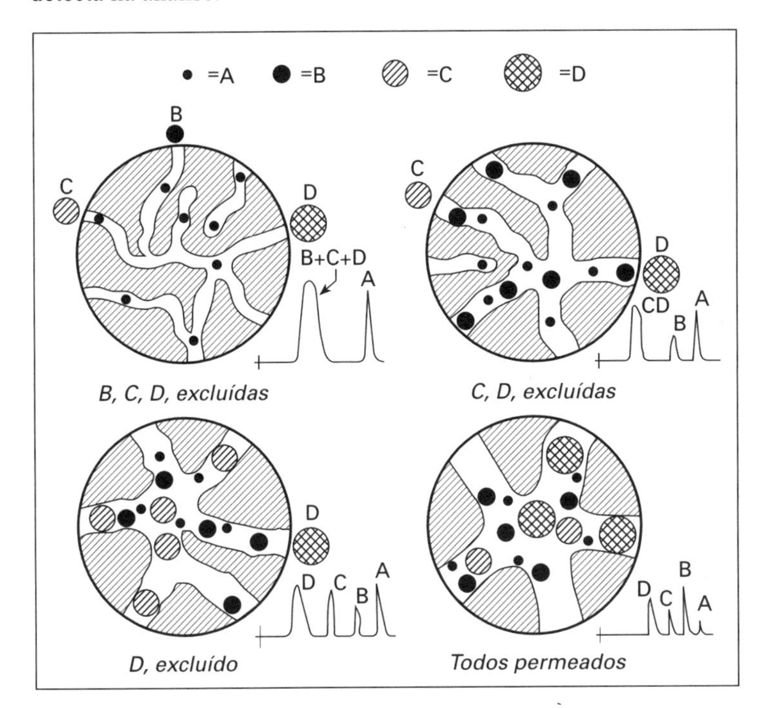

Figura 4.12
Fases estacionárias para separações por exclusão por tamanho

O cromatograma da figura 4.14 apresenta uma separação efetuada com resinas lineares, as quais permitem uma permeação de todas as moléculas para a resina linear considerada.

4.6.2 Relação entre diâmetro médio de poro da F.E. e a distribuição de peso molecular

Para uma coluna com uma fase estacionária com um diâmetro médio de poros especificado, a figura 4.15 apresenta as relações entre o peso molecular e o volume de retenção *Vr*, o volume *Vo* e *Vt*.

A figura 4.16 apresenta os *cromatogramas* experimentais obtidos, efetuando a análise de polietilenoglicois com *três colunas em série contendo cada uma fases estacionárias de diâmetro médio de póro diferentes*; uma com 50 Å, outra com 100 Å e a terceira com 500 Å, correspondendo respectivamente a limites de exclusão de 0 a 100, de 50 a 1K e de 500 até 10.000.

O território linear será portanto até a região perto de 10.000.

No caso do exemplo em apreço, com essas colunas em série consegue-se separar bem os polietilenoglicóis de diversos graus de polimerização desde o monômero (monômero etileno glicol), que tem o grau de polimerização 1 e os oligômeros, que têm grau de polimerização de 2, 3, 4, e *polímeros* de diversos pesos moleculares, marcados na figura com os códigos comerciais

O primeiro pico a sair corresponde ao polímero de maior grau de polimerização que sai perto do limite de exclusão da coluna, que possui o maior valor de diâmetro de poro médio.

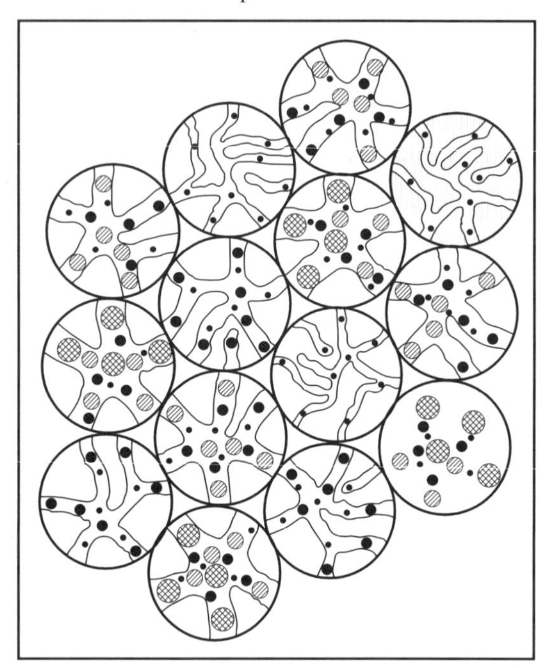

Figura 4.13
Representação esquemática de partículas de fases estacionárias com diversos diâmetros de poro. Fases mistas ou lineares

Os cromatogramas superpostos mostram o PM dos materiais e o tempo de retenção. No de PM 1500 nota-se que ele é uma mistura de diversos pesos moleculares médios.

Para colunas de diversos diâmetros de poro médio, se fizermos *cromatogramas* com padrões, isto é, polímeros fracionados de maneira a se obter um peso molecular médio de baixa dispersão (pequena diferença entre o maior e menor peso molecular da fração) obteremos *cromatogramas* semelhantes ao da figura 4.15.

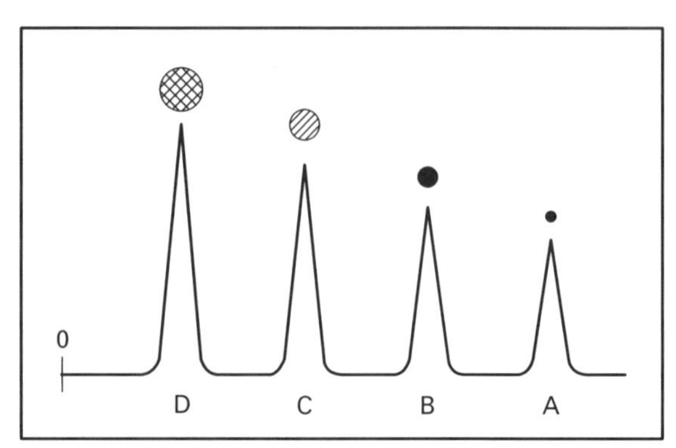

Figura 4.14
Cromatograma obtido com resinas lineares

Se com os dados experimentais traçarmos curvas de volume de eluição contra o peso molecular, obteremos uma figura do tipo da figura 4.17, na qual se acham representadas as curvas que vão desde

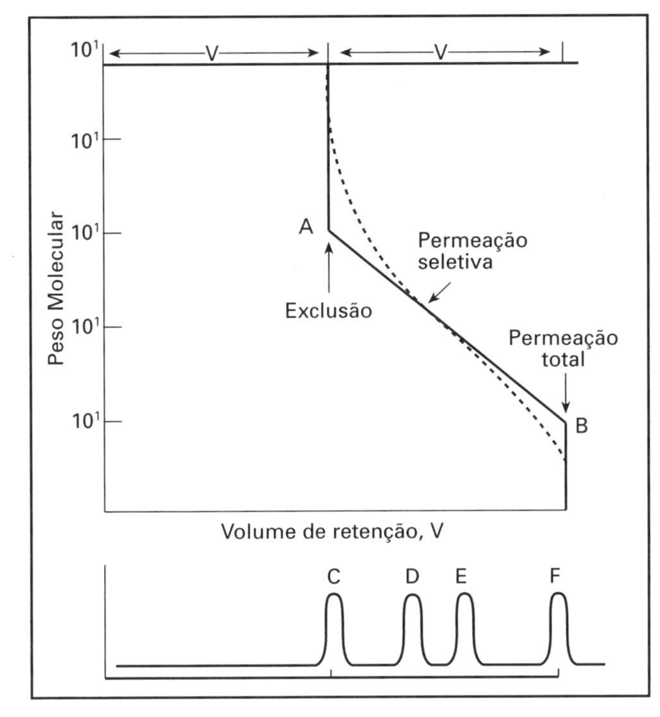

Figura 4.15
Relação experimental entre volume de eluição e peso molecular para diversas colunas. Curva de calibração Kirkland[(4)].

o monômero até o limite de exclusão para cada coluna. Tais curvas são empregadas para a determinação do peso molecular de polímeros e portanto para caracterizá-los quanto ao grau de polimerização, dados esses que são da maior importância para os controles industriais.

Os dados da figura 4.17 permitem a identificação do peso molecular dos diversos poliglicóis ou suas misturas.

4.6.3 Colunas lineares

As colunas lineares são constituídas por um leito de misturas de partículas com diversas distribuições de diâmetro médio de poro. Ela se comporta, parcialmente, como a técnica de colunas em série, porém, são muito mais econômicas, podendo abranger todo o território de peso molecular de 100 até mais de 50 milhões de daltons. Elas são as chamadas *colunas mistas ou colunas lineares,* porque a curva de PM contra o volume eluído é linear até o valor de exclusão. A figura 4.14, apresenta as curvas de padronização de diversas colunas lineares com padrões de poliestireno. Nota-se que elas diferem, além da distribuição do material granulométrico, do diâmetro das partículas (Polymer Laboratories).

4.6.4 Limites de permeação seletiva

Na tabela 4.6.1 temos o diâmetro médio do poro em Å, ao lado do território de peso molecular de permeação seletiva.

Sua importância é enorme, pois permite separar proteínas e outros materiais biológicos de acordo com seu peso molecular e, na química industrial, seguir a síntese de polímeros pela sua distribuição de peso molecular a qual, quase sempre, é responsável pelas suas propriedades físicas e tecnológicas.

Colunas de permeação de gel fabricadas com sais de cálcio ou chumbo, de resinas sulfônicas, de diâmetro de poro controlado que permite a separação de uma destrana de peso molecular de cerca 50 mil de trímeros, dímeros da glicose juntamente com açúcares (glicose, frutose) e álcoois de baixo peso molecular, como seja o metanol, etanol, butanol etc. Nesse caso intervieram no processo os fenômenos de exclusão, permeação seletiva, permeação total, aliadas a fenômenos de separação por adsorção no caso dos álcoois contidos na mistura analisada.

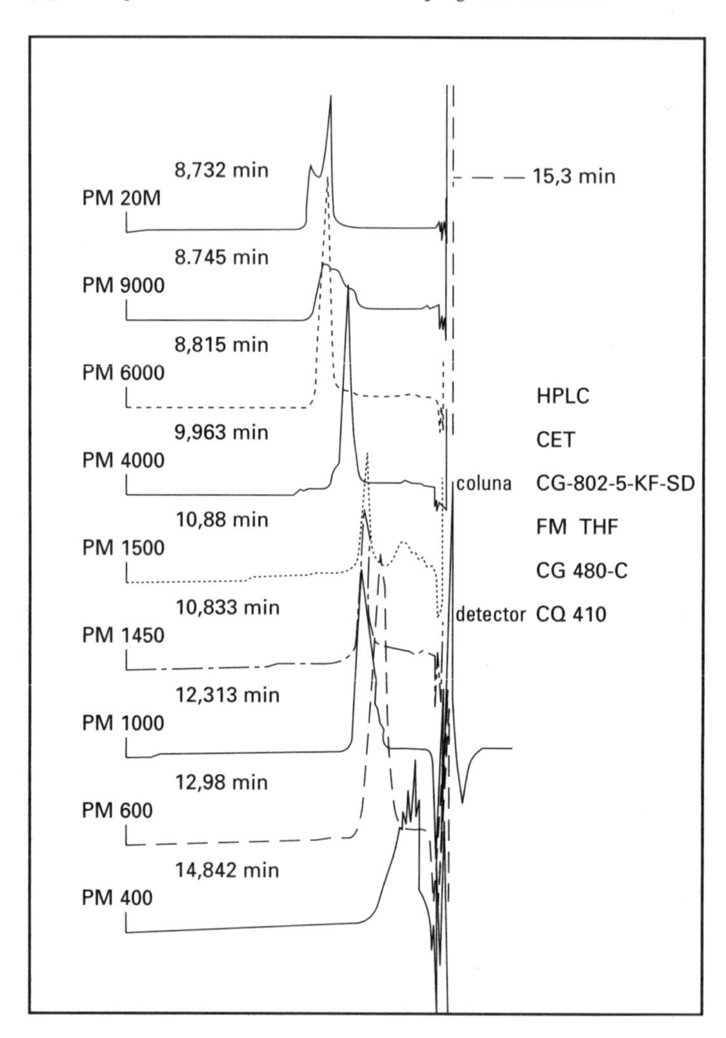

Figura 4.16
Fracionamento de polietileno glicóis empregando três colunas em série.

Por esse exemplo verificamos que o comportamento das fases estacionárias é muito relacionado à estrutura química da sua superfície, da sua área de superfície, do volume do poro e conseqüentemente do diâmetro médio dos poros e principalmente do histograma da distribuição do diâmetro de poro.

DIÂMETRO MÉDIO DOS POROS EM Å	TERRITÓRIO DE PESO MOLECULAR
50	0 - 50
100	50 - 1K
500	500 - 10K
10^3	K - 40K
10^4	20K - 300K
10^5	100K - 1.000K
10^6	500K - 10.000K
COLUNAS LINEARES COM AS FASES ACIMA	0 - 40.000K

Tabela 4.6.1
Diâmetro médio dos poros e território de aplicação

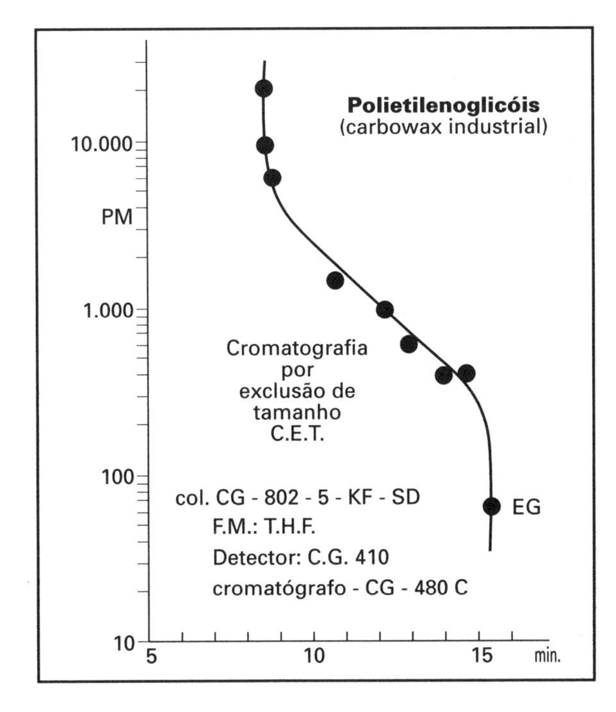

Figura 4.17
Calibração de polietileno glicois

4.7 DIÂMETRO DAS PARTÍCULAS EMPREGADAS EM HPLC

As teorias expostas anteriormente demonstraram que a eficiência das colunas cromatográficas depende da técnica de empacotamento da fase estacionária, da sua natureza, dos coeficientes de difusão dos compostos na fase móvel e na fase estacionária, etc. e principalmente, numa mesma fase estacionária, da sua granulometría

Para fins analíticos, a granulometría deve ser a menor possível; modernamente as indústrias preparam materiais com diâmetro médio de partículas (dp) de 1,3,5,7 e 10 micra para fins analíticos. Em cada caso existe um compromisso entre eficiência e uma indesejável perda de carga. As colunas de partículas de baixo diâmetro são geralmente curtas (3-10 cm para 3 micra, 10 a 25 cm para diâmetros até 7e 10 micra). Maiores diâmetros geralmente têm eficiência muito menor e são mais empregadas para fins preparativos, pois seu custo é menor, porém, as tendências modernas da HPLC preparativa industrial é a de usar partículas não superiores a 10 micra, com diâmetros de colunas maiores (10 a 80 cm) e comprimentos de alguns metros.

A *cromatografia* industrial, para alguns casos, é extremamente econômica, se a natureza da amostra permitir uma separação com grande resolução e o produto for de grande valor econômico. As figuras 4.18 e 4.19 apresentam a eficiência das colunas para partículas de pequeno diâmetro médio e para partículas mais grossas.

Notam-se os seguintes fatos:

1) A eficiência diminui com o *aumentar* do diâmetro da partícula.

2) Ela passa, para todas, por um valor mínimo, que é o território de maior eficiência e não necessariamente o mais rápido.

3) Mesmo para HPLC preparativa, o diâmetro das partículas deve ser mantido pequeno (inferior a 10 micra) .

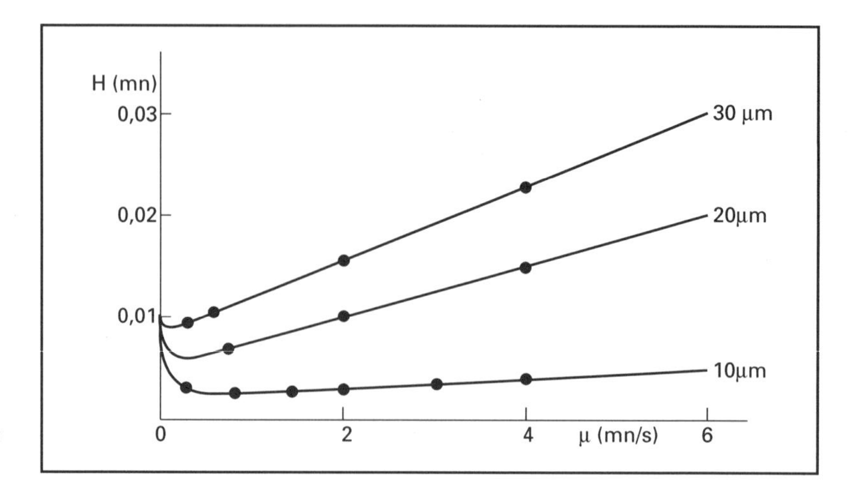

Figura 4.18
Influência da granulometria na eficiência das colunas de partículas grossas

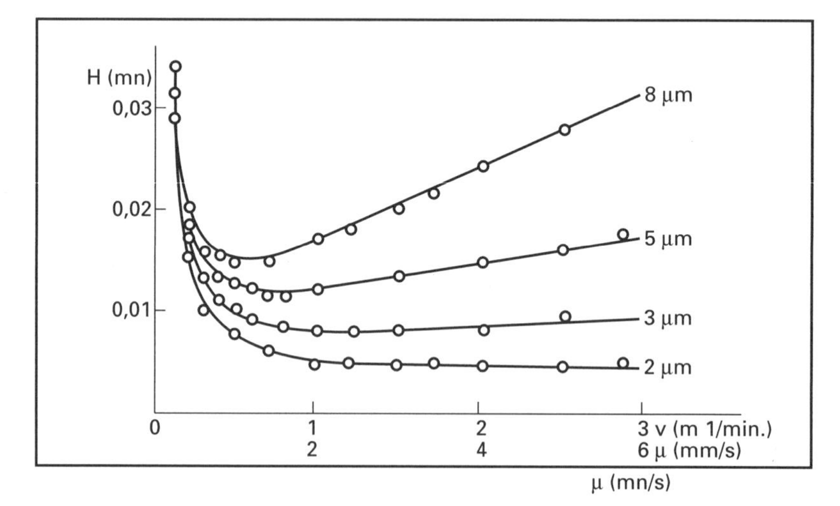

Figura 4.19
Eficiência de colunas com partículas muito finas.

4) A vazões de fase móvel acima do ponto mínimo a eficiência diminui (aumento de H), porém, para partículas de pequeno diâmetro ela se mantém praticamente constante (partículas de 2 e 3 micra).
5) A interpolação da reta das curvas H / u nos dá um valor de H da ordem do dobro do diâmetro da partícula.
6) A redução do diâmetro da coluna aumenta a eficiência da fase estacionária ($H \cong 2$ dp).

Essa afirmativa têm que ser tomada com muito cuidado, pois, ao diminuir o diâmetro da partícula, aumentamos a pressão de trabalho, o que não é nada conveniente, pois pode diminuir a vida da coluna se esta não tiver sido projetada e fabricada convenientemente.

4.8 DIÂMETRO DAS COLUNAS

A tabela 4.7.1 apresenta alguns exemplos das dimensões (diâmetro interno) para algumas granulometrias da fase estacionária que estão sendo empregadas para diversos processos analíticos e preparativos.

A maioria das colunas analíticas atuais emprega fases estacionárias de 5 e 10 micra de diâmetro médio, deixando as de 1 ou 2 micra para usos especiais. Nesse caso as colunas são, geralmente, curtas.

A figura 4.20 apresenta a variação da eficiência da coluna em função do seu diâmetro. A vazão, como se pode verificar, tem influência marcante para as colunas de maior diâmetro.

Elas têm um ponto critico para a vazão onde se obtém uma maior eficiência, e este valor deve ser determinado e usado quando a eficiência for o fator crítico da resolução.

- A tendência moderna para fins analíticos é a do emprego de colunas de 2 a 3 mm de diâmetro interno e comprimento compatível com a granulometría da fase. Nessas condições será necessário o emprego de bombas projetadas para vazões muito baixas, o mesmo acontecendo com os detectores empregados, que deverão ter um caminho óptico otimizado. Essa tecnologia acarreta os seguintes benefícios:
- rapidez de análise
- maior sensibilidade
- economia de solventes

DIÂMETRO DAS PARTÍCULAS Micra	DIÂMETRO DAS COLUNAS mm	EMPREGOS
1 A 5	0,2	ANALÍTICOS
1-5	1 - 4	ANALÍTICOS
5-10	4-6	ANALÍTICOS
I5 - 10	8-800	PREPARATIVOS E INDUSTRIAIS.

Tabela 4.8.1 Diâmetro de partículas e diâmetro de colunas

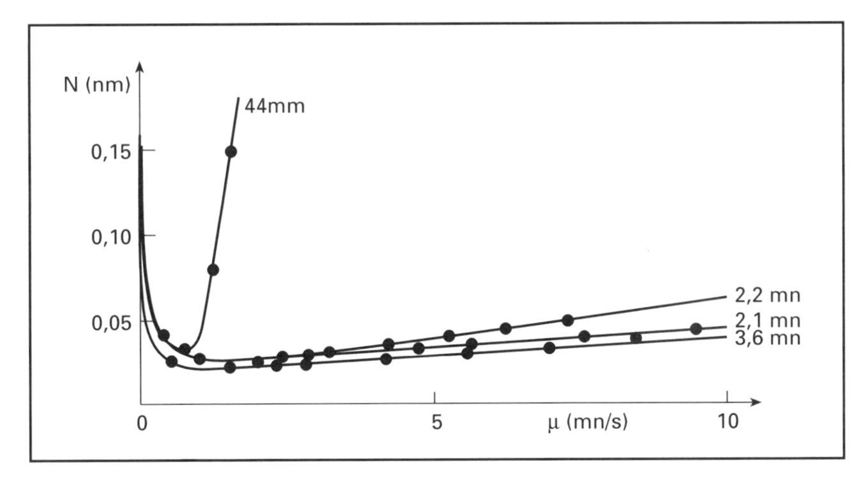

Figura 4. 20 Variação de H com a vazão para diversos diâmetros de colunas

4.9 FASES QUIRAIS

As fases **quirais** são materiais que, quando empregados como fases estacionárias ou introduzidos na fase móvel, permitem a separação de isômeros ópticos de misturas racêmicas ou dos compostos racêmicos contidos em matrizes de uso geral.

Elas se caracterizam por possuírem uma inerente atividade óptica, e são provenientes geralmente das reações de matrizes oriundas da sílica ou de polímeros orgânicos derivados diretos ou indiretos dos poli (estireno-co-divinilbenzeno) puros ou seus copolímeros com metacrilatos tetrafuncionais, como é o caso do dimetacrilato de etileno glicol.

As estruturas básicas dos copolímeros aromáticos foram vistas anteriormente. Elas são sulfonadas para se obterem resinas sulfônicas ou, podem ser clorometiladas e em seguida tratadas com aminas, que podem ser, em alguns casos, uma proteína opticamente ativa, ou uma amina alifática ou aromática, também opticamente ativas.

O mesmo procedimento pode ser feito com as resinas sulfônicas, empregando-se reagentes convenientes.

O assunto é extremamente importante, pois a grande maioria de fármacos possui atividade diferente nos seus isômeros. Mais de 900 citações sobre fases e aplicações quirais foram descritas nas ultimas décadas.

4.9.1 Fases estacionárias quirais

A análise de enantiômeros foi tentada inicialmente com o auxílio de fases adsorventes quirais naturais como o Sephadex e a celulose. Infelizmente essas fases são de baixa eficiência e portanto não tiveram muito sucesso. Seus derivados triacetato de celulose e os seus peracetilados podem ser solubilizados e em seguida repricipitados sobre sílica gel de área superficial e porosidades convenientes para o peso molecular dos analitos em jogo. Nessas condições esses produtos e seus derivados com aril isocianatos, tris-trans-4-(fenilazo) fenil carbamato de celulose, tiveram aplicações com o nome comercial de fases Daicell.

Outras fases empregadas foram:

Produtos de reação entre N-(3,5-dinitrobenzoil) fenilglicina ligada a amino propil sílica.

Outros derivados foram preparados baseando-se nos dinitro derivados da leucina, porém poucos empregos tiveram na análise de fármacos; o mesmo não ocorreu em outros campos.

Derivados de proteínas encontradas no soro, como a albumina do soro bovino ligada à sílica, empregadas para análise de aminas e ácidos carboxílicos quirais e albuminas do ovo. Elas têm pequena capacidade de adsorção, porém têm enantio seletividade grande.

A vida dessas colunas é relativamente pequena e, dependendo da quantidade da amostra injetada, pode haver inversão na ordem de eluição dos picos. A separação dos isômeros ópticos ocorre porque cada um deles têm um coeficiente de adsorção especifico em relação a centros seletivos da fase estacionária, por meio de adsorções envolvendo dois ou três pontos de adesão. A diferença dos coeficientes de adsorção permite portanto um tempo de eluição seletivo para cada isômero.

Um outro tipo de fase consiste na adsorção de compostos quirais sobre uma fase não polar contida numa coluna cromatográfica. Como exemplo temos N-alquilhidroxiprolina, onde o grupo alquila pode ser n-$C_7H_{15,}$ N,N-dioctilalanina e outros. Elas produzem boa enantio seletividade, porém, a separação de alguns aminoácidos não é muito boa.

Uma outra técnica consiste em se empregar uma coluna não polar e empregar fases móveis enatioméricas, acopladas ou não, a sais metálicos que as complexam, por exemplo, sais de cobre II.

Como exemplo de síntese de uma fase estacionária quiral temos a seqüência de reações entre isocianato, tratado com 3-amino propil metil dietoxi silana, produzindo uma silil uréia, que é em seguida condensada com sílica gel de 5 micra, produzindo a fase estacionária, figura 4.21.

Grupos livres hidroxila da sílica são eliminados, de acordo com a necessidade, total ou parcialmente com hexametildisilazana. As reações envolvidas são as seguintes:

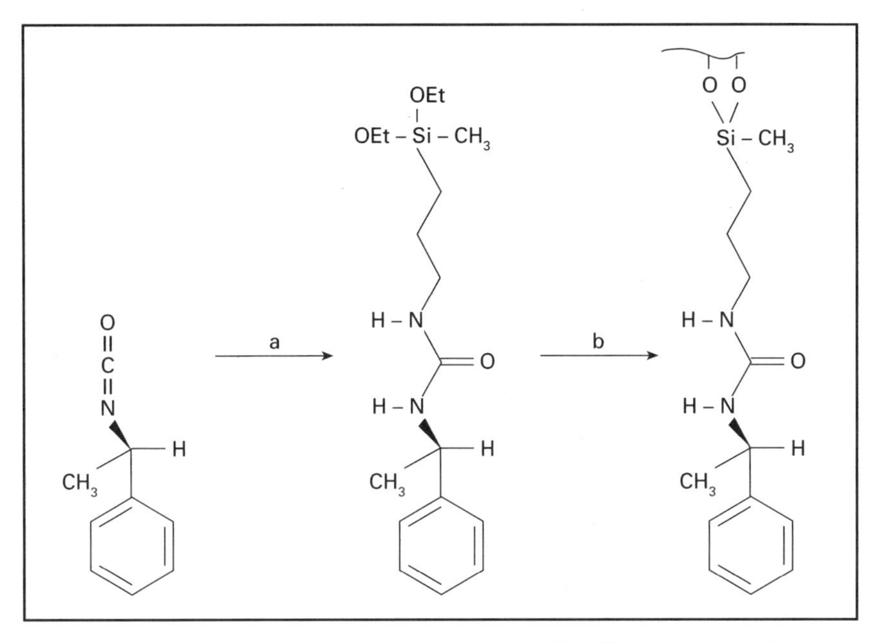

Figura 4.21 - Reação de metilfenilisocianato com 3- amino propil dietoxy silana.

A eliminação dos grupos silanol nos leva à estrutura da figura 4.25.

Ambas têm atividade diferente, pois a existência de grupos silanol, em concentrações diferentes, introduz atividade cromatográfica diferenciada, como foi demonstrado por Brugger [5]

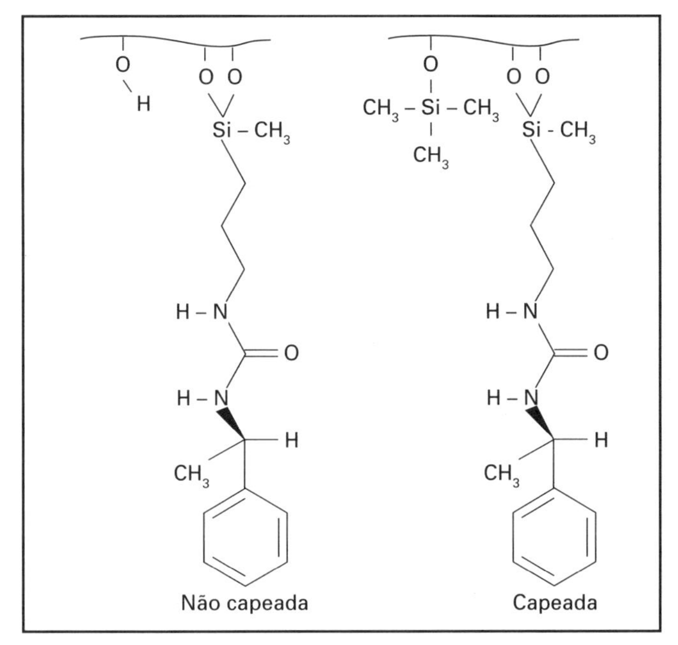

Figura 4.22
Capeamento de grupos silanol com hexametildisilazana

4.10 BIBLIOGRÁFIA

1- Majors, R. E. em Instrumental Analysis - Bauer, H., Christien, G. D e O' Reilly, J. E. p. 657, Allyn & Bacon, Boston, Mass, 1978.
2- Ciola, R. - Resultados não publicados - Instrumentos Científicos CG Ltda.
3- Ciola, R. - Manual do Medidor de área específica CG 2000. 1990
4- Snyder, R., Kirkland, J.J. - Introduction to The Modern Liquid Chromatography - John Wiley and Sons, 1979
5- Brügge, B. e Arm, H. - Journal of Chromatography 592, (1992) 309

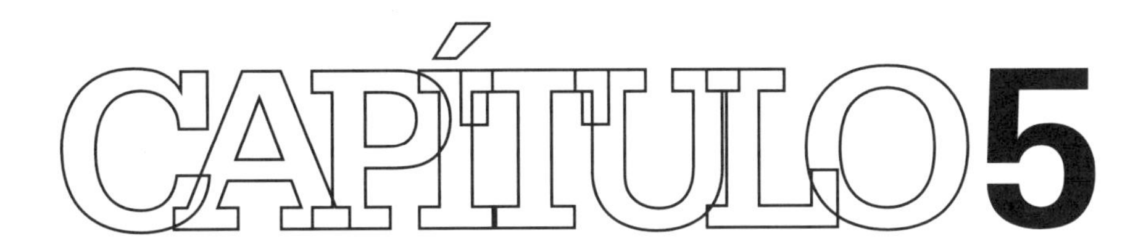

NATUREZA DAS FASES MÓVEIS DA HPLC

5.1 INTRODUÇÃO

O projeto da separação perfeita de misturas, empregando a cromatografia a líquido, somente terá sucesso se for possível acoplar uma fase móvel correta a uma fase estacionária conveniente.

Na HPLC e em todos os casos da cromatografia a líquido, a fase móvel deve ser um líquido, e dentro do universo das substâncias líquidas puras e de suas misturas encontramos um sem número de possibilidades de solventes candidatos.

A escolha da composição da fase móvel leva em conta um grande número de fatores. Dentro desses, os principais são os seguintes:

a) Propriedades físico-químicas que afetam a solubilidade, a partição, a adsorção e portanto a separação.
b) Propriedades físicas que afetam a possibilidade de detecção.
c) Propriedades físicas que dificultam o manuseio das bombas, dos detectores e das colunas.
d) Propriedades que afetam a segurança (toxidez, inflamabilidade, etc.).
e) Por fim, mas não por último, o seu custo.

Muitos bons solventes, mesmo que comercialmente disponíveis, têm preços totalmente proibitivos, devido aos processos de ultra-purificação empregados.

A figura 5.1 apresenta um triângulo de seleção devido a Snyder e Kirkland.[1] Nele encontramos na sua base, posição 1, os materiais que, devido às suas propriedades físicas, não podem ser empregadas em cromatografia a líquido. Como exemplo podem se citar líquidos puros ou soluções viscosas, por exemplo, glicerol, álcoois superiores, hidrocarbonetos de alta pressão de vapor, compostos extremamente tóxicos, por exemplo, ácido cianídrico, alguns compostos nitrogenados ou mesmo clorados, etc.

Na região 2 encontramos solventes que têm as propriedades físicas adequadas, porém, para o sistema que queremos separar os valores dos fatores capacidade, k e o fator de separação, α não são convenientes.

Na região 3 temos os valores dos fatores de capacidade convenientes, porém as substâncias têm coeficientes de partição iguais, isto é, os valores dos fatores de separação α não são satisfatórios.

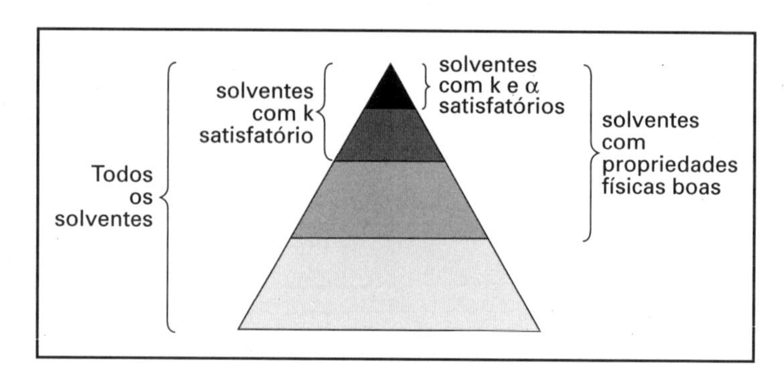

Figura 5.1
Triângulo de seleção de fases móveis

Por fim, a região 4 apresenta uma pequena e reduzida região onde todos os fatores necessários para a separação são convenientes.

5.2 SELEÇÃO EM FUNÇÃO DAS PROPRIEDADES FÍSICAS

A seleção dos solventes deve ser feita de maneira que eles satisfaçam os requisitos necessários para o seu manuseio seguro, eficiente e econômico.

Os seguinte parâmetros se mostraram os principais para fins de análise.

5.2.1 Viscosidade

A viscosidade do solvente, ou misturas de solventes, empregadas em cromatografia a líquido têm importância fundamental durante o bombeamento isocrático ou por gradiente.

Muitos dos solventes são eliminados como fases móveis, devido a sua grande viscosidade, que vai acarretar dificuldades no bombeamento.

A figura 5.2 apresenta a viscosidade, medida em cP a 25 °C, de diversos solventes puros.

Os mais indicados como fase móvel são sempre os de baixa viscosidade, pois acarretam uma menor perda de carga no bombeamento. Na mesma figura, como exemplo, mostra-se a perda de carga no bombeamento numa coluna de 25 cm com diâmetro interno de 0,46 cm e cheia com a fase RP8 de partículas de 5 micra.

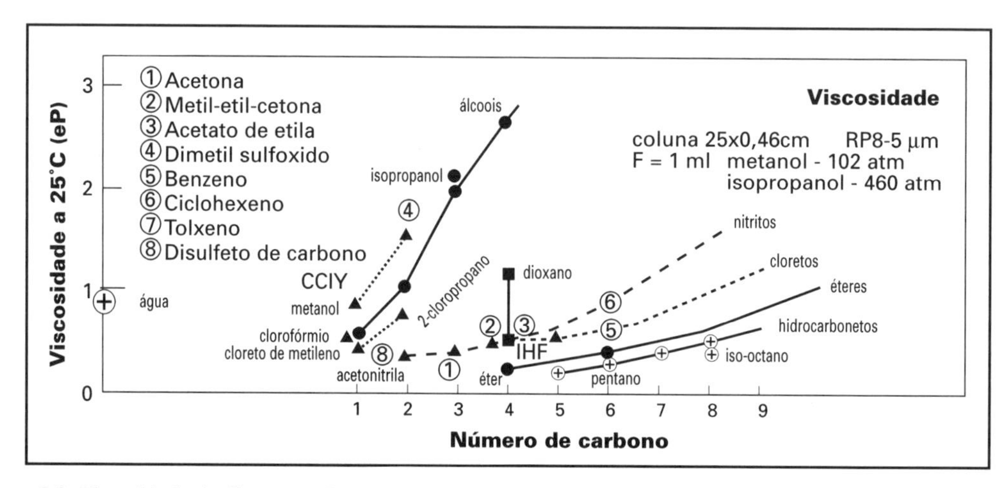

Figura 5.2 Viscosidade de diversos solventes.

A uma vazão de 1 ml/min, empregando como fase móvel metanol e o isopropanol, que é um solvente mais viscoso, as perdas de carga em operações efetuadas à mesma temperatura são respetivamente de 102 e 460 atmosferas...

O emprego de n-butanol produziria, sem duvida, uma queda de pressão muito maior, fato que inibe seu uso como fase móvel. O mesmo ocorre também com o etanol, que poderia ser uma fase móvel bastante interessante, porém que provocaria uma queda de pressão bastante proibitiva.

Água, metanol, e todos os compostos que têm viscosidade inferior a um, são considerados ótimos quanto à viscosidade e portanto aumentam a facilidade de bombeamento. Os hidrocarbonetos, nesse aspecto, são ótimos mesmo para os homólogos com 8 ou mais átomos de carbono. Na mistura de solventes, a viscosidade geralmente não varia linearmente com a composição, porém de acordo com suas características de polaridade ou de possibilidades de formação de pontes de hidrogênio. A figura 5.3 mostra, para três temperaturas, a variação da viscosidade com a composição da mistura para os pares de solventes água/metanol e água / acetonitrila. Em ambos os casos a viscosidade passa por um máximo a composições diferentes.

Esse fato é extremamente importante quando se trabalha com variação da composição durante a análise. A queda de pressão também passa por um máximo de acordo com a mudança da sua viscosidade

A viscosidade é uma propriedade que afeta a queda de pressão dentro da coluna (queda de pressão é proporcional à viscosidade), porém, afeta também a sua eficiência, pois a fase quanto mais viscosa for, mais afetará o coeficiente de difusão da substância analisada, acarretando uma perda considerável do número de pratos teóricos. O fenômeno é geral e deve ser esperado durante qualquer análise isotérmica por programação por gradiente.

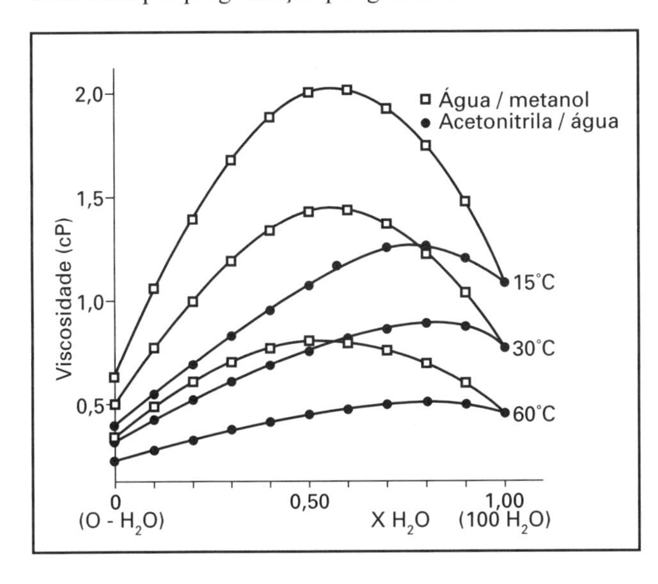

Figura 5.3
Variação da viscosidade com a variação da composição da mistura e com a temperatura

5.2.2 Pressão de vapor

A pressão de vapor dos solventes é uma propriedade extremamente importante, porque ela está relacionada à sua perda por evaporação, com a conseqüente possibilidade de contaminação do ambiente de trabalho e de acidentes por sua ignição. Solventes muito voláteis, ou mesmo solventes pouco voláteis, porém operados a altas temperaturas, podem causar fenômenos de cavitação no bombeamento, fato que acarreta perda da reprodutibilidade da vazão e conseqüentemente do tempo de retenção. A figura 5.4 mostra as pressões de vapor, medidas a 25 °C, de solventes promissores para a cromatografia a líquido.

Dos solventes exemplificados, somente aqueles que possuem baixa pressão de vapor podem ser indicados como componentes de fases móveis. Os mais voláteis, somente em condições especiais são empregados, pois sempre induzirão cavitação na bomba durante o seu funcionamento, resultando:

- incapacidade de bombeamento,
- erros na vazão prefixada,
- alteração da resposta do detector,
- ruído nos sistemas de detecção,
- erros nas análises qualitativas e
- erros nas análises quantitativas.

Dos hidrocarbonetos somente o hexano e seus homólogos superiores são indicados quanto à sua pressão de vapor. O pentano, que a 25 °C tem uma pressão de vapor de cerca 500 mm de Hg, é empregado somente em casos e com cuidados especiais. O mesmo ocorre com o diclorometano, é um solvente excepcional, que somente pode ser empregado a baixas temperaturas nos laboratórios com temperaturas elevadas, como é o caso de muitas cidades brasileiras no verão; sua operação é difícil, tornando-se necessário, às vezes, ar condicionado ou esfriar o cabeçote da bomba.

Chamamos a atenção, desde já, que a baixa pressão de vapor não é a única caraterística importante; o butanol, o pentanol e outros não podem ser empregados, porque sua viscosidade torna o bombeamento extremamente difícil quando se empregam partículas finas.

A figura 5.4 mostra a pressão de vapor de diversos compostos e de algumas classes homólogas.

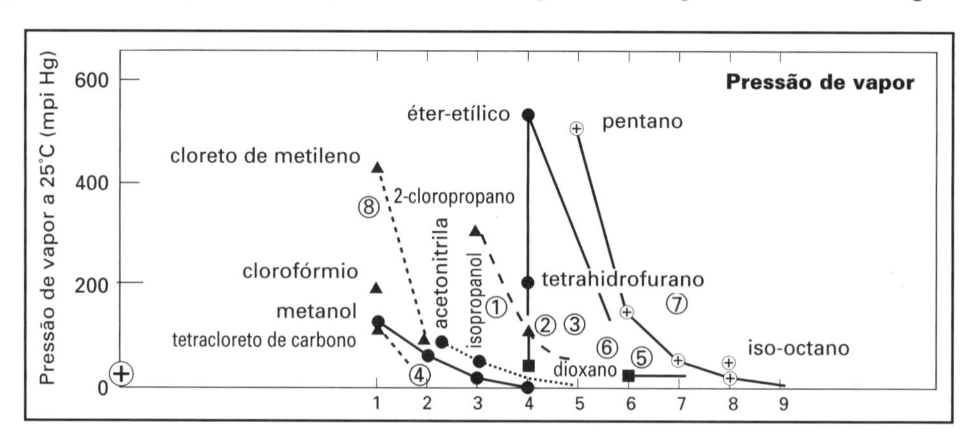

Figura 5.4 - Pressão de vapor de alguns solventes

5.2.3 Ponto de fulgor

Ponto de fulgor é a temperatura na qual o líquido fornece uma pressão de vapor suficiente para manter a chama acesa quando em contato com o ar, dentro do vaso perto da superfície.

Ela é relacionada com a pressão de vapor e a inflamabilidade do solvente. Todos os valores que se acham na figura 5.6 foram determinados com a técnica do vaso fechado.

Pela sua análise, existem alguns compostos que, em contato com o ar não se inflamam, outros somente são extremamente seguros a temperaturas bem abaixo de 0 °C (éter, pentano, etc.), e outros que podem ser operados à temperatura perto da ambiente, com certos cuidados. Verifica-se, também, que os compostos que têm alta pressão de vapor são potencialmente muito mais perigosos de se inflamarem em contato com chamas.

O sulfeto de carbono é um dos mais perigosos, pois, além de ter um ponto de fulgor muito baixo, perto de –50 °C, possui alta pressão de vapor e por último se inflama somente em contato com uma superfície quente. Ele deve ser pois manuseado com extremo cuidado, pois, além do mais, é muito tóxico.

5.2.4 Valor limite de toxidez

É um padrão de higiene industrial que estabelece o limite da concentração, durante 8 horas de trabalho, para cada composto. Em alguns casos, como no tetracloreto de carbono, a concentração de trabalho é extremamente baixa; ele é portanto um tóxico forte, e também a acetonitrila e principalmente o dissulfeto de carbono. Hidrocarbonetos geralmente têm um valor limite de toxidez alto, isto é, eles não são muito tóxicos. Compostos muito usados em HPLC, de baixo valor de limite de toxidez e de alta pressão de vapor, são portanto extremamente perigosos.

A figura 5.5 mostra o ponto de fulgor dos principais solventes.

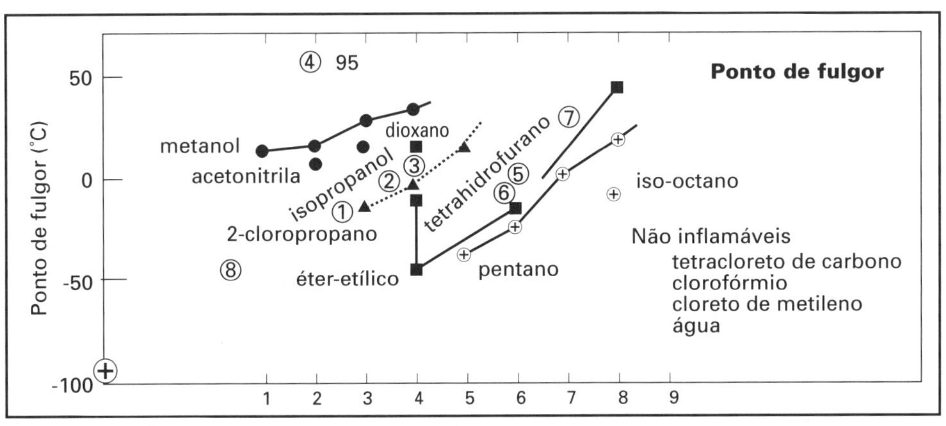

Figura 5.5 Ponto de fulgor de alguns solventes

O ANALISTA TÊM A RESPONSABILIDADE DE MANTER AS CONDIÇÕES DE TRABALHO NO LABORATÓRIO SEGURAS SOB O PONTO DE VISTA DE TOXIDEZ, INFLAMABILIDADE E QUALQUER OUTRA CIRCUNSTÂNCIA QUE POSSA ACARRETAR ACIDENTES.

O ANALISTA TÊM A OBRIGAÇÃO DE CUIDAR DAS CONDIÇÕES DE SEGURANÇA DO LABORATÓRIO, DAS SUAS E A DOS SEUS COLEGAS.

A figura 5.6 apresenta o limite de toxidez de diversos compostos empregados em cromatografia.

5.2.5 Compressibilidade

A compressibilidade tem grandes efeitos sobre a exatidão absoluta da bomba e sobre o nível de

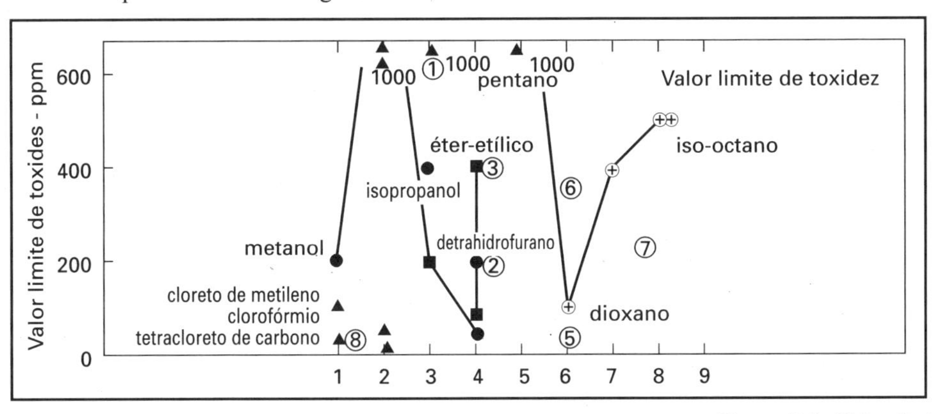

Figura 5.6 - Valor limite da toxidez

pulsação. Durante o funcionamento as bombas reciprocantes passam por ciclos de compressão, bombeamento, expansão e enchimento.

Quanto maior a compressibilidade do líquido maiores serão os efeitos sobre o desempenho das bombas e elas terão dificuldades de produzir a vazão programada. Nas bombas modernas os efeitos da compressibilidade são contornados com uma conveniente programação no software, de maneira a minimizar seus efeitos.

O programa de operação da bomba geralmente requer a introdução do valor da compressibilidade da fase móvel escolhida.

É necessário lembrar que a compressibilidade das misturas pode seguir regras não lineares. A figura 5.7 apresenta os valores da compressibilidade de diversas fases móveis geralmente empregadas em cromatografia a líquido.

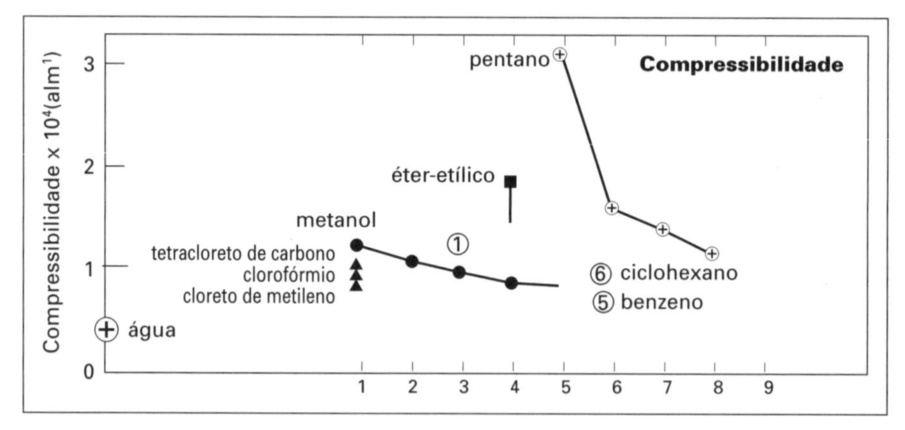

Figura 5.7 - Compressibilidade de alguns solventes

Nos hidrocarbonetos a compressibilidade diminui com o número de átomos de carbono, o mesmo acontecendo com os álcoois; porém, devemos lembrar que a viscosidade aumenta tornando-os impraticáveis.

A água é um dos menos compressíveis.

5.2.6 Índice de refração

O índice de refração é um parâmetro importante para os detectores que utilizam esta propriedade para detecção.

A maioria dos compostos alifáticos simples tem um índice de refração entre 1,30 e 1,40; compostos de maior peso molecular ou clorados entre 1,35 e 1,50 e a maioria de aromáticos entre 1,50 e 1,55.

A sensibilidade do detector de índice de refração é proporcional à diferença entre o índice de refração da fase móvel e o da substância analisada.

Como exemplo apresentamos, na tabela a seguir, os valores do limite de detecção para a sacarose (S), ciclohexilamina (CHA) e n-decilmercaptana (n DM).

Verificamos que, quanto maior a diferença entre o índice de refração da substância e a do solvente, menor será o valor da quantidade mínima detectada, QMD, isto é, maior a sensibilidade.

LIMITE DE DETECÇÃO EM FUNÇÃO DO ÍNDICE DE REFRAÇÃO DA FASE MÓVEL E DO ANALITO

Composto	S	CHA	n DM
I.R	1,5376	1,4565	1,4423
Solvente	Água	CHC_{13}	CHC_{13}
I.R.	1,3325	1,4429	1,4429
Diferença	0,2051	0,0136	0,0006
QMD	1 ppm	15 ppm	340 ppm

O índice de refração tem importância nos detectores de ultravioleta onde ele interfere, principalmente nas análises por programação por gradiente. Mudanças no índice de retenção acarretam alterações na transmitância, dando, como resultado ruído e deslocamento da linha básica. Nos detectores modernos esse efeito é parcialmente eliminado, empregando um caminho óptico cônico.

Ao trabalharmos com gradiente é recomendado que o índice de refração dos componentes da fase tenham valores bem próximos.

Nesse caso a variação da linha básica poderá será menor. A figura 5.8 apresenta o índice de refração dos principais compostos empregados em CL.

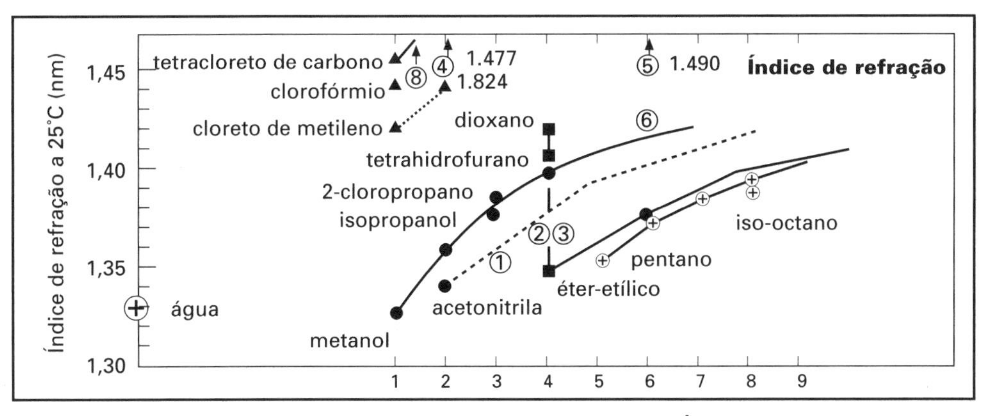

Figura 5.8 - Índice de refração de alguns solventes

Dos solventes miscíveis, a água, acetonitrila e o metanol possuem índices de retenção satisfatórios para a operação com misturas.

5.2.7 Corte do UV — espectro de absorção no visível e UV

O UV "cutoff" é o comprimento de onda abaixo do qual o solvente absorve mais de 1,0 unidade de absorbância numa célula de 1 cm de comprimento. Ele indica o território de utilidade do comprimento de onda do solvente e sugere o possível deslocamento da linha básica durante uma eluição com gradiente com um detector operando numa região perto do "cutoff" (corte). Uma indicação melhor, porém, é obtida pela análise do espectro do solvente: traços de impurezas podem alterar muito o valor do "cutoff". A figura 5.9 apresenta os valores de "cutoff" de diversos solventes. Os dados, porém, dependem muito da pureza e portanto, para trabalhos perto do "cutoff", o espectro deve ser medido previamente. Lembramos que a resposta do detector depende da diferença entre a absorbância do solvente e a do composto analisado.

Nessas condições, quando se trabalha perto do "cutoff", a pureza do solvente é fundamental quando se necessita de alta sensibilidade.

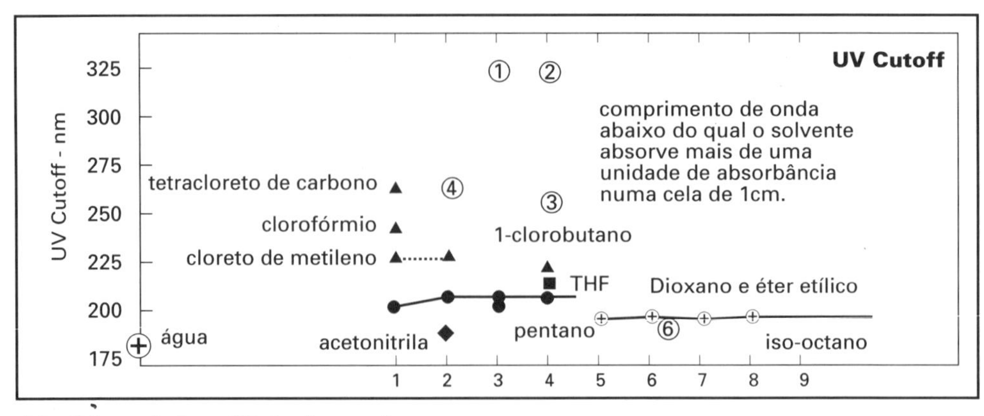

Figura 5.9 - Valores de "cutoff" de alguns solventes

5.3 FORÇA DOS SOLVENTES E POLARIDADE

Quatro tipos de interações entre as moléculas do solvente e o analito:

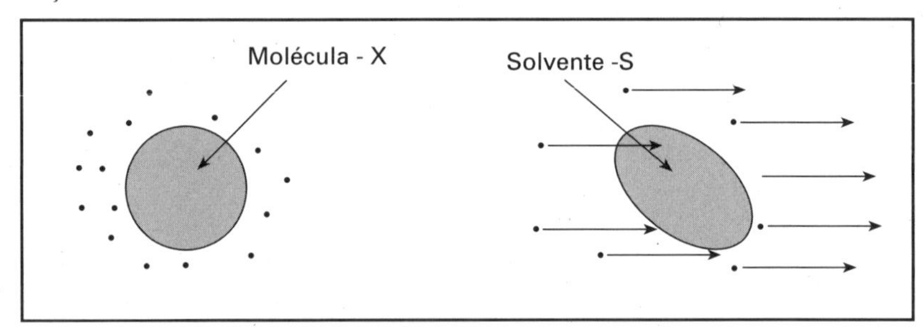

Dispersão

As interações de dispersão ocorrem porque os elétrons estão em movimento caótico e em certos momentos podem assumir uma configuração assimétrica. É o caso da molécula X no desenho acima, que se torna um momento dipolar temporário que polariza os elétrons de um lado da molécula adjacente S, repelindo-os como mostrados pelas flechas. O dipolo resultante criado em S pelo dipolo de X resultará numa atração eletrostática de X e S.

As interações de dispersão são maiores paras as moléculas mais fáceis de polarizar. A polarização está ligada ao índice de refração; moléculas de alto índice de refração têm altos valores de dispersão por exemplo, aromáticos, compostos com halogênios. Solventes de alto índice de refração dissolvem compostos de alto índice de refração.

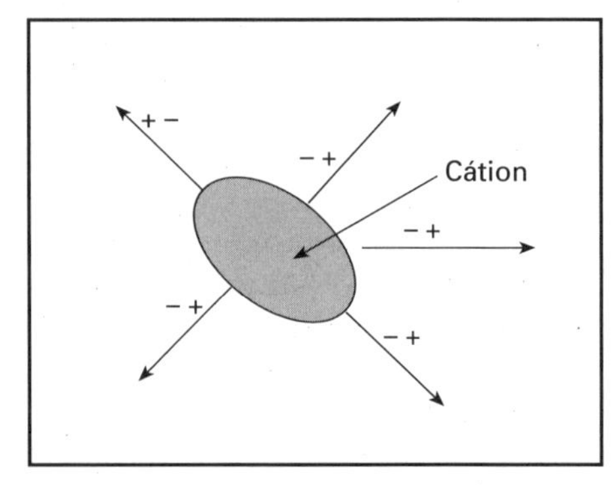

Interação dielétrica

É a interação dos íons da amostra com os líquidos de alta constante dielétrica. A carga polariza as moléculas do solvente que as rodeia, resultando numa atração eletrostática da substância com o solvente. Ela facilita a dissolução de substâncias íonicas e ionizáveis da amostra em fases polares como a água, metanol, etc.

Dipolos

$CH_3-C \equiv N \leftrightarrow CH_3 - C^+ = N^-$

Ocorrem quando existem as moléculas dos solventes e análitos que têm dipolos permanentes. Ocorrem geralmente entre grupos funcionais das próprias moléculas.

Os momentos dipolares de alguns grupos funcionais acham-se na seguinte relação:

Momento dipolar em debyes			
Grupo	debyes	grupos	debyes
amina	0,8-1,4	halogênios	1,6-1,8
éter	1,2	éster	1,8
sulfeto	1,4	tiol	1,4
carboxila –COOH	1,7	hidroxila	1,7
aldeído –CHO	2,3	cetonas –CO–	2,7
nitro $-NO_2$	3,2	nitrila –CN	3,5
sulfóxido –SO–	3,5		

Pontes de hidrogênio.

$Cl_3H \leftrightarrow : N(CH_3)_3$

Pontes de hidrogênio entre doadores e aceptores de hidrogênio são encontrados comumente na química. O par de clorofórmio e trietilamina é um bom exemplo de um doador de prótons (clorofórmio) e um aceptor a trimetilamina.

Polaridade é a habilidade que tem um solvente de atuar, em combinação com os quatro tipos de interações acima. Solventes polares atraem e dissolvem solutos polares

Medidas mostraram as seguintes forças dos aceptores:	
COMPOSTO	FORÇA DO ACEPTOR
hidrocarbonetos aromáticos	0,0 - 0,3
éteres	0,7-1,2
ésteres	0,8-1,3
aminas	1,5-2,1
amidas	2,1-2,4
álcoois	valores altos

A força do solvente aumenta com a polaridade na partição com fases normais e em adsorção enquanto que, em fase reversas, a força do solvente diminui com o aumento da polaridade.

A polaridade tem diversos sentidos, dentre os quais os derivados dos parâmetros experimentais de solubilidade de Hildebrand[2], do índice de polaridade de Snyder[1],[3], e principalmente pelo parâmetro P' devido a Rohrschneider,[4] e Snyder [5].

O índice de polaridade P' se baseia em dados experimentais de solubilidade reportados por Rohrschneider[4]. Ele têm importância pois o fator capacidade varia com o valor de P' de cerca 10 vezes quando o valor de P' variar de duas unidades. A equação genérica permite avaliar a mudança de

k com a mudança de P'.

Para fases normais a formula empregada é a seguinte:

$$k_2 / k_1 = 10^{(P_1-P_2)/2}$$

Para fases reversas, isto é, fases estacionárias não polares, a equação é expressa da seguinte forma:

$$k_2 / k_1 = 10^{(P_2-P_1)/2}$$

Nessas equações os subscritos 1 e 2 representam os estados iniciais e finais, P_1 e P_2 os parâmetros de polaridade para os dois solventes puros. A experiência mostra que para a água e metanol a variação do fator capacidade é de cerca 10^3 e a equação acima da um valor calculado de $10^{2,6}$, que está em bastante concordância com os dados experimentais.

Considerando os extremos dos valores tabelados para *P'*, existe um território de cerca 11 unidades que, em principio, corresponde a uma variação de *k* da ordem de 10^3, valor mais do que suficiente para as finalidades analíticas. A grande variação do fator capacidade acha-se na possibilidade de se empregar, também, as misturas de solventes. Para esses casos a variação dos valores de *P'* será dada pela equação que representa a media aritmética:

$$P' = va \cdot Pa + vb \cdot Pb$$

onde *va* e *vb*, representam o volume fracionário dos solventes *a* e *b*; *Pa* e *Pb* representam suas respectivas polaridades quando puros.

A figura 5.10 apresenta os valores do índice de polaridade, *P'*, de Snyder. Dentro dessa escala, e em todas as outras, a água é um dos compostos mais polares empregados na cromatografia, enquanto que os hidrocarbonetos parafínicos são os menos polares.

5.3.1 Variação da seletividade com a polaridade

Ao variarmos a polaridade da fase móvel estaremos variando portanto o valor do fator capacidade. A figura 5.11 apresenta a variação do tempo de retenção com a composição da fase móvel. Nesse caso os solventes são água e metanol analisando uma mistura de metil, etil, propil e butil parabéns, compostos respectivamente 1,2,3 e 4 numa coluna de ODS a 40 °C[6].

Considerando que α é a relação dos valores do fator capacidade (ou do tempo de retenção ou dos coeficientes de partição), de dois compostos, ele deverá variar também com a composição da fase móvel.

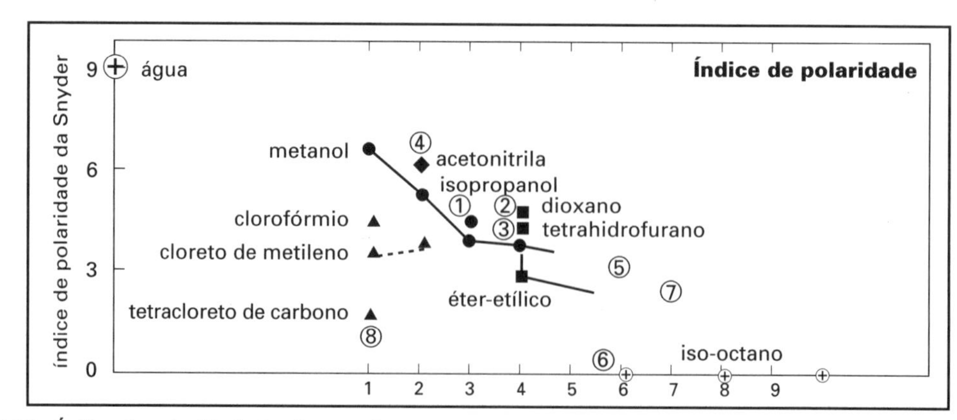

Figura 5.10 - Índice de polaridade de alguns solventes

O gráfico 5.12 da citação anterior apresenta a variação do fator capacidade com a composição da fase móvel para o mesmo sistema, enquanto que o gráfico 5.13 apresenta a variação da seletividade com a composição da fase móvel.[6,7,8]

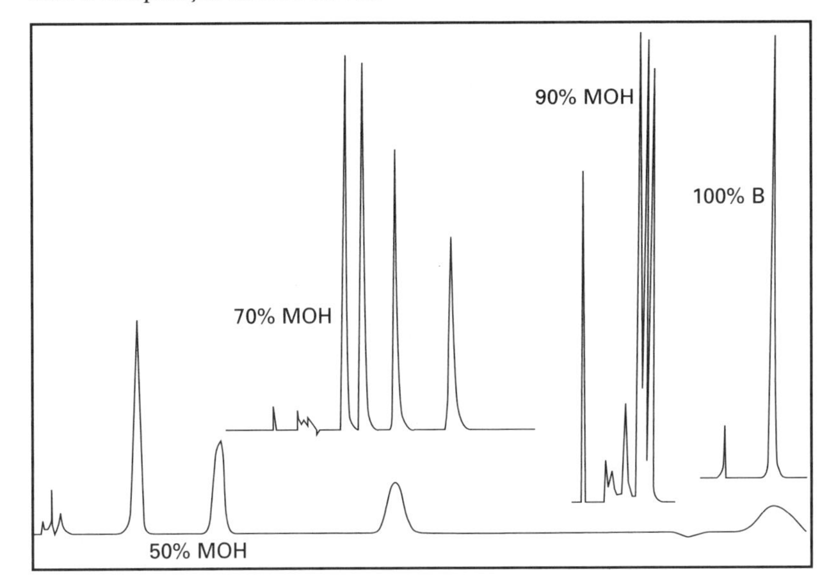

Figura 5.11
Variação do tempo de retenção e da resolução com a composição do solvente (metil, etil, propil e butil parabens - ODS 10 cm x 0,6 cm, uv 254 nm,40 °c , água/ metanol)

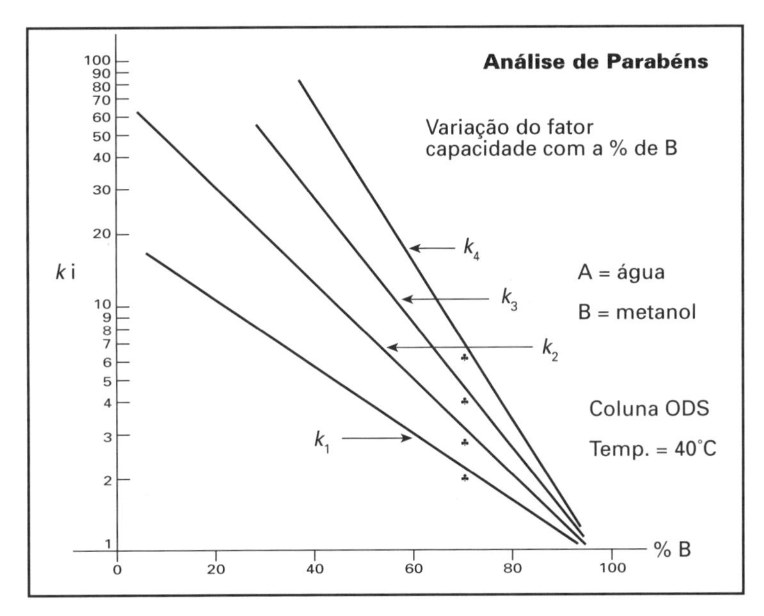

Figura 5.12
Variação do fator capacidade com a composição da fase móvel. Mesmos compostos e condições da figura anterior.

Observamos, para o sistema e condições estudadas, que tanto a variação de k, como a variação α de são lineares, para um gráfico logarítmico, e ambas seguem uma equação linear do tipo:

$$\log k = a + b\,(\%B)$$

$$\log \alpha = a' + b'\,(\%B)$$

5.3.2 Miscibilidade

A necessidade de se efetuar análises por gradiente ou empregando misturas de solventes, requer que eles sejam miscíveis entre si. Insolubilidade leva à formação de gotículas de solventes suspensas na saída da coluna, produzindo ruído nos detectores.

A substituição de solventes requer que eles sejam miscíveis entre si, a fim de se poder lavar a bomba, a tubulação, a coluna e o detector. A figura 5.14 mostra um diagrama de solubilidade entre os solventes mais empregados em CL.

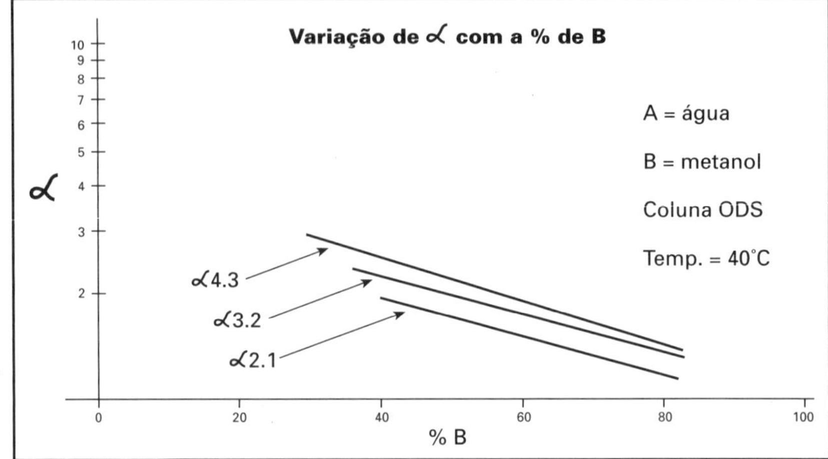

Figura 5. 13
Variação da seletividade com a composição da fase móvel. Mesmos dados das figuras anteriores.

Deve-se notar que a insolubilidade nunca é total, e que sempre um solvente é um pouco solúvel no outro.

Muitas das análises cromatográficas necessitam somente de pequenas porcentagens de outro solvente, às vezes em partes por milhão; neste caso podem ser usados os pares de solventes "imiscíveis".

É o caso da análise empregando sílica como fase estacionária e hexano como fase móvel. Nessas condições o hexano híper seco não é satisfatório, porque os valores de k geralmente são extremamente altos. Se o solvente for saturado com água e este for diluído 4 vezes com o solvente seco, o fator capacidade se torna imediatamente conveniente. Nessas condições a concentração da água esta em partes por milhão e o sistema está homogêneo.

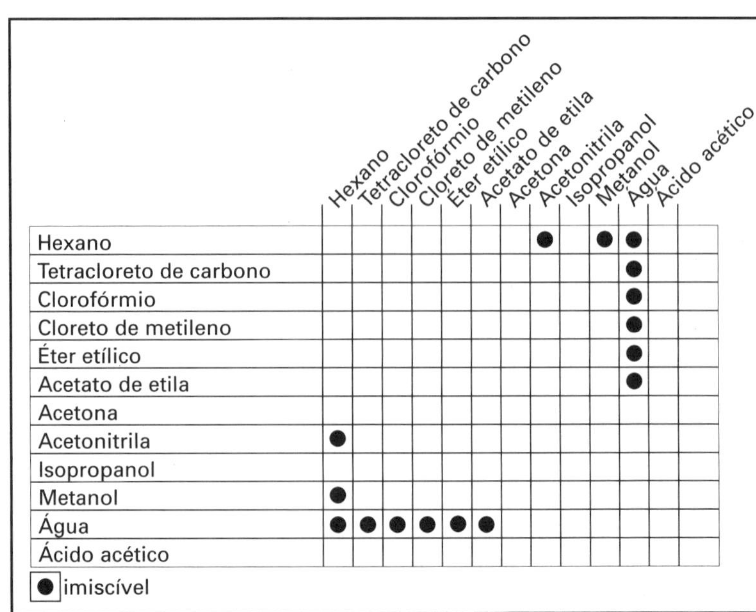

	Hexano	Tetracloreto de carbono	Clorofórmio	Cloreto de metileno	Éter etílico	Acetato de etila	Acetona	Acetonitrila	Isopropanol	Metanol	Água	Ácido acético
Hexano								●		●	●	
Tetracloreto de carbono											●	
Clorofórmio											●	
Cloreto de metileno											●	
Éter etílico											●	
Acetato de etila											●	
Acetona												
Acetonitrila	●											
Isopropanol												
Metanol	●											
Água	●	●	●	●	●	●						
Ácido acético												

● imiscível

Figura 5.14
Solubilidade entre diversos solventes usados em cromatografia a líquido

Em cromatografia a líquido, é absolutamente necessário que a fase móvel seja homogênea.

È absolutamente necessário antes do emprego de um solvente não especificado para uma separação, que suas propriedades sejam avaliadas, consultando a bibliografia sobre suas propriedades físicas.

5.3.3 Disponibilidade e custo dos solventes

No nosso País certos solventes têm, devido ao custo do transporte e de taxas alfandegárias, preços extremamente altos, e a escolha do solvente, em muitos casos, é feita também analisando o seu preço.

Os principais solventes, empregados puros ou em suas soluções e associados à sua freqüência relativa de uso, acham-se representados na tabela a seguir.

Todos eles acham-se disponíveis no mercado em graus de pureza cromatográfica e espectrográfica. A pureza necessária depende do sistema detector empregado e, principalmente, da quantidade das impurezas que poderão ou não interferir no sistema de separação de detecção.

É altamente conveniente, se o fornecedor não for de absoluta confiança, que sejam analisados antes do seu uso, a fim de verificar o nível de contaminação para condições da análise em curso.

Solvente	Freqüência	Solvente	Freqüência
Água	10	Metanol	10
Acetonitrila	10	Tetrahidrofurano	5
Diclorometano	2	Clorofórmio	2
Hexano	2	Isooctano	1
Heptano	1	Isopropanol	1

Tabela 5.2
Freqüência de uso relativo

5.4 A ESCOLHA DAS FASES MÓVEIS NO DESENVOLVIMENTO DO MÉTODO ANALÍTICO

A escolha das fases móveis empregadas na HPLC constitui a parte mais importante do desenvolvimento do método cromatográfico.

Os principais passos para o desenvolvimento do método com HPLC são:

1. Informações sobre a amostra e os objetivos da análise.
2. Necessidade de procedimentos especiais da CL, tratamento da amostra, etc.
3. Escolha do detector e sua sensibilidade.
4. Escolha do método cromatográfico, testes preliminares, estimar as melhores condições de separação.
5. Otimizar as condições de separação.
6. Verificar sobre problemas que necessitam de tratamentos especiais.
7. Avaliar se o método pode ser usado em rotina de laboratórios.

A informação sobre a amostra pode nos levar às seguintes informações sobre os compostos :

- Número.
- Estrutura e funcionalidade.
- Peso molecular.
- Valor do pK dos compostos
- Natureza da matriz; solventes, outros aditivos, etc.
- Faixas de concentração nas amostras de interesse.

Dependendo da experiência do analista, pode-se pular alguns dos tópicos acima e diminuir a necessidade de informações e desenvolver o método de um modo geral.

A amostra pode ser fornecida numa das seguintes formas:

- Solução pronta para injeção
- Soluções que necessitam diluições, introdução de tampões ou adição de outros solventes.
- Sólidos insolúveis na fase móvel.
- Soluções que têm substâncias que interferem na análise e que devem ser removidas.
- Misturas dos análitos com uma matriz insolúvel.
- Muitas análises necessitam de pré - tratamento, pesagens, diluições e é necessário que a amostra para injeção tenha uma composição semelhante à da fase móvel, sugerindo-se dissolver ou diluir a amostra na própria fase móvel.
- Deve-se levar em conta os erros cometidos nas medidas de massa volume com pipetas e frascos graduados, principalmente se for necessário um coeficiente de variação menor de ±1

Os métodos de preparação da amostra devem ser estudados e empregados de acordo com as necessidades, e os detectores escolhidos de acordo com as propriedades dos compostos a serem analisados.

5.4.1 Desenvolvendo a separação

A primeira tentativa após o conhecimento dos objetivos e problemas descritos acima será a seleção de um conjunto de condições arbitrárias e padrões, geralmente empregadas em amostras convencionais.

Como exemplo de metodologia será estudado o emprego de colunas não polares, isto é, de fase reversa. Os outros casos seguem metodologia semelhante, porém com as características das colunas empregadas para as amostras envolvidas.

A tabela 5.3 apresenta algumas condições experimentais que afetam a separação.

VARIÁVEL DE SEPARAÇÃO	**ESCOLHA INICIAL PREFERIDA**
COLUNA	
Dimensões	25 x 0,46
Diâmetro das partículas	5 micra
Fase estacionária	C8 ou C18
FASE MÓVEL	
Solventes A/B	Água / Acetonitrila ou Água / metanol
% de B	Variável
Tampões (composto, pH, concentração)	25 mM fosfato, pH 3,5
Aditivos (por ex. reagentes íon par, aminas)	(Somente para compostos ionizáveis)
Fluxo da fase móvel	1 a 2 ml / min
TEMPERATURA	**40 °C**
TAMANHO DA AMOSTRA	
Volume injetado	20 a 50 microlitros
Massa	Cerca de 10 microgramas.

Tabela 5.3 - Condições experimentais que afetam a separação por CL

As condições acima servem para dar uma idéia sobre o comportamento da amostra, porém, somente depois desse cromatograma é que começa o desenvolvimento do método.

5.4.2 Separações isocráticas com fases reversas

Condições gerais.
Escolher a coluna conveniente
Fixar a temperatura, se possível 40 °C

Para compostos ácidos ou básicos ajustar a fase móvel água, adicionando ácido fosfórico 0,05 M e ajustando o pH a 3,5 com hidróxido de sódio.

Equilibrar a coluna com o solvente puro (acetonitrila ou metanol) com uma vazão entre 1 e 1,5 ml/min até a estabilização da linha básica. Injetar 10 a 20 microlitros da solução contendo cerca de 1 mg/ml dos compostos de interesse dissolvidos numa solução a 50 % de B em água. O tamanho da amostra pode variar, dentro de certos limites, de caso para caso. Analisar o cromatograma.

Se os componentes eluírem perto de t_o, repetir as análises alterando a concentração da água para 20%, depois 30 % e assim por diante. Um aumento da concentração da água de 10 % altera o valor de k de 2 a 3 vezes. Aumentar o conteúdo de água ate que os valores de k fiquem entre $1 < k < 20$. Se a amostra tiver um valor maior de 20, os picos ficam muito largos e a quantificação não é satisfatória. Nesse caso recomenda-se o emprego de análises por gradiente, ou tentar um outro método cromatográfico. A figura 5.15 mostra a variação de k e a separação dos componentes do sistema empregando acetonitrila.

Se for obtida uma boa resolução : Rs ≈ 2 para todos os pares de substâncias, o método está pronto. Se aparecerem caudas, a adição de acetato de trietilamina na fase móvel pode resolver o problema. Se a cauda persistir, adicionar 10 mM dimetiloctilamina à fase móvel em lugar da TEA/Ac. Se um ou mais picos de interesse não forem separados satisfatoriamente, pesquisar o efeito da força do solvente repetindo os cromatogramas substituindo o solvente B, e repetir o processo após ter reequilibrado a coluna

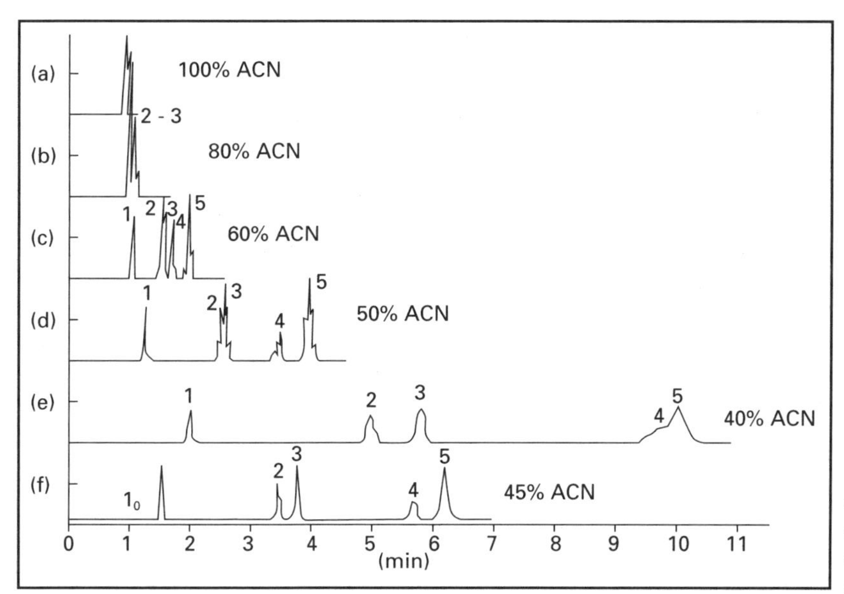

Figura 5.15 Influência da força do solvente na separação

A figura 5.16 apresenta a mesma análise empregando metanol e acetonitrila. Nota-se a diferença da força do solvente. O metanol a 50% consegue separar todos os constituintes da amostra.

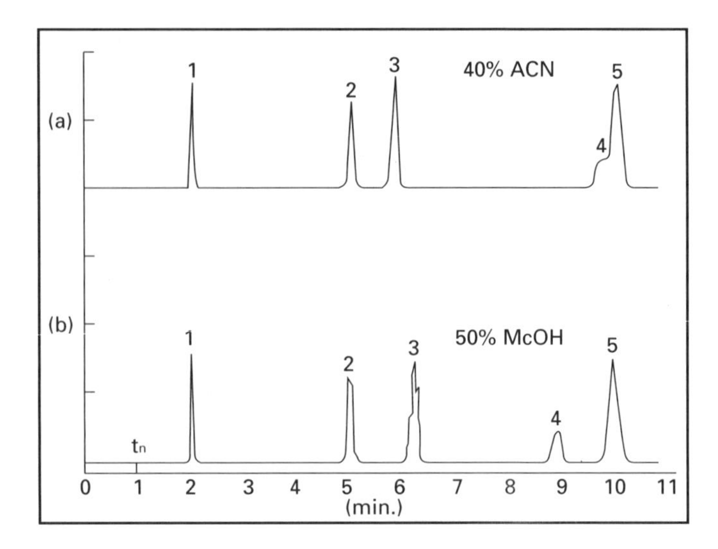

Figura 5.16
Efeito da força do solvente na separação

O uso de misturas ternárias muitas vezes leva ao sucesso. O nomógrafo da figura 5.17 mostra a equivalência entre soluções de metanol, acetonitrila e tetrahidrofurano em água. A equivalência é calculada pelas verticais. Assim, por ex., uma solução de 30 % de THF, 40 % de acetonitrila e 50 % de metanol tem a mesma força solvente.

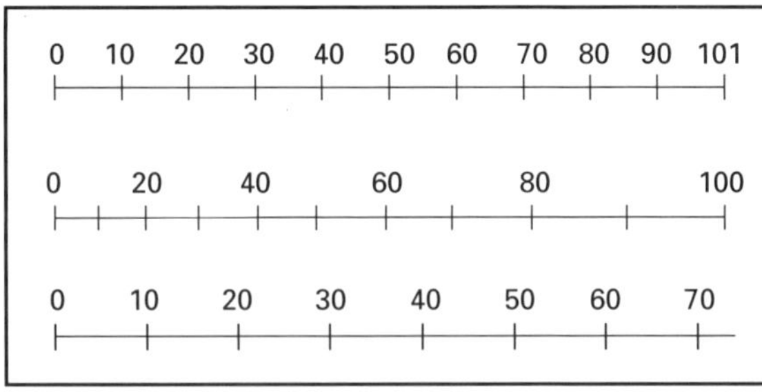

0 10 20 30 40 50 60 70 80 90 101

0 20 40 60 80 100

0 10 20 30 40 50 60 70

Figura 5.17
Nomográfo para cálculo da força do solvente.: Na ordem decrescente, ACN / ÁGUA; MeOH / ÁGUA; THF / ÁGUA

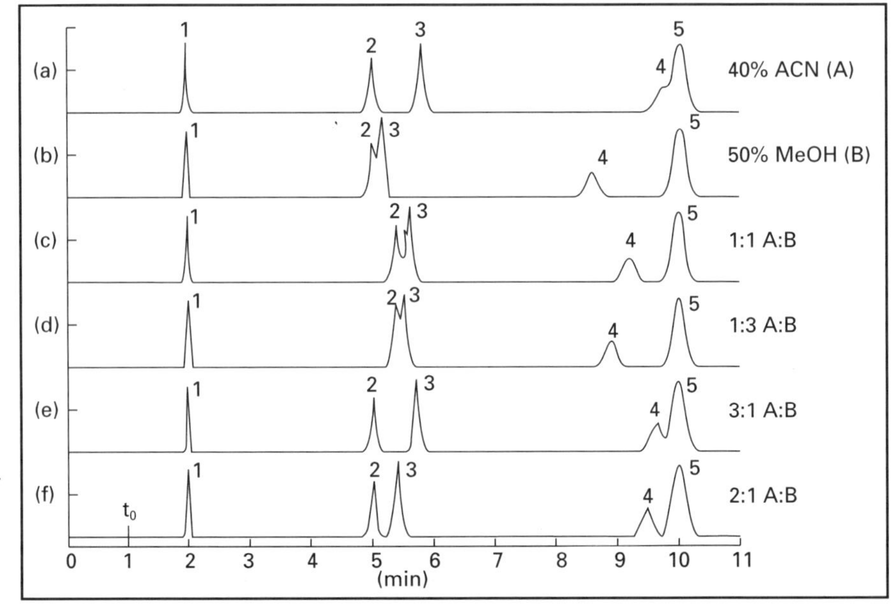

Figura 5.18
Efeito da composição dos solventes mais fortes na separação

A mistura acetonitrila/metanol pode dar resultados muito interessantes, como se pode verificar pela figura 5.18

A introdução de solventes mais fortes ajuda a resolução completa de pares difíceis. É o caso do emprego do THF.

5.4.3 Separações com fases reversas empregando técnicas de eluição com gradiente de solventes.

Cuidados iniciais.

Antes de iniciar qualquer separação por gradiente, sugere-se os seguintes cuidados iniciais:

Lavar cuidadosamente a coluna com o solvente mais forte (ACN ou MeOH) até se conseguir uma linha básica perfeita.

Equilibrar em seguida a coluna com o solvente que será empregado inicialmente (água, água com 5% de ACN ou MeOH ou o solvente que será sugerido pelas experiências posteriores) até se atingir equilíbrio com a linha básica.

Injetar a amostra programando um gradiente da concentração inicial acima até 100 % do solvente mais forte. Se os picos eluirem perto do valor de to, o método não pode ser aplicado e portanto deve-se tentar outras colunas ou solventes. Se forem envolvidos compostos iônicos, técnicas de pareamento iônico devem ser empregadas - ver capitulo 6. Se não forem compostos iônicos, experimentar colunas com fases polares (fases normais) e solventes polares.

A figura 5.19 mostra um cromatograma típico obtido e a técnica necessária para se calcular qual o modo de operação, se isocrático ou por gradiente, a partir dos dados do cromatograma.

Os dados da fig. 5.19 mostram em que condições a análise deve ser feita. O emprego de concentrações mais altas no início abrevia o tempo de análise e em muitos casos melhora a resolução dos compostos.

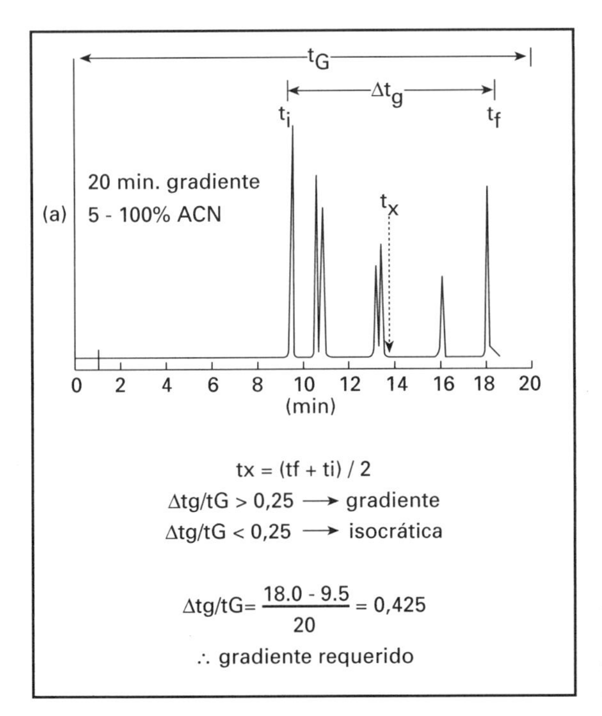

Figura 5.19
Cromatograma por gradiente de eluição e a técnica para decidir se a análise deve ser isocrática ou por gradiente

A figura 5.20 apresenta o efeito da concentração inicial juntamente com o tempo fixado para a mesma análise.

Verifica-se que uma maior velocidade de análise pode levar a um tempo menor de análise e separações com uma resolução satisfatória, porém, com maior tempo de análise a resolução é, para todos os compostos melhor

Esses fatores devem ser avaliados experimentalmente e também comparados com análises isocráticas, que podem ser levadas a efeito, em primeira aproximação, com a composição estimada no tempo *tx* da figura 5.20[9]

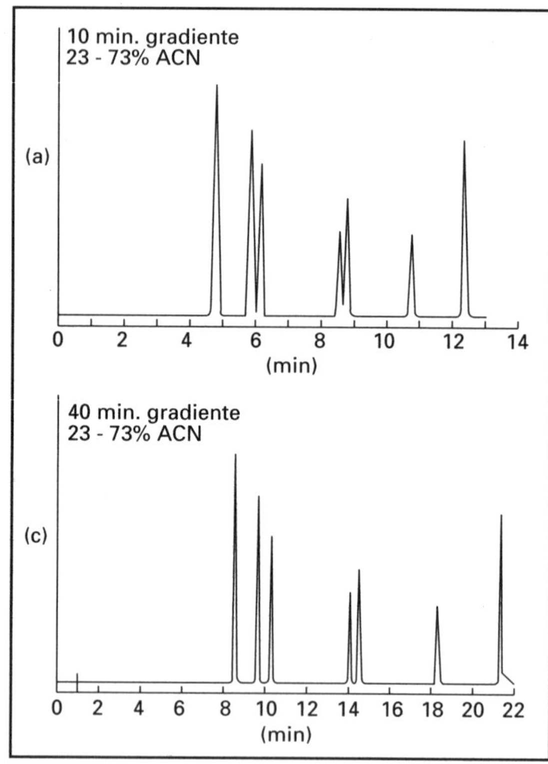

Figura 5.20
Influência da composição inicial e tempo de gradiente fixado. (Snyder, Glajch e Kirkland)

5.5 BIBLIOGRAFIA

1. Snyder L. R. e Kirkland J. J. - Introduction to Modern Liquid Chromatography - John Wiley & Sons - New York - 1979
2. Hildebrand, J. H., Chem. Rev. 44, 37, (1949)
3. Snyder, L. R., J. Chromatogr. 92, 233, 1974
4. Rohrschneider, l. Anal. Chem. 45,1241 (1973)5.
5. SnyderL. R, J. Chromatog. Science 16, 233, (1978)
6. Ciola R. - Resultados Não publicados - Instrumentos Científicos C.G. Ltda.
7. Ciola R. - Boletim técnico 21 - Propriedades físicas de alguns solventes para HPLC.
8. Instrumentos Científicos C.G. Ltda. - 1985
9. Snyder L.R., - Glajch J.L. e Kirkland J.J. -Pratical HPLC Method Development. - John Wiley & Sons -1988.

CROMATOGRAFIA DE ÍONS

6.1 INTRODUÇÃO

Cromatografia de íons é definida como a técnica de separação e quantificação de cátions e ânions, empregando colunas com resinas trocadoras de íons ou seus equivalentes.

A detecção, nessa técnica, geralmente é feita por condutibilidade elétrica.

A técnica da *cromatografia de íons* - CI - permite assim análise de íons em soluções aquosas, empregando como fase móvel soluções iônicas a um valor de pH especificado para cada caso, pois ele é um dos fatores principais para o sucesso do método.

Para fins de aplicações, a *cromatografia* de íons pode ser dividida em:

CROMATOGRAFIA DE ÂNIONS
***CROMATOGRAFIA* DE CÁTIONS**

Para fins de técnica, à ***cromatografia de íons*** pode ser dividida em:

CROMATOGRAFIA DE ÍONS COM DUAS COLUNAS
***CROMATOGRAFIA* DE ÍONS COM UMA COLUNA**

A ultima classificação corresponde à escolha de técnicas de trabalho e que envolvem equipamentos bem diferentes.

Ambas tem seus méritos e deméritos quanto às aplicações, equipamento e limites de detecção. Elas serão estudadas com detalhes, porém a maior ênfase será dada à técnica com uma coluna, pois esta pode ser efetuada com aparelhos convencionais da HPLC.

6.2 Soluções de compostos iônicos e ionizáveis

Compostos solúveis em água podem produzir soluções que conduzem ou não à eletricidade.

Os compostos que não conduzem eletricidade em soluções diluídas ou concentradas, geralmente podem ser polares ou pouco polares. Como exemplo temos açúcares, sacarose, glicose, álcoois, cetonas, aldeídos e outras classes de compostos.

Compostos como sais, ácidos, bases orgânicas ou inorgânicas, quando dissolvidos na água ou mesmo em solventes fortemente polares, se solvatam, formando íons que conduzem a corrente elétrica.

Nos sais, a própria rede cristalina é constituída de íons, que também se solvatam quando dissolvidos em água e podem ser iônicos quando fundidos.

Nas bases inorgânicas geralmente acontece o mesmo fenômeno. Nos ácidos, que geralmente são, quando puros, moleculares, dissociam quando dissolvidos em água em proporções que dependem da sua estrutura e da concentração.

Compostos que quando dissolvidos em água produzem íons, e conduzem a corrente elétrica são chamados de *eletrólitos*.

Quando aplicamos as leis do equilíbrio químico ao fenômeno de dissociação, definimos a constante de equilíbrio como a constante de ionização.

A constante de ionização é um critério da facilidade com que ocorre a ionização.

Para a equação de dissociação:

$$HÁ \rightarrow H^+ + A^- \quad (e\ 1)$$

As concentrações no equilíbrio serão:

$$C\text{-}C\alpha \rightarrow C\alpha + C\alpha \quad (e\ 2)$$

onde α é o grau de ionização.

A constante de equilíbrio Ka será :

$$Ka = [H^+] \cdot [A^-] / [HA] \quad (e\ 3)$$

$$= C\alpha^2 / (1-\alpha) \quad (e\ 4)$$

Vista de outra maneira a dissociação de um ácido tem que ser encarada como a reação de um ácido de Brönsted com uma base de Brönsted. Para o ácido acético, a sua constante de dissociação ou de ionização *Ka* também pode ser representada pela equação:

$$CH_3\text{-}C0_2H + H_2O \rightarrow CH_3C0_2^- + H_3O+ \quad (e\ 5)$$

$$HA + B \rightarrow A + HB \quad (e\ 6)$$

$$K'a = [CH_3CO_2^-][H_30+] / [CH_3COH][H_3O] \quad (e\ 7)$$

Como a concentração do solvente para concentrações diluídas é praticamente constante, a constante de dissociação ou de ionização do ácido acético pode ser escrita na forma:

$$Ka = K'a[H_2O] = [CH_3CO_2\text{-}][H_30_+] / [CH_3CO_2H] \quad (e\ 8)$$

A dissociação de ácidos e bases em solventes não aquosos requer a transferência de prótons de ou para o solvente.

$$HA + SOLVENTE \rightarrow A^- + H^+SOLVENTE \quad (e\ 9)$$

A expressão geral da acidez pode ser representada pela equação:

$$Ka = [H^+SOLVENTE]\ [:A] / [HA] \quad (e\ 10)$$

A constante de dissociação é mais convenientemente descrita em unidades logarítmicas. A fim de se obter valores comparativos positivos é conveniente empregar o logaritmo negativo como na escala de pH. Assim os valores da constante de equilíbrio de dissociação são expressos pelos seus *pKa* como indicado pela equação

$$pKa = -\log Ka \quad (e\ 11)$$

Para o ácido acético em água , $Ka = 1{,}75 \times 10^{-5}$. O seu valor de *pKa* será:

$$pKa = -\log Ka = 4{,}76 \quad (e\ 12)$$

É conveniente lembrar que os valores de *pKa* representam potências de 10 das constantes de acidez e que a variação de uma unidade de *pKa* representa uma variação de 10 vezes na acidez.

Como cada base tem seu ácido conjugado, é conveniente comparar todos os ácidos e bases numa única escala: o pKa do ácido conjugado para qualquer par conjugado.

O que se compara então é a habilidade de doar prótons (acidez) ou a avidez do par de elétrons de receber prótons, isto é, basicidade.

NOTA:
QUANTO MENOR O VALOR DE pKa, MAIS FORTE SERÁ O ÁCIDO CONJUGADO
QUANTO MAIOR O VALOR DE pKa, MAIS FORTE A BASE CONJUGADA

Como cada reação ácido — base é uma competição em um ácido (ou uma base), os ácidos e bases conhecidos podem ser empregados para testar a basicidade (ou acidez) de outros, medindo-se o equilíbrio de competição Kc.

$$B: + HA \rightarrow HB + A: \qquad (e\ 13)$$

$$Kc = [:A][HB]/[HA][:B] = Ka(A)iKa(B) \qquad (e\ 14)$$

$$pKc = pKa(A) - pKa(B) \qquad \text{ou} \qquad (e\ 15)$$

Como a escala é linear, a comparação entre eles é fácil e a diferença entre os dois valores de pKa nos dá uma medida da diferença da força dos dois ácidos ou das duas bases.

Importante:
Uma solução contendo uma mesma concentração do ácido e da sua base conjugada (mistura tampão) terá um pH igual ao valor numérico do pK do ácido.
Pela análise da equação:

$$Ka = [H^+]\,[:A]\,/\,[HA] \qquad (e16)$$

na sua forma logarítmica:

$$\log Ka = \log[H+] + \log[:A] - \log[HA] \qquad (e\ 17)$$

isto é, quando pKa for igual ao pH as concentrações serão iguais.

O grau de dissociação dos ácidos e das bases é fortemente dependente do tipo de solvente, e como é lógico, da temperatura.

A tabela 6.1 mostra o efeito do solvente na dissociação do ácido acético a 25 °C.

SOLVENTE	VALOR pK
ÁGUA	4,76
20% DIOXANO	5,29
45% DIOXANO	6,31
70% DIOXANO	8,32
82% DIOXANO	10,14
10% METANOL 90% ÁGUA	4,9
80% ÁGUA 20% METANOL	5,08
100% BENZENO	IMPOSSÍVEL MEDIR, MUITO BAIXA

Tabela 6.1
Efeito do solvente na dissociação do ácido acético a 25 °C

6.2.1 Ácidez e basicidade

A tabela 6-2 apresenta os valores de pKa para diversos ácidos.

Ácidos fortes, $pKa<0$, reagem completamente com água, produzindo o íon hidroxônio, e não deixam ácido não dissociado possível de ser medido. Bases fortes *pKa* > 14 convertem água na sua base HO^{-}.

6.2.2 Condutância das soluções iônicas

A condutância das soluções de *eletrólitos* se dá à custa da migração de íons positivos e negativos, com a aplicação de um campo eletrostático.

A condutância de uma solução iônica depende do número de íons presentes, bem como das suas cargas e mobilidades. Ela é uma propriedade não especifica, pois é igual à soma das condutividades individuais de todas as espécies presentes.

Sob a influência de um potencial aplicado, os íons da solução são acelerados quase que instantaneamente na direção do eletrodo de carga oposta. Sua velocidade de migração é, porém, limitada pela resistência do solvente ao movimento das partículas .

A velocidade de migração se relaciona linearmente com a f.e.m. aplicada; as soluções de eletrólitos obedecem a lei de Ohm, isto é, a corrente que passa, *I*, é diretamente proporcional à forca eletromotriz (potencial aplicado) *V*, e inversamente proporcional a resistência do meio, *R*.

Quando for necessário um potencial de decomposição *Ed*, para vencer os efeitos de polarização dos eletrodos, a forma aplicável da lei de Ohm é:

$$I = (V - Ed)/R \qquad (e\ 17)$$

A *resistência de uma solução iônica* depende da natureza e das dimensões do condutor. Ela é diretamente proporcional ao seu comprimento *L* e inversamente proporcional à área da sua seção transversal *A* e de outros fatores, como sejam a temperatura, composição do meio, tipo e concentração das espécies na solução, etc.

$$R = \rho(L/A) \qquad (e\ 18)$$

A constante de proporcionalidade ρ é a *resistência especifica* do material, isto e, a resistência oferecida por um cubo do material com um centímetro de aresta entre faces opostas. Como *R* é dado em OHMs a unidade de r é ohm cm.

$$\rho = A \cdot R/L \qquad (e\ 19)$$

A **condutância** de uma solução, *G*, (que é dada em unidades Siemens, representadas pelo símbolo *S*) é definida como o inverso da resistência, isto é, $G = 1/R$.

ÁCIDO, EQUILÍBRIO DE IONISAÇÃO **pKa = –log.₁₀Ka**

Nome do ácido	equilíbrio de inonização 25	pKa=1c
Ácido nítrico	$HNO_3 = H^+ + NO_3^-$	–1.4
Ácido crômico	$H_2CrO_4 = H^+ + HCrO_4^-$	–1.0
Ácido tricloroacético	$CCl_3COOH = H^+ + CCl_3COO^-$	0.7
Ácido Iódico	$HIO_3 = H^+IO_3^-$	0.5
Ácido oxálico	$HOOCCOOH = H^+HOOCCOO^-$	1.2
Dicloroacético	$CHCl_2COOH = H^+ + CHCl_2COO^-$	1.3
Ácido fosforoso	$HsPO_3 = H^+ + H_2PO_3^-$	1.8
Ácido sulfuroso	$H_2SO_3 = H^+ + HSO_3^-$	1.8
Sulfato de hidrogênio	$HSO_{4-} = H^+ + SO_4^{2-}$	2.0
Ácido hipofosforoso	$H_3PO_2 = H^+ + H_2PO_2^-$	2.0
Ácido cloroso	$HClO_2 = H^+ + ClO_2^-$	2.0
Ácido fosfórico	$H_3PO_4 = H^+ + H_2PO_4^-$	2.1
Íon férrico	$Fe(H_2O)s^{3+} = H^+ + Fe(H_2O)s(OH)_2^+$	2.2
Ácido arsênico	$H_3AsO_4 = H^+ + H_2AcO_4^-$	2.2
Trinitro fenol	$(NO_2)_3C_6H_3OH = H^+ + (NO_2)_3C_6H_2O^-$	2.3
Ion glicínio	$+NH_3CHCOOH = H^+ + {}^+NH_3CH_3COO^-$	2.3

Íon n-nitroanilínio	$NO_2C_6H_4NH_3^+ = H^+ + NO_2C_6H_4NH_2$	2.5
Ácido cloroacético	$CH_2ClCOOH = H^+ + CH_3ClCOO^-$	2.9
Ácido ftálico	$HOOCC_6H_4COOH = H^+ + HOOCC_6H_4COO^-$	3.0
Fluoreto de hidrogênio	$HF = H^+ + F^-$	3.2
Íon m-cloroanilínio	$ClC_6H_4NH_3^+ = H^+ + ClC_5H_4NH_2$	3.2
Ácido nitroso	$HNO_2 = H^+ + NO_2^-$	3.3
Ácido fórmico	$HCOOH = H^+ + HCOO^-$	3.8
Dinitro fenol	$(NO_2)_2C_6H_3OH = H^+ + (NO_2)_2C_6H_3O^-$	4.1
Ácido benzóico	$C_6H_5COOH = H^+ + C_6H_5COO^-$	4.2
Íon oxalato de hidrogênio	$HOOCCOO^- = H^+ + (OOCCOO)_2^-$	4.3
Íon o-metilanilínio	$CH_3C_6H_4NH_3^+ = H^+ + CH_3C_5H_4NH_2$	4.4
Íon anilínio	$C_6H_5NH_3^- = H^+ + C_6H_5NH_2^-$	4.6
Íon m-metilanilínio	$ICH_3C_6H_4NH_3^+ = H^+ + CH_3C_6H_4NH_2$	4.7
Ácido acético	$CH_3COOH = H^+ + CH_3COO^-$	4.8
Ácido l-butírico	$CH_3(CH_2)_2COOH = H^+ + CH_3(CH_2)_2COO^-$	4.8
Ácido propiônico	$CH_3CH_2COOH = H^+ + CH_3COO^-$	4.9
Íon alumínio	$Al(H_2O)_6^{3+} = H^+ + Al(H_2O)^5(OH)_2^+$	5.0
Íon p-metilanilínio	$CH_3C_5H_4NH_{3+} = H^+ + CH_3C_6H_4NH_2^-$	5.1
Íon piridínio	$C_5H_5NH^+ = H^+ + C_5H_5N^-$	5.2
Íon ftalato de hidrogênio	$HOOCC_6H_4COO^- = H^+ + (OOCC_6H_4COO)^{2-}$	5.4
Íon hidroxilamônio	$NH_3OH^+ = H^+ + NH_2OH$	6.0
Íon fosfito de dihidrogênio	$H_2PO_{3-} = H^+ + HPO_3^{2-}$	6.2
Ácido carbônico	$CO_2^+H_2O = H^+ + HCO_3^-$	6.4
Íon cromato de hidrogênio	$HCrO_4 = H^+ + CrO_4^{2-}$	6.5
Íon arsenato de dihidrogênio	$H_2A_6O_4^- = H^+ + HAsO_4^{2-}$	7.0
Sulfeto de hidrogênio	$H_2S = H^+ + HS^-$	7.0
Íon sulfito de hidrogênio	$HSO_3 = H^+ + SO_3^{2-}$	7.2
Íon fosfito de dihidrogênio	$H_2PO_4^- = H^+ + HPO_4^{2-}$	7.2
o-nitrofenol	$NO_2C_6H_4OH = H^+ + NO_2C_6H_4O^-$	7.2
Ácido hipocloroso	$HOCl = H^+ + OCl^-$	7.5
Ácido hipobromoso	$HOBr = H^+ + OBr^-$	8.6
Ácido arsênioso	$H_3AsO_3 = H^+ + AsO_3H_2^-$	9.1
Ácido bórico	$H_3BO_3 = H^+ + H_2BO_3^-$	9.2
Íon amônio	$NH_4^+ = H^+ + NH_3$	9.2
Ácido cianídrico	$HCN = H^+ + CN^-$	9.3
Glicina	$^+NH_3CH_2COO^- = H^+ + NH_2CH_2COO^-$	9.8
Íon trimetilamônio	$(CH_3)_3NH^+ = H^+ + (CH_3)_3N$	9.9
Ácido silícico	$H_2SIO_3 = H^+ + HSIO_3^-$	9.9
Fenol	$CeH_5OH = H^+ + C_5H_5O^-$	9.9
Ácido hipoiodoso	$HOI = H^+ + OI^-$	ca. 10.0
Íon carbonato de hidrogênio	$HCO_3^- = H^+ + CO_3^{2-}$	10.3
Íon metil amônio	$CH_3NH_3^+ = H^+ + CH_3NH_2$	10.7
Íon etil amônio	$CH_3CH_2NH_3^+ = H^+ + CH_3CH_2NH_2$	10.7
Íon dimetilamônio	$(CH_3)_2NH_2^+ = H^+ + (CH_3)_2NH$	10.9
Íon arsenato de hidrogênio	$HAsO_4^{2-} = H^+ + AsO_4^{3-}$	11.5
Peróxido de hidrogênio	$H_2O_2 = H^+ + HO_2^-$	11.6
Íon silicato de hidrogênio	$HSiO_{3-} = H^+ + SiO_3^{2-}$	11.9
Íon fosfato de hidrogênio	$HPO_4^{2-} = H^+ + PO_4^{3-}$	12.4
Íon sulfeto de hidrogênio	$HS^- = H^+ + S_2^-$	12.9

Tabela 6.2 - Valores de pKa para alguns ácidos [1]

$$G = A / \rho \cdot L = k \cdot A / L \ \text{(Siemens)} \qquad (e\ 20)$$

onde k (inverso da resistência especifica) é a *condutividade especifica* com as unidades de ohm/cm ou S cm^{-1} .

Para os eletrólitos fortes a condutância aumenta com a concentração, porém, a partir de um certo valor ela não é mais linear devido a interações iônicas. Nos eletrólitos fracos, k varia gradualmente fato relacionado com a ionização parcial do soluto e a diminuição do grau de ionização com o aumento da concentração.

Para os eletrólitos fortes, a condutância aumenta com a concentração, porém, a partir de um certo valor ela não é mais linear, devido a interações iônicas. Nos eletrólitos fracos, k varia gradualmente, fato relacionado com a ionização parcial do soluto e a diminuição do grau de ionização com o aumento da concentração.

6.2 CONDUTÂNCIA EQUIVALENTE

A *condutância equivalente* (Λ) é a condutância associada com um faraday de carga. É definida como a condutância de uma solução contendo um equivalente grama de um eletrólito colocado entre eletrodos planos situados a um centímetro um do outro e com área superficial exatamente suficiente para conter todo o volume da solução.

Afim de se poder associá-la com a concentração pois ela varia com esta, introduziu-se a *condutância equivalente* que é relacionada a condutância especifica k pela equação:

$$\Lambda = 1000.k / C \qquad (e\ 21)$$

onde C é a concentração em equivalentes grama do eletrólito por 1.000 cm^3. Tem as unidades de S cm^2 equiv.

Combinados as características geométricas da célula (A e L) num único termo chamado *constante da célula*, que tem as unidades de cm^{-1}.

$K = \Lambda / A$, pode-se reescrever a equação de k

$k = G \cdot K$ e portanto a condutância da solução pode ser definida pela relação ;

$$G = \Lambda \cdot C / 1000 \cdot K \qquad (e\ 22)$$

Se g for expresso em mS a equação anterior se torna :

$$G = 1000 \cdot \Lambda \cdot C / K = \Lambda \cdot C / 10^{-3} \cdot K \qquad (e\ 23)$$

A condutância é portanto proporcional à condutância equivalente do eletrólito e sua concentração.

Além disso, quanto menor a constante da célula, maior será a condutância, e será maior para células de grande área superficial com os eletrodos situados bem perto.

A condutância equivalente é sujeita a efeitos de atividade principalmente de interações íon -íon, e portanto mostram variações com o aumento da concentração do eletrólito. Os íons par que se formam como resultado das interações íon - íon, acarretam a uma diminuição da condutância efetiva da solução.

A relação entre G e C se torna não linear a uma força iônica alta.

Se chamarmos por Λ_0 o valor da condutância a diluição infinita então a diminuição da condutância equivalente observada a altas concentrações será dada pela equação de Debye- Huckel - Onsager:

$$\Lambda = \Lambda_0 - (A + B\Lambda_0)^{1/2} \qquad (e\ 24)$$

Onde A é uma constante que depende da constante dielétrica, temperatura e viscosidade do solvente. B está relacionado ao efeito de relaxação resultante da distribuição assimétrica de cargas provenientes do movimento dos íons solvatados sob a influência do potencial aplicado.

A aplicação da equação acima será sempre para concentrações maiores daquelas empregadas na *cromatografia de íons* ,CI .

Assim as condutâncias na CI são calculadas , dentro de um erro aceitável, usando a *condutância equivalente limite,* Λ_0 à partir da equação:

$$G = \Lambda_0 \cdot C / 10^{-3} \cdot K \qquad (e\ 25)$$

A condutância de um eletrólito se deve a ambos seus cátions e ânions . Devemos portanto calcular a condutância envolvendo as *condutâncias iônicas equivalentes limites* (λ) dos cátions e ânion na solução . A equação anterior pode ser escrita sob a forma :

$$G = (\lambda_+ + \lambda_-) \cdot C / 10^{-3} \cdot K \qquad (e\,26)$$

onde λ_+ e λ_- condutâncias iônicas equivalentes limite das duas espécies de íons.

Valores típicos acham-se na tabela 6.3

Pela análise da tabela verificamos que o íon hidroxônio, H_3O^+, é um cátion fortemente condutor, mostrando que l_+ é cerca de cinco vezes maior do que os outros cátions.

Da mesma maneira o ânion OH^- é o ânion de maior condutância iônica - cerca de 2 a 3 vezes. Uma aplicação prática da equação anterior está no calculo da condutância de eluintes. Por exemplo, uma solução 5 mM de LiOH, medida numa célula de uma constante 10 cm^{-1}. Pela tabela 6.3 encontramos que os valores da condutância iônica do Li^+ e do íon OH^- são respectivamente 39 e 198 S. cm^2. Substituindo na equação temos:

$$G = (38 + 198)\ 0.005 / 10^{-3} \cdot 10 = 18{,}5\ \mu S \qquad (e\,27)$$

A condutância limite equivalente aumenta com o aumentar da carga eletrónica, com o diminuir da viscosidade, com aumentar o número de cargas no íon e diminuir o seu raio iônico, porém, um aumento do número de cargas não significa necessariamente que a condutância vai aumentar, pois a viscosidade e principalmente o raio iônico poderão interferir.

Assim íons grandes com múltiplas cargas podem ter a mesma condutância do que íons de raio muito pequeno e uma carga: é o caso do hidroxônio.

Os íons empregados como fase móvel podem ter muitas cargas, desde que tenham um grande raio atômico, pois a detecção se baseia na diferença entre as condutâncias da fase móvel e as dos íons que queremos analisar. Como exemplos típicos temos os ftalatos, trimesatos e citratos.

A detecção segue as técnicas desenvolvidas por Fritz e col.[(2)]. Calcula-se inicialmente a condutância de fundo da fase móvel, isto é, quando a coluna trocadora de íons estiver totalmente equilibrada.

Considere-se um eluinte que somente tenha uma única espécie iônica parcialmente dissociada nos íons E^+ e E^-.

A equação anterior pode ser modificada para a equação :

$$Gfundo = \{ (\lambda_{E+} + \lambda_{E^-})\, C_{E.} \cdot I_E \} / 10^{-3} \cdot K \qquad (e\,28)$$

onde:

C_E é a concentração total da substância e I_E a fração das espécies que estão sob a forma de Íons, isto é, como E-.

Deve-se lembrar que a constante da célula pode ser calculada facilmente com espécies totalmente dissociadas e de condutância limite conhecida, por exemplo KCl.

Na coluna cromatográfica de troca iônica temos o seguinte equilíbrio que se estabelece:

$$Sm- + Er- \rightarrow Sr- + Em- \qquad (e\,29)$$

onde *m* e *r* se referem à fase móvel e resina, respectivamente e S o íon do soluto.

Quando a amostra é injetada os íons S– são ligados à coluna ao mesmo tempo que são libertados os íons E–. A banda dos íons E– com uma concentração cerca da amostra move-se rapidamente através da coluna produzindo o característico *pico do solvente,* que sempre é observado na *cromatografia de íons,* e ele poderá ser positivo ou negativo. Os íons do *eluinte* que continuam sendo bombeados através da coluna competem com os íons S– para os sítios ativos da resina, provocando a sua movimentação na coluna cuja velocidade será tanto maior quanto menores forem os coeficientes de seletividade dos íons considerados.

A concentração total dos íons dentro da coluna será constante durante o processo de eluição. O íon eluído S- deslocara um número equivalente de íons E- do eluinte.

Se a concentração do soluto passando pelo detector, isto é, quando ele sai da coluna for dada por C_S, se o grau de ionização do soluto for Is, então a concentração do eluinte no detector durante a eluição da amostra será dada pela equação:

$$[E]_{\text{na eluição da amostra}} = C_E \cdot I_E - Cs \cdot Is \qquad (e\ 30)$$

A mudança de condutância, ΔG, que acompanha a eluição de um soluto, *totalmente ionizado*, pode ser representada pela equação :

$$\Delta G = \{(\lambda_E^+ - \lambda_E^-)C_s\}/_{10}^{-3} \cdot K \qquad (e\ 31)$$

A mesma equação é valida também para cátions, observando-se os respectivos códigos de cargas.

Ânion	λ_-·(S·cm²·eq⁻¹)	Cátion	λ_+(S·cm²·eq⁻¹)
OH^-	198	H_3O^+	350
$Fe(CN)_6^{4-}$	111	Rb^+	78
$Fe(CN)_6^{3-}$	101	Cs^+	77
CrO_4^{2-}	85	K^+	74
CN^-	82	NH_4^+	73
SO_4^{2-}	80	Pb^{2+}	71
Br^-	78	Fe^{3+}	68
I^-	77	Ba^{2+}	64
Cl^-	76	Al^{3+}	61
$C_2O_4^{2-}$	74	Ca^{2+}	60
CO_3^{2-}	72	Sr^{2+}	59
NO_3^-	71	$CH_3CH_3^+$	58
PO_4^{3-}	69	Cu^{2+}	55
ClO_4^-	67	Cd^{2+}	54
SCN^-	66	Fe^{2+}	54
ClO_3^-	65	Mg^{2+}	53
Citrate^{3-}	56	Co^{2+}	53
$HCOO^-$	55	Zn^{2+}	53
F^-	54	Na^+	50
HCO_3^-	45	Feniletilamônio$^+$	40
CH_3COO^-	41	Li^+	39
Ftalato^{2-}	38	$N(C_2H_5)_4^+$	33
$C_2H_5COO^-$	36	Benzilamônio$^+$	32
Benzoato$^-$	32	Metilpiridínio$^+$	30

***Tabela 6.3 - Condutâncias equivalentes limite de íons em solução aquosa* a 25 °C. (Scm2/equiv)**

6.3.1 Métodos diretos e indiretos de detecção dos picos

Pelo visto anteriormente, a determinação somente será possível quando existir uma diferença satisfatória, para os fins de análise, entre as condutâncias equivalentes do soluto e dos íons eluintes. Essa diferença pode ser positiva ou negativa dependendo das condutâncias relativas, devendo lembrar que as equações vistas valem para qualquer sistema que apresente diferenças de condutância nas saídas da coluna.

Esta situação é válida para *CI* sem colunas supressoras.

Se a condutância limite iônica equivalente do eluinte for menor, um aumento de condutância ocorre ao atravessar a célula do detector. Nesse caso estamos na presença do *modo direto de detecção.*

Se o contrário acontecer, então estaremos com o *método indireto de detecção:* o soluto tem menor condutância do que os íons eluintes.

As figuras 6.1 e 6.2 apresentam exemplos de métodos diretos e indiretos de detecção citadas no livro de Haddad, páginas 253 e 254.[3]

Os métodos diretos de detecção são empregados, principalmente, para a detecção na separação de ânions. Para a separação com colunas sem supressoras, uma só coluna - SCIC geralmente, empregam-se sais de potássio dos ácidos ftálico e benzóico, isto é, sais de ácidos orgânicos fracos.

Para a análise direta de cátions geralmente empregam-se eluintes formados por bases orgânicas, por exemplo benzilamina, como pode se verificar na figura 6.1.

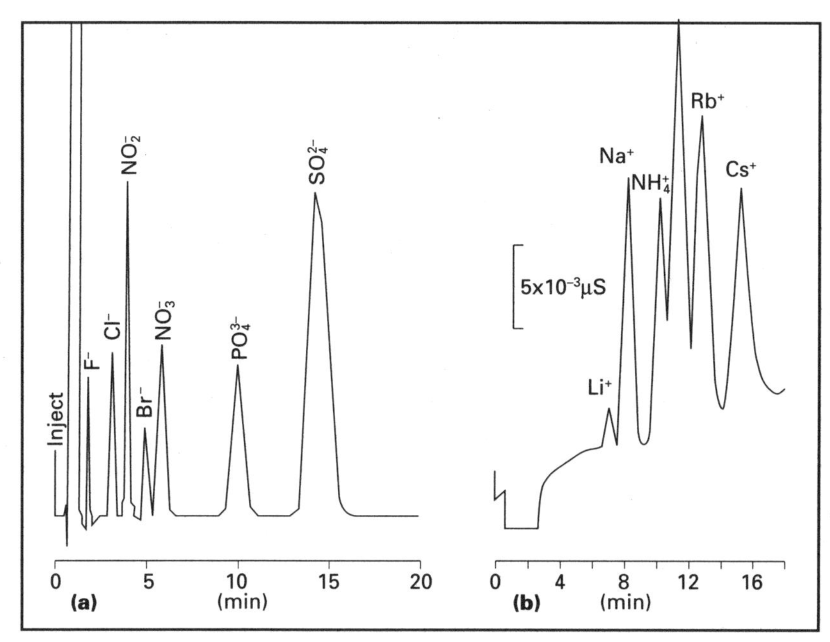

Figura 6.1-Detecção por condutividade direta de ânions (a) e cátions (b) (a) Coluna TSK-gel IEX 620 com eluinte de borato, ácido bórico e gluconato de potássio em água e acetonitrila (b) coluna ÍONS-PAK C com benzilamina a baixas condutâncias.

Os métodos indiretos de detecção podem ser empregados na análise de ânions com eluintes de hidróxido, e os cátions são analisados empregando ácidos minerais como eluintes. A figura 6.2 apresenta dois exemplos de análises indiretas.

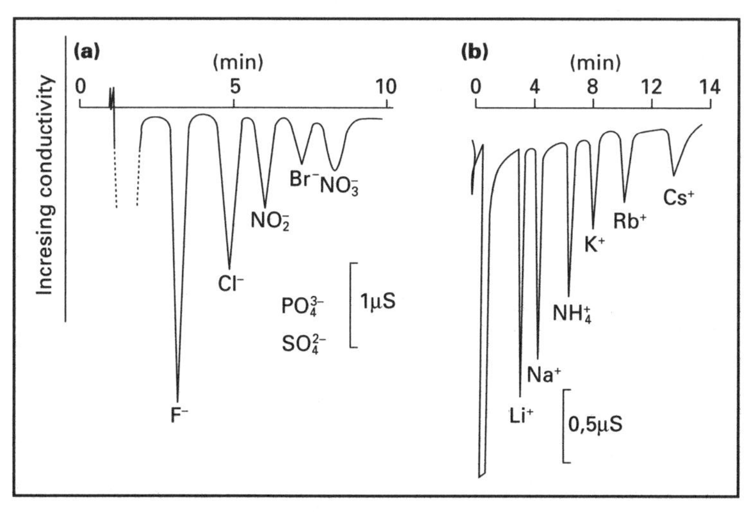

Figura 6.2 - Detecção indireta de (a) ânions e (b) cátions. (a) Coluna TSK gel 620 com 2 mm KOH. (b) Coluna Waters IC PACK com 2 mm HNO_3

6.4 DETECTORES DE CONDUTIVIDADE ELÉTRICA

Os detectores de condutividade elétrica baseiam-se na medida da condutância das soluções eletrolíticas efluentes das colunas analíticas ou supressoras.

Essa condutância é medida entre dois eletrodos contidos numa microcélula termostatizada, aos quais se aplica um campo elétrico. Nessas condições a lei de Ohm é obedecida e a grandeza da corrente que passa dependerá do potencial aplicado.

6.4.1 Princípios de operação da célula

Quando um campo elétrico é aplicado a dois eletrodos situados numa solução eletrolítica, os ânions da solução se movem em direção do ânodo (pólo positivo) e os cátions se movem em direção do cátodo que é o pólo negativo.

O número e a velocidade dos íons situados na solução determinam a resistência da solução e portanto a condutância. As mobilidades IÔNICAS, ou seja, a velocidade por unidade de campo elétrico dependem da carga e do tamanho dos íons, da temperatura, do tipo do meio e da concentração iônica.

As mobilidades *iônicas* relativas são dadas pela condutância limite equivalente dadas na tabela 6.3.

As velocidades *iônicas* dependem do potencial aplicado. Este pode ser de valor constante ou pode oscilar de acordo com uma onda quadrada ou senoidal.

A corrente da célula é medida facilmente; entretanto a sua resistência é determinada conhecendo-se o potencial no qual os íons reagem. O comportamento destes pode provocar a alteração do potencial efetivo aplicado.

A figura 6.3 nos mostra alguns dos mais importantes fenômenos que podem ocorrer numa célula. Ao lado da resistência eletrolítica pode se formar capacitância de dupla camada, ou seja, impedância de Faraday.

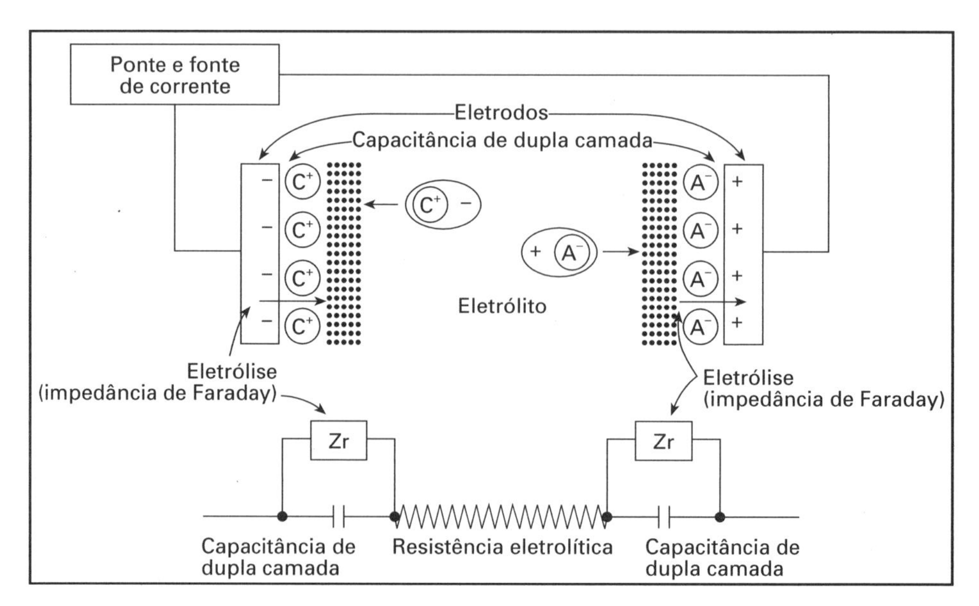

Figura 6.3 - Célula de condutância eletrolítica - Representação esquemática da dupla camada nos eletrodos, processos faradáicos e migração dos íons através da solução (Fritz e outros [2])

Se um eletrólito estiver abaixo do seu potencial de decomposição, então a camada de solução imediatamente adjacente ao eletrodo atrairá íons de carga oposta, formando-se uma camada carregada.

A camada carregada é constituída de duas partes:

1 - Uma camada fina interior na qual a concentração dos íons (ou potencial) diminui linearmente com a distância do eletrodo.

2 - Uma camada mais difusa na qual a concentração dos íons diminui exponencialmente com a concentração.

A formação da capacitância por dupla camada *abaixa* o potencial efetivo aplicado ao eletrólito.

Se o potencial aplicado ao eletrodo for acima do potencial de decomposição, então ocorrerá a eletrólise.

A corrente flui através da solução na interface do eletrodo e haverá oxidação no ânodo e redução no cátodo. A impedância de Faraday também muda o potencial efetivo aplicado ao eletrólito.

6.4.2 Medida da condutância

Técnicas empregando potenciais alternativos podem eliminar efeitos associados com eletrodos. Mudando-se o sinal do potencial decorrente aplicado aos eletrodos reverte a direção do movimento dos íons, muda o tipo de eletrólise e muda o tipo de capacitâncias formadas.

O tempo de relaxação — habilidade de mudar — é diferente para cada tipo de processo. Conforme se aumenta a freqüência, os efeitos devidos a eletrólise são reduzidos ou eliminados e a maior parte da corrente que flui será devido à formação de capacitâncias.

O limite superior de freqüência é de cerca 1 Hz.

Neste ponto os íons cessam de se mover em função do campo elétrico, apesar de ainda ocorrer orientação devido aos dipolos. Os efeitos de capacitância podem ser eliminados na contraposição de uma impedância igual pelo circuito eletrônico ou medindo a corrente instantânea, isto é, a corrente que se mede quando se aplica o potencial quando ainda a dupla camada não teve a possibilidade de se formar.

Alguns detectores aplicam ondas senoidais através dos eletrodos com freqüências de 100 a 1000 Hz. Outros operam freqüências de 10 kHz e um potencial de 20 volts sem eletrólise. Nessas condições, emprega-se detecção síncrona, isto é, ela deve estar em fase com a freqüência do potencial aplicado.

Dessa maneira a corrente medida é devida ao potencial instantâneo.

Os sensores da célula foram feitos com platina, porém atualmente são feitos com aço inoxidável, o qual deve ser passivado com ácido nitrido a 50% antes do seu uso, afim de estabilizar o sinal.

O volume interno das células atuais de condutividade elétrica é pequeno, chegando a cerca de 2 microlitros.

A maior parte dos detectores já foi discutida nos capítulos anteriores e, portanto, não o será neste.

Muitos deles são importantes e os principais empregos são :

- Detectores de condutividade elétrica podem ser usados para os processos de análise com ou sem supressão e detectam ânions e cátions. São detectores de uso geral.
- Detectores espectrofotométricos podem ser empregados tanto na análise direta ou indireta de cátions e ânions. A sua seletividade é geral.

6.4.3 Outros métodos de detecção em cromatografia de íons

Para análises empregando reações pós coluna, os detectores espectrofotométricos são os mais empregados. Eles são versáteis, sensíveis e sua aplicação é simples, pois é necessário somente bombear um agente complexante tamponado na saída da coluna. O reagente vai produzir um complexo cuja cor será detectada pelo espectrofotômetro num comprimento de onda adequado.

- Detectores de índice de refração e fluorescência servem para análise indireta de cátions e ânions e possuem uma seletividade geral.
- Detectores eletroquímicos e por espectroscopia atômica servem principalmente para cátions e sua sensibilidade é seletiva.

6.5 SEPARAÇÕES EMPREGANDO TROCA ÍONICA

A separação e retenção de íons empregando resinas trocadoras de íons é um processo conhecido há mais de 60 anos. Além das resinas, outros materiais como os zeólitos foram empregados no início do século para a remoção de íons, principalmente no tratamento de água.

O uso de resinas trocadoras de íons para a separação industrial é fato conhecido a dezenas de anos, principalmente na separação de terras raras e outros materiais de alta tecnologia.

Na analítica instrumental, o processo foi desenvolvido por Small, Stevens e Bauman [(4)] empregando resinas trocadoras de íons de baixa capacidade: é a técnica de duas colunas, sendo uma a supressora.

A técnica com uma coluna - Single Column Ion Chromatography - SCIC foi desenvolvida posteriormente por Gjerde, Fritz e Schumuckler [(5)].

Os principais materiais empregados, como fases estacionárias na separação analítica de íons por troca iônica, podem ser classificados em :

- RESINAS TROCADORAS DE ÍONS
- DERIVADOS DA SÍLICA

6.5.1 Resinas trocadoras de íons

As modernas resinas trocadoras de íons são fabricadas a partir de polímeros porosos obtidos geralmente por polimerização em suspensão de monômeros di e tetrafuncionais, na presença de agentes de iniciação de polimerização, solventes especiais , meio dispersante (geralmente água) e materiais estabilizadores de esferas.

Os monômeros bifuncionais mais empregados são o estireno os metil acrilatos de alquila (geralmente metila), etil vinil benzeno.

Os monômeros tetrafuncionais — *que são os agentes cruzantes* — mais empregados são, geralmente, dimetil acrilatos do etileno glicol, divinilbenzeno.

Como agentes de iniciação da polimerização empregam-se peróxidos, por exemplo, dibenzoil peróxido e água como meio dispersante.

A proteção das esferas formadas durante a agitação é feita com o auxílio de sais insolúveis de baixíssima granulometría, por exemplo, carbonato de magnésio, ou empregando tensoativos em baixíssimas concentrações.

A polimerização geralmente é feita a quente, e o solvente dos monômeros é escolhido de maneira que ele os dissolva, porém, *ele não deve dissolver os polímeros formados.*

Durante o processo de polimerização, o solvente permanece dentro da esfera, permitindo que se formem cavidades interligadas, poros, que serão os responsáveis pela formação da área superficial do material polimérico.

Dependendo da relação do monômero com o agente cruzante e da quantidade e natureza do solvente, obtém-se polímeros de propriedades físico-químicas e resistência mecânica diferentes, que geralmente são empregadas na *cromatografia convencional e em alguns aspectos da cromatografia de íons.*

A reação de formação dos polímeros obtidos por copolimerização do estireno com o divinil benzeno, acha-se representada pela figura 6.4

Os anéis aromáticos da superfície do polímero acima podem sofrer todas as reações do núcleo benzênico e portanto podem ser sulfonados, cloro metilados, nitrados, etc., pelos reagentes usuais empregados normalmente para estas reações.

A introdução dos grupos sulfônicos na estrutura do polímero nos leva às resinas sulfônicas, que são resinas trocadoras de cátions - *resinas catiônicas.*

A reação do material clorometilado com aminas terciárias introduz, no anel aromático, os grupos de amônio quaternário, que tem propriedades trocadoras de ânions - *resinas aniônicas*

As resinas empregadas na fabricação de trocadores de íons podem ser classificadas em *micro e macroporosas*. Os trabalhos clássicos foram feitos com resinas trocadoras de íons *microporosas*. Elas têm uma estrutura de gel e contêm quantidades apreciáveis de água. O polímero empregado para esse fim contêm quantidades pequenas de agentes cruzantes e eles tendem a inchar quando os passamos de uma forma iônica para outra. Nessas resinas a difusão dos íons é mais lenta e elas excluem íons de grande diâmetro.

As resinas macroporosas contêm maior concentração de agentes cruzantes, têm estrutura rígida, são termorrígidas e podem ser feitas, de acordo com a técnica de polimerização empregada, com diâmetro médio pequeno ou grande, pequena ou alta área superficial, diâmetro de esferas variável de 5 a 500 micra ou mais, quando empregadas em reatores industriais.

Elas são as mais indicadas na análise de íons.

As reações abaixo mostram os passos necessários para a formação de resinas catiônicas e resinas aniônicas fortes.

A figura 6.6 mostra as reações de fabricação de resinas aniônicas

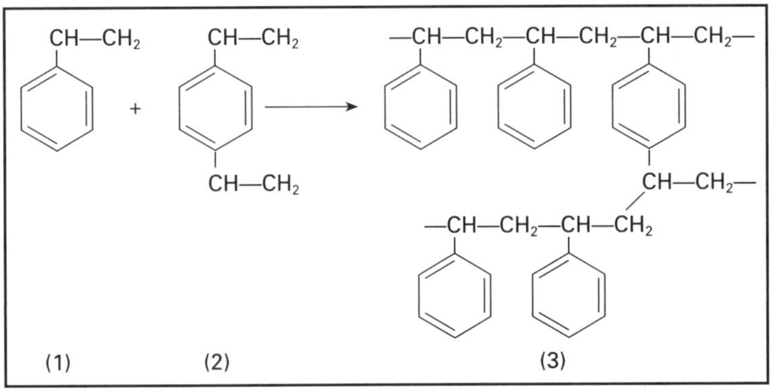

Figura 6.4
Reação de polimerização do estireno (1) com divinilbenzeno (2) para a formação do poliestireno - co - divinilbenzeno (3).

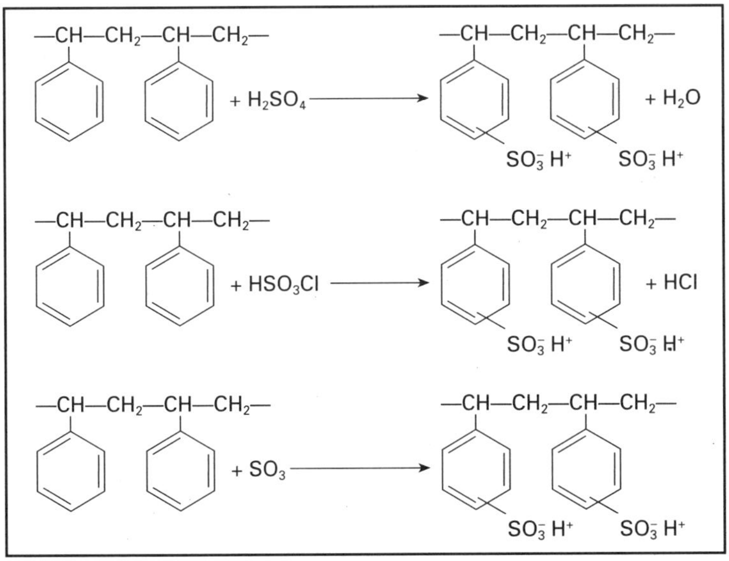

Figura 6 5
Reações de fabricação de resinas catiônicas.

6.5.2 Trocadores de íons derivados da sílica

Alguns materiais, dos que são geralmente empregados na cromatografia a líquido de alto desempenho - HPLC, podem ser empregados na análise de íons. As fases são obtidos por cobertura de partículas de sílica com polímeros, que possuem, na sua estrutura, grupos catiônicos ou aniônicos.

Assim, na analise de ânions foram empregadas partículas de sílica recobertas por metacrilato de laurila contendo grupos funcionais de amônio quaternário.

Para a análise de cátions as partículas de sílica foram recobertas com um polímero fluorado de baixo peso molecular, contendo grupos sulfônicos.

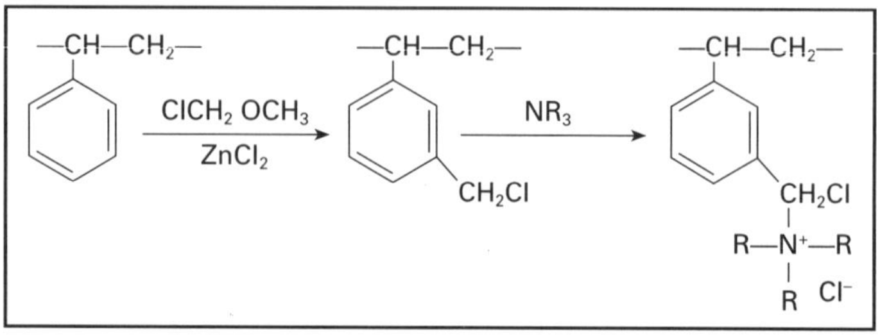

—CH—CH$_2$— (benzeno) $\xrightarrow[ZnCl_2]{ClCH_2\,OCH_3}$ —CH—CH$_2$— (benzeno–CH_2Cl) $\xrightarrow{NR_3}$ —CH—CH$_2$— (benzeno–CH_2–N^+R_3 Cl^-)

Figura 6
Fabricação de resinas aniônicas

Um outro grupo de fases estacionárias empregadas na análise de íons são as fases quimicamente ligadas, geralmente empregadas como fase reversa em HPLC. A maioria dos usos encontra-se em fases do tipo octadecil sílica, fenil sílica.

Uma variante também empregada, principalmente devido ao fato do material não variar sua densidade com a natureza da fase móvel, consiste em se obter trocadoras de íons ligadas diretamente à fenil sílica, por exemplo, com grupos sulfônicos ou com grupos alquil amônio quaternário. Esses materiais têm sempre pequena capacidade de troca iônica, menos de um mili equivalente por grama.

6.6 EQUILÍBRIO ENTRE RESINAS TROCADORAS DE ÍONS E SOLUÇÕES IÔNICAS

6.6.1 Equilíbrio de troca íonica

A troca iônica entre dois íons A e B e representada pela equação 31 para íons mono valentes e pela equação 32 para íons de cargas diferentes.

$$A_s + B_r \rightarrow A_r + B_s \qquad (e\ 31)$$

$$bA_s + aB_s \rightarrow bB_r + aA_s \qquad (e\ 32)$$

Nestas equações o subscrito *s* denota a solução e *r* a fase da resina.

A constante de equilíbrio, às vezes chamada de *coeficiente de seletividade* para as equações acima será:

$$K_B^A = \frac{[A]_r}{[B]_r}\frac{[B]_s}{[A]_s} \qquad (e\ 33)$$

onde as concentrações são dadas em mmol/ml na solução e mmol/g da fase resina.

O coeficiente de distribuição em massa, D_g, para o íon trocado *A* é dado pela equação 34:

$$K_B^A = \frac{[A]_r^b}{[B]_r^b}\frac{[B]_s^a}{[A]_s^b} \qquad (e\ 34)$$

Alguns autores empregam o coeficiente de distribuição por volume D_v.

$$D_v = D_g \cdot d = D_g \cdot (g\ resina\ seca)\,/\,(ml\ leito\ de\ resina\,) \qquad (e\ 35)$$

onde d é a densidade do leito da resina em ml leito de resina.

O coeficiente de distribuição em massa, D_g, é determinado experimentalmente equilibrando um volume de uma solução com concentração conhecida do íon considerado, em presença de uma massa conhecida da resina e calculando o seu valor com os resultados experimentais impostos na equação 34.

O coeficiente D_v de um íon é calculado a partir do seu volume de retenção numa coluna de troca íonica pequena com um dado eluinte:

$$V = D_v + 1 \qquad (e\ 36)$$

onde V é o volume de retenção de A expresso em volumes de leitos da coluna. Esse método somente pode ser empregado quando D_v não for muito grande.

De um modo geral a afinidade de uma trocadora de íons para um íon aumenta geralmente com a sua carga. Para íons monovalentes, alcalinos, o coeficiente de distribuição aumenta com o aumento do peso atômico do íon. No grupo dos metais alcalino terrosos, a retirada por resinas trocadoras de íons ocorre na seguinte ordem:

$$Mg < Ca < Sr < Ba$$

6.6.2 O fator capacidade

Em cromatografia o fator capacidade é muito empregado, devido a facilidade de sua determinação precisa e da sua utilidade nos mais diversos cálculos cromatográficos.

O fator capacidade de um íon, A, é a quantidade (não a concentração) que está na fase da resina, dividida pela quantidade que está em equilíbrio na solução.

Substituindo esta, definido na equação 34, obtém-se a seguinte relação :

$$Dg = k\ (ml\ sol)/(g\ de\ resina) \qquad (e\ 37)$$

$$k = Dg \cdot (g\ resina)/(ml\ solução) \qquad (e\ 38)$$

Essas equações mostram que o fator capacidade pode ser calculado a partir dos coeficientes de distribuição que haviam sido previamente determinados por meios estáticos.

Na cromatografi*a* experimental o fator capacidade é calculado diretamente de dados cromatográficos.

$$k = (t\text{-}to)/to = \cdot\ (V\text{–}Vo)/Vo \qquad (e\ 39)$$

O tempo de retenção tem o mesmo significado cromatográfico, o mesmo ocorrendo com o tempo de retenção to, e *Vo*, os quais devem ser determinados experimentalmente pois envolvem o emprego de uma substância que possa ser detectada com o detector que está em uso, fato que as vezes não é tão fácil, pois precisa-se de um íon ou de uma molécula que não sejam retidos pela coluna.

6.7 CROMATOGRAFIA DE ÍONS COM COLUNAS SUPRESSORAS —SIC— (CROMATOGRAFIA DE ÍONS COM DUAS COLUNAS)

6.7.1 Introdução

A cromatografia de íons empregando colunas supressoras, **supressed íon chromatography -SIC** - foi desenvolvida por Small, Stevens e Bauman que a patentearam em 1975.(4) Ela foi responsável pelo sucesso da cromatografia como um método de análise instrumental de íons.

Antes dos trabalhos de Small e col., as técnicas de separação de íons eram feitas em processos empregando colunas abertas, com fins preparativos, principalmente na separação de metais pesados, por exemplo terras raras.

Nessa técnica os íons são separados numa coluna de baixa capacidade de troca iônica e o efluente é tratado numa outra coluna de troca iônica (ou dispositivo equivalente) que remove os íons opostos da fase móvel.

Assim numa análise de ânions, uma primeira coluna — *coluna analítica* — separa-os especificamente enquanto que uma segunda coluna — *coluna supressora* — troca por exemplo o íon sódio, da fase móvel constituída de carbonato e/ou bicarbonato de sódio, pelo íon hidroxônio. Este, reage com o íon carbonato formando ácido carbônico que, por não ser dissociado, tem uma condutância extremamente baixa. Com esse procedimento, consegue-se analisar substâncias em concentrações da ordem de partes por milhão e às vezes menos.

A coluna supressora pode ser definida como um dispositivo colocado entre a coluna cromatográfica e o detector, com a finalidade de reduzir a condutância do eluinte e, quando possível, aumentar a detectabilidade dos íons do soluto.

As principais variáveis encontradas na separação empregando colunas supressoras são:

- A natureza da fase estacionária e a coluna
- A natureza da coluna supressora
- A natureza da fase móvel

Essas três variáveis têm características diferentes para a análise de cátions e ânions e portanto serão analisadas separadamente.

6.7.2 Natureza das fases estacionárias empregadas em cromatografia de íons

Praticamente todas as fases estudadas anteriormente e, como é lógico, dezenas de outras que não foram discutidas, podem ser empregadas na SIC. Todas elas têm que ter em comum algumas características especificas para a análise de íons, seja com uma coluna ou com cromatografia de íons suprimidos.

As principais são:

- Granulometría extremamente baixa e pouco dispersa. Geralmente deve estar em torno de 2 a 10 micra de diâmetro, porém, é imperioso que a dispersão de tamanho granulométrico seja mínima. Por exemplo entre 2 e 4, 4 e 6, 6 e 8, e 8 e 10 que correspondem, para a maioria dos fabricantes às granulometrías de 3, 5, 7 e 10 micra respectivamente. Valem aqui todos os princípios estudados no capítulo de fases estacionárias. A eficiência tem aqui, como sempre, o papel fundamental da separação, uma vez atingida a separação por sua estrutura e as características do eluinte:
- Quanto maior o diâmetro médio das partículas menor o número de pratos teóricos,
- A existência de centros ativos próprios para efetuar a separação.
- Estabilidade física frente às pressões e temperaturas de operação.
- Estabilidade a longo curso, isto é, durabilidade.
- Capacidade de troca iônica extremamente baixa. Ela deve estar em torno de 5 a 100 m eq/g.

6.7.3 Colunas para cromatografia de íons

- O diâmetro das colunas empregadas varia de 1/4 a 1/8 de polegada com algumas tendências ao emprego de colunas capilares.
- O comprimento é variável. No comércio são encontradas, *dependendo do problema analítico,* colunas de 5 a 50 cm de comprimento.

O aço inoxidável 316 é o material dos tubos geralmente empregando o aço. Tendências modernas levam ao emprego de titânio, teflon e principalmente o polímero PEEK para os tubos das colunas, detectores, cabeçote da bomba e tubulações que ficam em contato com o solvente e a amostra.

6.8 A COLUNA SUPRESSORA E SUA QUÍMICA

A tabela 6.4. apresenta a variação da condutância ao analisarmos 10 ppm de cloretos com vários eluintes.

ELUINTE	CONDUTÂNCIA μS	ΔG	DETECÇÃO
1mM KB–BZ pH 7	19,6	0,15	DIRETA
1 mM K2P, pH 7	8,4	0,113	DIRETA
1 mM KOH	27,2	–0,69	INDIRETA
1,7 mM $NaHCO_3^+$ 1,8 mM Na_2CO_3	48,1	(0,01–c0,09d)	DIRETA

Tabela 6.4 - Variação da condutância de diversos eluintes na análise de 10 ppm de cloreto

(a) eluído somente pelo CO_3= ;

(c,d) calculado assumindo que é eluído pelo carbonato e bicarbonato.

Pela análise dos valores, verifica-se que a variação de condutância é mínima, devido à alta condutância dos ânions carbonato e bicarbonato. Se, porém os convertermos no ácido fraco H_2CO_3, a condutância do eluinte será **suprimida.** O meio mais simples de se conseguir será passando o efluente da coluna analítica numa coluna catiônica na sua forma hidrogênio. As reações que ocorrem na coluna supressora, quando passamos o eluinte que contém íons do soluto cloreto e o eluinte bicarbonato, serão, para o íon bicarbonato:

$$\text{Resina - H} + \text{Na HCO}_3 \rightleftarrows \text{Resina-Na} + H_2 CO_3$$

Para o soluto

$$\text{Resina-H+} + Na^+ + Cl^- \rightleftarrows \text{Resina-}Na^+ + H^+ + Cl^-$$

O resultado desses dois processos nos leva a uma diminuição enorme da condutância do eluinte, enquanto que a condutância do soluto é aumentada em virtude da substituição do sódio (l+ = 50 S.cm^2 / equiv); pelo íon hidrogênio (l+ = 350 S·cm^2 / ·equiv). A detectabilidade do soluto é portanto muito aumentada.

Fatos semelhantes ocorrem quando operamos com colunas analíticas de troca catiônica, onde neste caso o supressor é uma resina forte de troca aniônica na forma OH- que opera pela adição de íons OH- ao eluinte. Como exemplo, consideremos a reação de supressão do íon Na+ eluído com uma solução de HCI. Neste caso temos: na coluna supressora

$$\text{Resina-OH-} + \text{H+} + \text{Cl- Na+} \rightarrow \text{Resina-CI}\sim + H_2O$$
$$\text{Resina-OH}\sim + \text{Na+} + \text{Cl-} \rightarrow \text{Resina-CI}\sim + \text{Na+} + \text{OH-}$$

O eluinte é convertido em água, enquanto que a condutância da amostra é aumentada pela substituição do íon Cl- (λ = 76 S·cm^2/equiv) pelo íon OH- (λ = 198 S· cm^2·/equiv.).

Um outro tipo de supressão tem como princípio a eliminação completa dos componentes dos eluintes. Como exemplo tem-se a eliminação completa de um eluinte constituído por nitrato de prata.

O íon Ag + é removido com uma resina do tipo:

$$\text{Supressor-Cl} + \text{Ag+} + NO_3\text{-} \rightarrow \text{Supressor-}NO_3^- + \text{AgCl(s)}$$
$$\text{Supressor-}Ag^+ + Na^+ + I^- \rightarrow \text{Supressor-Na} + \text{AgI(s)}$$

6.9 TIPOS DE SUPRESSORES

6.9.1 Supressores de colunas empacotadas

Foram os primeiros a ser utilizados. Eram colunas empacotadas com resinas catiônicas ou aniônicas respectivamente nas formas H^+ e na forma OH^-, que operavam nos mecanismos descritos.

Na coluna supressora tinha que ser regenerada, e portanto foram empregadas sempre resinas de alta capacidade.

A regeneração era feita com soluções 0,25 N de ácido sulfúrico ou de hidróxidos, para deslocar os íons acumulados.

Esses supressores tinham diversas desvantagens entre as quais a necessidade de regeneração freqüente, provocavam alargamento dos picos cromatográficos e muitas vezes os solutos reagiam com a coluna. Eles foram empregadas de 1975 até 1981, quando apareceram os primeiros tipos de supressores de membrana.

6.9.2 Supressores de membranas de fibras ocas

Supressores fabricados de fibras de membranas trocadoras de íons são uma alternativa melhor às colunas empacotadas.

Os supressores iniciais de Stevens [6] consistiam de fibras de um material trocador iônico sulfonado, ao redor das quais passava-se o agente regenerador.

Na operação de análise de cátions, o eluinte era HCI e o regenerador hidróxido de bário.

A figura 6.7 apresenta o esquema de operação dos supressores de fibras ocas na análise de cátions, ânions, processos de interação iônica e exclusão iônica.

Verifica-se que em todos os processos os reagentes são convertidos em compostos pouco dissociados de baixa condutância, como seja o ácido carbônico, água e cloreto de tetrabutil amônio. O resultado, em todos esses processos, é sempre o mesmo: aumento da detectibilidade dos solutos analisados.

Devido à dificuldade de se operar com fibras muito finas, cerca de 400 micra, foram usados também fibras mais grossas, porém cheias com um material inerte, por exemplo, linha de pescar de nylon ou microesferas de poliestireno, materiais que permitem o enrolamento e portanto o emprego de supressores mais longos.

De um modo geral, os supressores de fibra oca têm geralmente pouca capacidade de troca, o que é um fato limitante, pois, devido ao seu pequeno diâmetro, têm uma área superficial baixa, além do mais elas reagem com materiais empregados em *cromatografia por interação de íons.*

6.9.3 Supressores de micromembranas

O problema foi bastante resolvido com o emprego de supressores de micromembranas, que possuem uma área disponível muito maior e portanto têm maior capacidade.

O eluinte passa numa câmara entre duas membranas separadas por malhas. O sistema é montado em camadas tipo sanduíche com gachetas, que permitem a passagem entre uma câmara e outra. O principio de funcionamento é basicamente o mesmo.

As principais vantagens dos supressores de micromembranas são:

- Volume interno mínimo, que não acarreta aumento da largura dos picos e portanto permite maior detectabilidade.
- Regeneração contínua.
- Capacidade dinâmica de supressão muito alta, que pode ser aumentada alterando-se a concentração e natureza do regenerador.
- Possível de ser empregada em análises por gradiente quando operados com eluintes convenientes.
- Resiste a muitos solventes orgânicos.
- Pode ser empregada com uma grande variedade de eluintes.

6.9.4 Eluintes para cromatografia de íons suprimidos

Os eluintes empregados devem ter uma composição que permita a sua diminuição drástica de condutância.

Como exemplo temos os casos exemplificados na figura 6.7

6.9.5 Eluintes para análise de ânions

Para todos os tipos de análise de ânions, o ânion eluinte deve ter forte afinidade com a resina de troca iônica, permitindo sua eluição em tempos satisfatórios, e a sua concentração deve ser limitada para que não exceda a capacidade da resina.

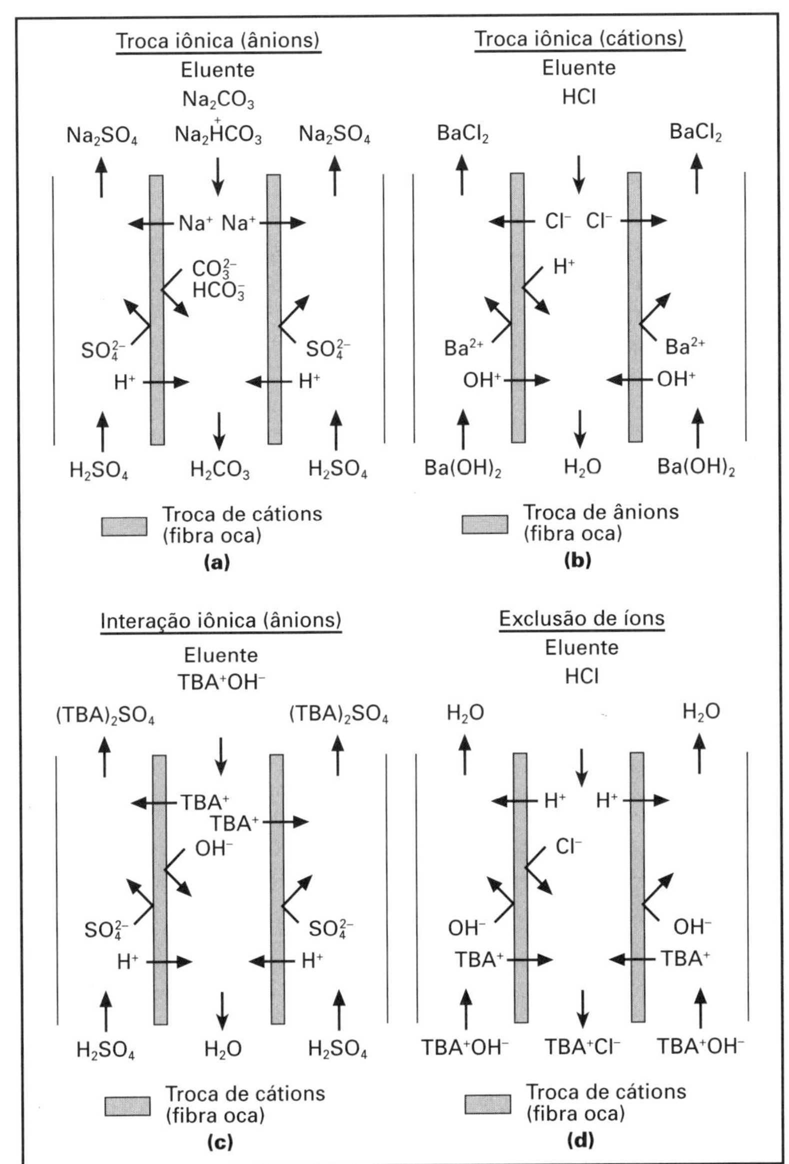

Figura 6.7
Operação esquemática dos supressores de fibra oca em diversos processos de cromatografia de íons (Haddad, p 265)

Os ânions eluintes que satisfazem mais os pré-requisitos acima são, a hidroxila, o carbonato, o bicarbonato, fenatos e alguns ânions de aminoácidos

O íon sódio é um cátions para eluinte satisfatório e é um dos mais usados. O bicarbonato puro não é muito recomendado, pois necessita de maiores concentrações e portanto supressores de maior capacidade,

A mistura de $NaHCO_3$ - Na_2CO_3 forma um eluinte cuja relação de íons pode ser modificada alterando-se o pH entre 8 e 11. Ele é um dos mais importantes eluintes para SIC.

6.9.6 Influência da concentração dos eluintes

A concentração dos íons do eluinte têm grande influência no tempo de retenção dos íons que estão sendo separados. A regra é geral, e é valida tanto para a análise de cátions e ânions. A figura 6.8 mostra claramente o efeito exemplificado na análise de ânions empregando carbonato e bicarbonato de sódio como eluintes — Weiss J.[7]

Verifica-se uma nítida variação do valor de k com a concentração do carbonato, enquanto que a influencia do bicarbonato não é tão marcante.

6.97 Eluintes para a análise de cátions

A tabela acima mostra os pré-requisitos para a análise de ânions e cátions quando se emprega SIC.

Os eluintes mais empregados para a análise de cátions monovalentes são o HCl e HNO_3, visto que o íon H^+ é um cátion efetivo para competir com estas espécies e que o Cl^- e o NO_3^- deslocam facilmente o íon hidróxido da supressora. Além do mais, o H^+ é facilmente suprimido pela reação com o íon hidróxido fornecido pelo supressor.

Para a análise de íons bivalentes, devido à alta constante de associação do íon com a resina, seria necessário o emprego de altas concentrações de HCI, o que tornaria o meio muito corrosivo para o equipamento. Por outro lado, metais bivalentes podem precipitar seus hidróxidos quando passam pela resina do supressor. Esses metais não podem portanto ser analisados com sistemas de supressão como aqueles.

Cátions bivalentes são eluídos muito melhor quando são analisados em presença de cátions bivalentes mais fortes, por exemplo, fenilenodiamônio, Ag+, Pb++, Zn++, Ba++ ou Cu++.

O isômero meta da fenilenodiamina é muito mais interessante, pois não é oxidado em presença da luz, ocasionando produtos que são retidos irreversivelmente na resina trocadora catiônica .

Eluintes formados por metais pesados geralmente são eliminados na supressora por reações de precipitação, por exemplo, empregando resinas sob a forma cloreto para precipitar os íons de prata.

Íons de bário precipitados por resinas com íons sulfato.

Íons cloreto, brometo ou iodeto, precipitados com resinas contendo íons prata.

PRÉ-REQUISITOS

TIPO DE SEPARAÇÃO	FORMA DO SUPRESSOR
Ânions S–H^+	O cátion eluinte deve deslocar o H^+ do supressor
Ânions S–H^+	O ânion eluinte deve ser protonado a uma forma menos condutora
Ânions S–H^+	O íon análito deve permanecer deprotonado e condutor
Cátions S–OH^-	O ânion eluinte deve deslocar a OH^- do supressor
Cátions S–OH^-	O cátion eluinte deve reagir com a OH^- para forma menos condutora
Cátions S–X^-	O cátion eluinte deve formar um precipitado com X^-
Ânions S–M^+	O ânion eluinte deve formar precipitado com o M^+
Ânions S–Cu^{++}	O ânion eluinte deve formar complexos neutros com Cu^{++}
Âníons S–Cu^{++}	O ânion análito não deve formar complexos com Cu^{++}
Ânions S–M^+	O âníon análito não deve formar precipitado com M^+

Tabela 6 5 - Pré - requisitos que devem ter os eluintes e solutos para serem empregados em SIC

6.9.8 Eluição com gradiente

Como na cromatografia convencional, a separação por gradiente dos solventes é uma técnica aplicável com sucesso na análise de íons com supressor.

Um gradiente satisfatório pode ser produzido com um dos seguintes métodos:

- A concentração do íon competidor no eluinte pode ser aumentada durante a separação.
- O pH do eluinte pode ser modificado, conquanto que com isso aumente a concentração do íon competidor no eluinte.
- O tipo de íon competidor por si pode ser alterado, de maneira a introduzir um outro íon competidor mais poderoso no eluinte.

Os dois primeiros casos levam à formação de gradiente de concentração, enquanto que no último temos um gradiente de composição.

Os dois tipos de gradiente podem ser efetuados em processos contínuos ou por passos; em todos os casos porém teremos facilmente, na maioria dos processos de detecção, um deslocamento da linha básica.

Nesses casos um fator importante é a capacidade do supressor. Geralmente são empregados supressores de membrana que têm muito maior capacidade de troca.

Um outro tipo de gradiente é o isocondutivo. Emprega dois eluintes de diferente força, porém com a mesma condutância de fundo.

Um gradiente satisfatório pode ser produzido com um dos seguintes métodos:

Gradiente de concentração

- A concentração do íon competidor no eluinte pode ser aumentada durante a separação .
- O pH do eluinte pode ser modificado conquanto que, com isso, aumente a concentração do íon competidor no eluinte.

Gradiente de composição

- O tipo de íon competidor por si pode ser alterado, de maneira a introduzir um outro íon competidor mais poderoso no eluinte.

Gradiente isocondutivo

- Emprega dois eluintes de diferente força, porém com a mesma condutância de fundo.

Esses gradientes podem ser efetuados em processos contínuos ou por passos. Porém teremos, na maioria dos processos de detecção, um deslocamento da linha básica. A figura 6.11 apresenta um cromatograma obtido por gradiente de composição (Haddad p. 118). Nesses casos um fator importante é a capacidade do supressor. Geralmente são empregados supressores de membrana, que têm muito maior capacidade de troca.

A figura 6.11 apresenta um cromatograma obtido por gradiente de composição (Haddad p. 118[3]).

Nesses casos um fator importante é a capacidade do supressor. Geralmente são empregados supressores de membrana que têm muito maior capacidade de troca.

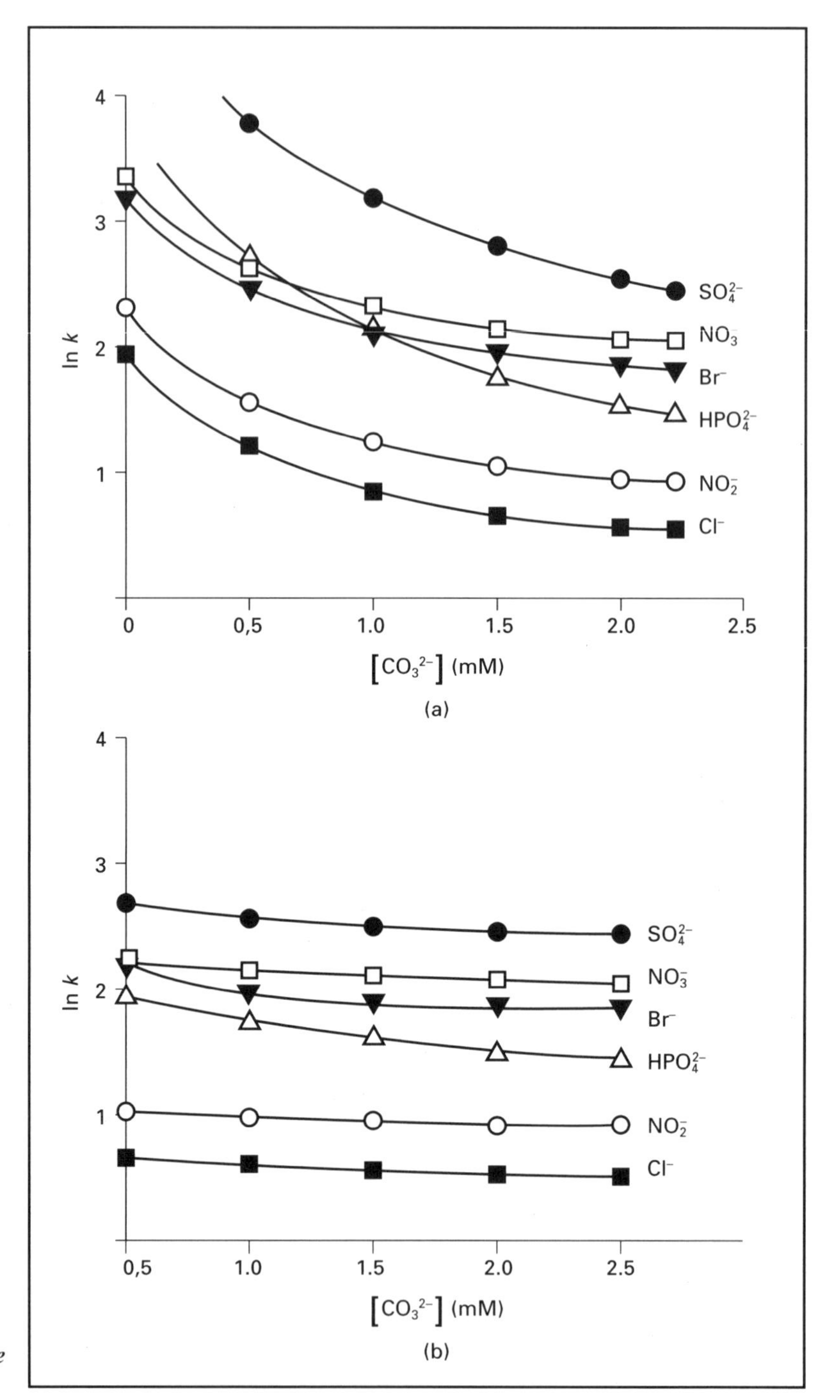

Figura 6.8
Variação da retenção de ânions em função da concentração do eluinte. (a) a concentração do bicarbonato mantida a 2,8 mM, (b) a concentração do íon carbonato mantida a 2,22 mM - Coluna Díonex HIPC-AS4

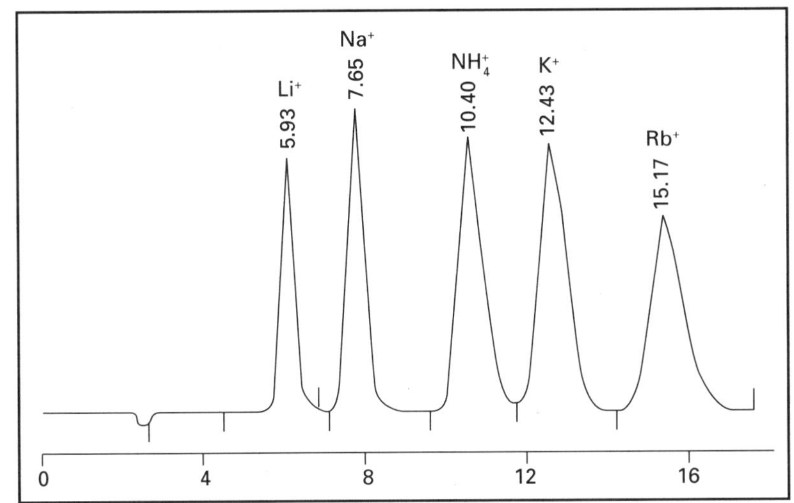

Figura 6.9
Separação de 1 ppm de litio,4 ppm de sódio, 10 ppm de amônio, 10 ppm de potássio e 20 ppm de rubídio - Fase móvel ácido nítrico 0,005 M

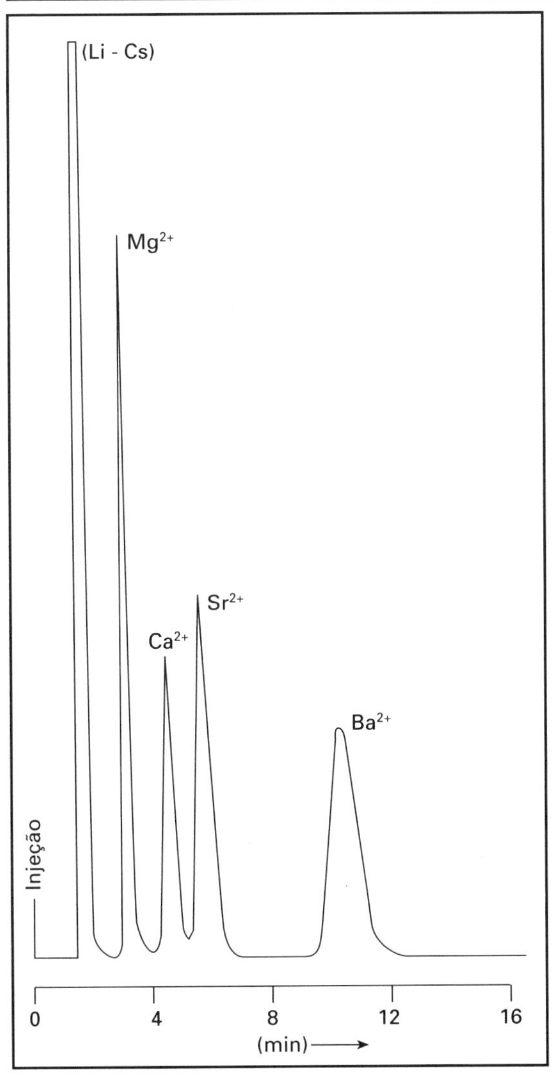

Figura 6.10
Análise de 3 ppm de magnésio, 3 ppm de cálcio, 10 ppm de estrôncio e 25 ppm de bário de metais alcalinos

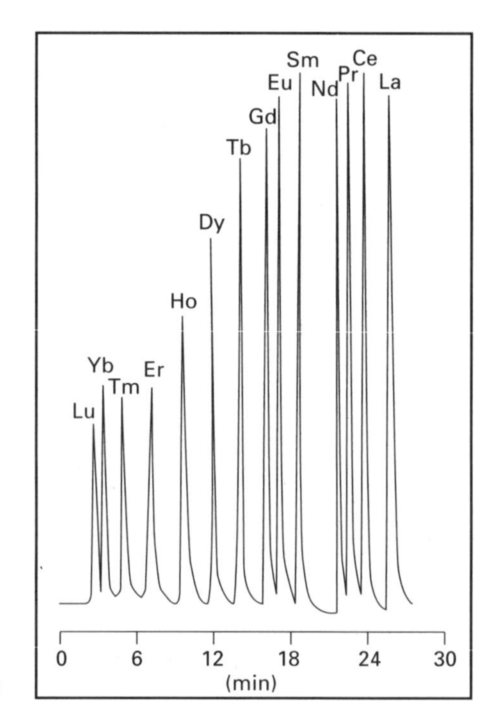

Figura 6.11
Cromatograma obtido por eluição por gradiente de concentração e reação pós coluna = Haddad, cit. p. 116 [3]

6.10 CROMATOGRAFIA DE ÍONS SEM COLUNA SUPRESSORA —SCIC— CROMATOGRAFIA DE ÍONS COM UMA COLUNA

6.10.1 Introdução

A análise de íons com uma coluna (Single Column Ion Chromatography - SCIC) é um desenvolvimento lógico da tecnologia da análise de íons (ânions e cátions). Por meio dessa técnica, não é necessário o emprego da coluna supressora, e a detecção é feita da mesma maneira do que com duas colunas.

Esse desenvolvimento foi possível no momento que foram introduzidas fases de baixa capacidade de troca, aliadas a fases móveis de baixa concentração e condutância.[7]

Soluções de sais de sódio ou potássio de ácidos fracos como o ácido benzóico, ftálico e outros, podem ser empregados com *fase móvel em soluções bem diluídas* - cerca 5 x 10-5 M até 4 x 10-3 M.

Nessas condições a condutância dos íons, por exemplo, cloreto, nitrato, fosfato, etc., é bem maior do que os ânions da fase móvel, e portanto eles podem ser detectados, porque a condutividade da solução eluida da coluna carregando o íon será maior do que a condutância fase móvel pura. Nessas condições o registrador mostrará o pico cuja área será relacionada, quantitativamente, à massa analisada.

A *concentração da fase móvel tem influência capital no tempo de retenção ajustado dos íons:* se fizermos um gráfico do log do tempo de retenção ajustado em função do log da concentração, obtemos uma reta.

Esse comportamento permite ajustar o tempo de retenção dentro de certos limites e é importante para a análise de ânions de diversas cargas.

A sensibilidade da análise por SCIC é da ordem de 1 ppm, podendo ser aumentada empregando-se fases móveis de menor condutância ou empregando técnicas de concentração prévia.

6.10.2 Teoria

Gjerde e Fritz verificaram que o tempo de retenção — fator capacidade — depende da capacidade de troca, porém, a seletividade, que é uma propriedade termodinâmica que depende unicamente das espécies iônicas envolvidas e da temperatura, não o é, fato extremamente importante para o desenvolvimento do método.

$$Constante = t'_B\,[eluinte]/Cap$$

$$t'_B = constante \times Cap\,/\,[eluinte] \qquad (e\ 39)$$

6.10.3 A separação cromatográfica

Empregando uma única coluna, SCIC, Fritz e seus colaboradores introduziram as seguintes inovações:

1 Uma coluna trocadora de ânions de baixa capacidade; entre 0,007 e 0,04 mequiv/g

2 Emprego de fases móveis em baixa concentração: soluções aquosas de sais de sódio, potássio ou sódio dos ácidos benzóico, ftálicos ou o sulfobenzóico em concentrações de 1×10^{-4} a 5×10^{-4} M .

3 O ânion da fase móvel é escolhido de maneira que esteja fortemente adsorvido na fase estacionária, o que induz a produção de baixos valores do coeficiente de seletividade e da constante da equação 339 .

Um tempo de retenção, para término de análise de íons, é fixado normalmente em cerca de 15 min.

A figura 6.12 mostra o diagrama de bloco de um *cromatógrafo de íons* operando pelo sistema SCIC.

Num *cromatógrafo de íons* precisamos, no mínimo, ter os seguintes componentes:

1 - Bomba para vazões até 2 ml/min

2 - Uma válvula de injeção, se possível automática

3 - Uma coluna separadora de dimensões convenientes

4 - Um detector para monitorar continuamente a saída da coluna

5 - Um registador/integrador para verificar a separação e quantificar as áreas dos picos.

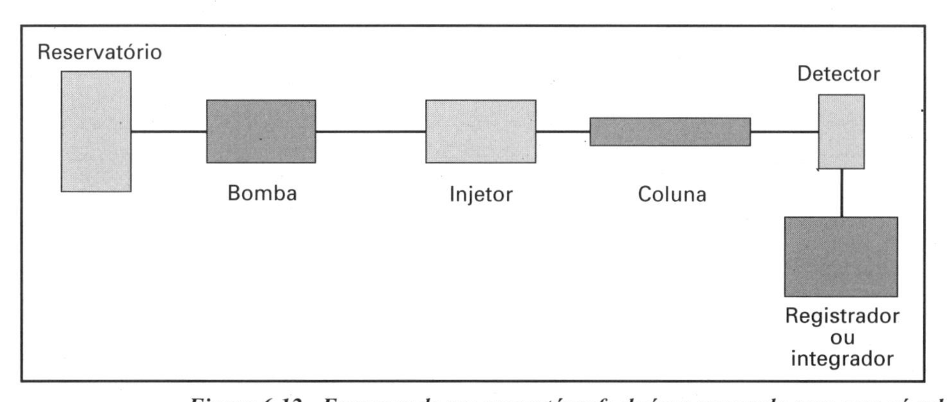

Figura 6.12 - Esquema de um cromatógrafo de íons operando com uma só coluna - SCIC

6.10.4 Explanação dos picos cromatográficos

Antes de se iniciar uma série de separações, a fase móvel tem que ser bombeada através da coluna, afim de se atingir o equilíbrio termodinâmico entre a fase estacionária e os constituintes da fase móvel. Nessas condições todos os centros ativos da resina trocadora de íon aniônica terão os seus ânions substituídos pelos ânions da fase móvel E^-.

Quando a amostra contendo sais de vários ânions M^+A^- , M^+B^- , M^+C^- etc., for injetada na coluna, os ânions são adsorvidos pela resina e trocadas pelos íons da resina E^-. Como o volume da amostra é pequeno, a troca inicial ocorre no topo da coluna e os íons da fase móvel E^- são liberados, e em seguida arrastados como uma zona que possui o mesmo volume da amostra injetada.

A zona contém os cátions dos sais envolvidos na análise e, além desses, os ânions da fase móvel que foram liberados. Essa zona viaja dentro da coluna com a mesma velocidade da fase móvel e, quando ela chegar no detector, será detectada na sua passagem.

Se a condutância desses íons for menor que a condutância da fase móvel, eles darão um pico negativo, e se a condutância for maior, então ele será positivo.

O pico produzido pelos íons dessa maneira é chamado de *pseudo - pico,* e ele sempre ocorre durante as análises empregando detectores de condutividade elétrica. Ele aparece sempre antes dos picos de análise e as vezes muito perto, porém, sempre é possível alterar as condições de análise de maneira a distanciá-lo do primeiro pico.

As figuras 6.13 e 6.14 mostram um exemplo de pseudo - picos positivos e negativos.

Após a saída do pseudo - pico, a linha básica se restaura rapidamente e pouco a pouco os ânions se movem dentro da coluna, de acordo com as leis do equilíbrio termodinâmico de troca iônica.

A concentração total dos cátions na solução é fixada pela concentração dos ânions do eluinte, porque os ânions do soluto somente podem entrar na fase de solução por retirada de um número equivalente de ânions eluintes.

A mudança da condutância quando um soluto da amostra passa pelo detector resulta da substituição de alguns ânions eluintes por ânions do soluto, apesar da concentração permanecer constante. Essa troca é diretamente proporcional à concentração da amostra e à diferença de condutância equivalente do ânion eluinte e a do ânion da amostra.

6.10.5 A natureza da fase móvel

A fase móvel deve ser escolhida cuidadosamente, principalmente quando o detector de condutividade for ligado diretamente à saída da coluna sem o emprego da coluna supressora.

De um modo geral, os principais sais empregados como fase móvel para a análise de ânions são

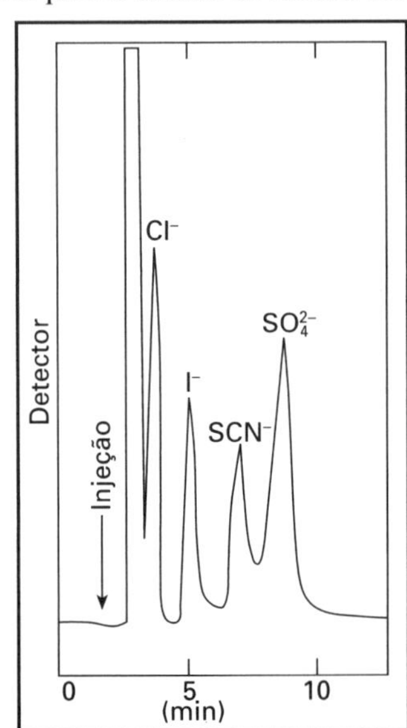

Figura 6.13
Separação de 7,7 ppm de cloreto, 29,5 ppm de iodeto, 28,6 ppm de tiocianato e 16.5 ppm de sulfato. ResinaXAD-1 44/77 micra. 0,007 mequiv/g. Eluinte - ftalato de potássio 1,0 x 10^{-4} pH =7,1

derivados de ácidos orgânicos mono - ou policarboxílicos. O ânion da fase móvel deve ter um coeficiente de adsorção suficientemente alto (coeficiente de seletividade), porém, capaz de efetuar trocas com os ânions analisados.

Dentro dos ânions bastante empregados, encontramos os do ácido benzóico, ftálico e outros. Como cátions pode-se empregar os íons de sódio, potássio, amônio ou hidrogênio.

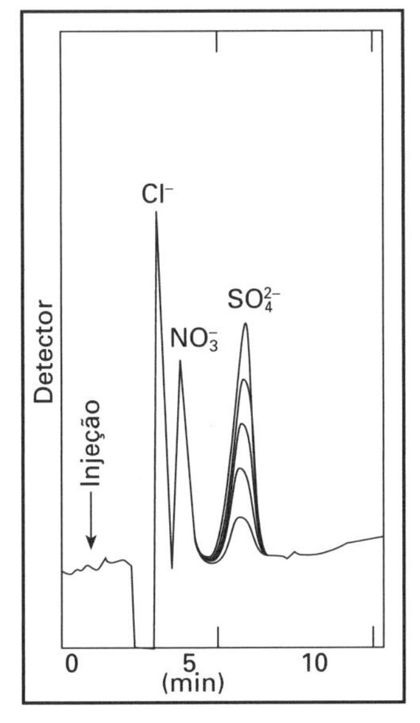

Figura 6.14
Separação de sulfato em diversas concentrações (2,75-13,75 ppm). Resina XAD-10,04 .mequiv/g; 5,0 x 10-4 m de ftálato de potássio pH=6,2

Geralmente o pH é mantido em valores de maneira a se trabalhar com o ácido totalmente ionizado, mesmo com ácidos dicarboxílicos, como é o caso do ácido ftálico.

Em outros casos, dependendo do ânion que deve ser eluído, o pH pode ser diminuído de maneira a manter parte do ácido não dissociado.

Quando a afinidade da resina pelo ânion da fase móvel for alta, isto é, o coeficiente de adsorção for alto, a concentração da fase móvel pode ser diminuída, pois a fase estacionária pode ser recoberta a baixos valores da concentração, fato explicado claramente pela equação de Langmuir.

Suponhamos uma superfície unitária da fase estacionária. A fração recoberta S será uma função do coeficiente de adsorção do ânion da fase móvel. Para um sistema de um único componente, ela será dada pela expressão:

$$S = K_a . C_a / (1 + K_a C_a) \qquad (e\ 42)$$

onde C_a e K_a correspondem à concentração e coeficiente de adsorção do ânion da fase móvel.

Para uma solução contendo diversos outros ânions, a expressão da equação de Langmuir deve ser posta sob a forma:

$$S = K_i C_i / (1 + K_a C_a + \Sigma K_i C_i) \qquad (e\ 43)$$

Pela análise da equação 42 — Ciola [8] — verifica-se que, se a concentração do ânion for alta ou o coeficiente de adsorção for alto, o termo do denominador torna-se igual a $K_a C_a$ e portanto a superficial ficará totalmente recoberta : $S = 1$.

Se o coeficiente de adsorção for baixo ou se a concentração o for, então a superfície recoberta será proporcional à concentração do ânion.

Nos casos intermediários valerá a própria equação.

A figura 6.16 mostra os três casos limites que podemos encontrar.

A equação 43 apresenta o caso mais importante da separação.

Se o coeficiente de adsorção da fase móvel for extremamente alto em relação a todos os outros constituintes do sistema, a equação 43 se torna igual ao caso anterior, onde tivemos uma cobertura total da fase estacionária pelos íons *a* .Nesse caso os ânions da amostra não ficarão retidos na superfície e portanto também não serão retidos na fase estacionária, não ocorrendo a separação. Eles migrarão com a mesma velocidade dos cátions.

Se o coeficiente de adsorção dos ânions da fase móvel for baixo, ou se o coeficiente de adsorção dos ânions da amostra forem altos, então a superfície ficará recoberta parcialmente por todos os ânions.

Nesse caso eles se movimentarão dentro da coluna, com uma velocidade inversamente proporcional ao seu coeficiente de adsorção. Por outro lado, a velocidade de movimentação será função da concentração da fase móvel.

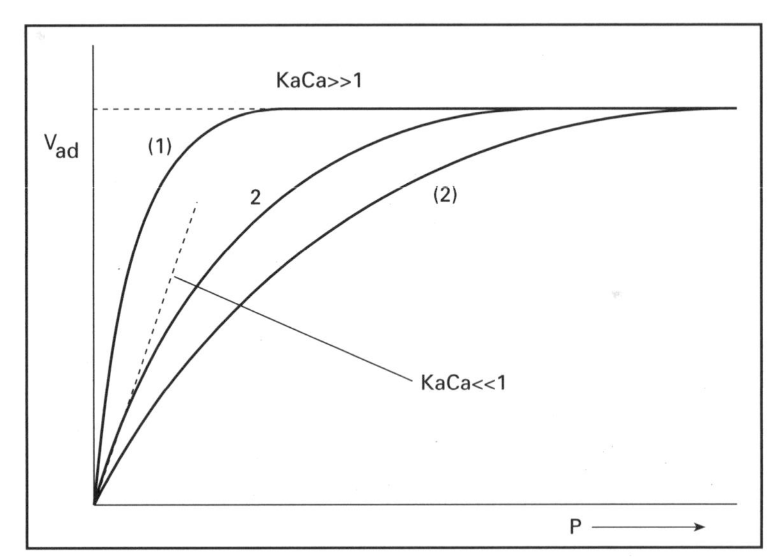

Figura 6.15
Casos limites da equação de Langmuir [8]

Quanto maior a concentração do ânion da fase móvel, maior será a cobertura da fase estacionária e portanto os ânions da amostra se movimentarão com maior velocidade.

O fenômeno envolvido é, portanto, controlado completamente pelos coeficientes de adsorção dos ânions envolvidos e pela cinética e termodinâmica da adsorção.

6.10.6 Principais fases móveis

As principais fases móveis empregadas na análise de ânions se caracterizam por terem ânions com uma condutância equivalente baixa. As tabelas 6.3 a 6.5 mostraram os valores de algumas espécies iônicas entre as quais a de diversos ânions inorgânicos e orgânicos.

De um modo geral, os ânions inorgânicos têm uma condutância equivalente em diluição infinita bem maior que os derivados de ácidos orgânicos, sejam eles mono ou policarboxílicos. Assim ácido benzóico, ácido o-ftálico, sulfobenzóico são bastante indicados na cromatografia de ânions como componentes da fase móvel, pois por terem baixa condutância equivalente permitem detectar os outros ânions eluídos que possuem uma condutância maior. A tabela 6.6 apresenta o tempo de retenção de diversos ânions inorgânicos, empregando uma resina XAD-1, de 0,04 mequiv/g com diferentes fases estacionárias.

Em alguns casos a condutância do íon analisado é menor do que a da fase móvel. Nesse caso os picos serão negativos — indicados pela letra *A*.

Em outros casos o ânion da fase móvel não é muito adsorvido e então os tempos de retenção são muito maiores; é o caso da análise quando se emprega percloratos ou malonatos, e mesmo para alguns ânions, como o benzoato e sulfobenzoato. A mesma tabela mostra o efeito do pH no tempo de eluição. Ele dependerá do maior ou menor grau de ionização do ácido empregado.

fase móvel	**benzoato**	**ftalato**	**ftalato**	**sulfo-benzoato**	**perclo-rato**	**malo-nato**
Conc. x 10^{-4}	5	5	5	5	5	6.5
pH	6,0	4,4	6,1	5,8	7,0	6,5
FLUORETO	2,8	0,9	-	0,0	a	A
CLORETO	3,9	1,3	0,7	0,7	5,8	4,2
NITRITO	4,8	1,4	0,8	13	A,3,8	-
BROMETO	6,3	2,1	1,3	1,1	8,6	4,0
NITRATO	7,2	2,2	1,4	1,3	9,4	6,7
SULFATO	b	16,4	4,4	3,3	B,	b
IODETO	b	6,35	-	5,4	b	-
TIOCIANATO	b	14,7	15,0	-	-	-
OXALATO	5,0	3,5	-	-	-	-

A - pico negativo ou múltiplo; B - tempo de retenção muito alto.

Tabela 6.6 - Tempo de retenção ajustado em min de diversos ânions inorgânicos empregando diferentes fases móveis

Se diminuirmos o pH, haverá repressão à ionização do ácido, o que equivale dizer que haverá uma menor concentração do íon do ácido livre e portanto uma menor cobertura da fase estacionária XAD-,1 fato que permitirá uma maior adsorção da espécie iônica que queremos analisar e portanto um maior tempo de retenção do íon analisado. O fenômeno é bem verificado ao se comparar os resultados das análises com ftalatos. O tempo de retenção a pH 4,4 é maior do que a pH 6,1.

BENZOATOS

Os benzoatos de sódio ou potássio estão entre os eluintes mais empregados na análise de ânions e empregando a técnica de uma coluna. Eles são empregados na separação de ânions do tipo de cloreto, fluoreto, nitrito, nitrato, acetato e outros ânions pouco adsorvidos pela coluna analítica.

Ânions bivalentes têm um coeficiente de adsorção alto, e portanto a separação poderá ocorrer somente com tempos de retenção às vezes proibitivos; é o caso do sulfato, tiocianato e perclorato.

A concentração normalmente empregada pode estar entre os valores de 1,0-5,0 x 10- 4 molar. A figura 6.16 mostra uma separação efetuada com benzoato.

FTALATOS

As soluções de ftalato de potássio empregadas como eluintes são facilmente preparadas, dissolvendo-se o hidrogênio ftalato de potássio em água e ajustando o pH entre 6,1 e 7,0. Nestas condições serão encontrados dentro da solução, com predominância, os íons ftalato 2–.

O ftalato é um íon mais adsorvido do que o benzoato, e portanto pode ser empregado para a análise de ânions mais difíceis, tal seja os bivalentes e outros de alta adsorção como seriam os íons iodeto, perclorato e tiocianato.

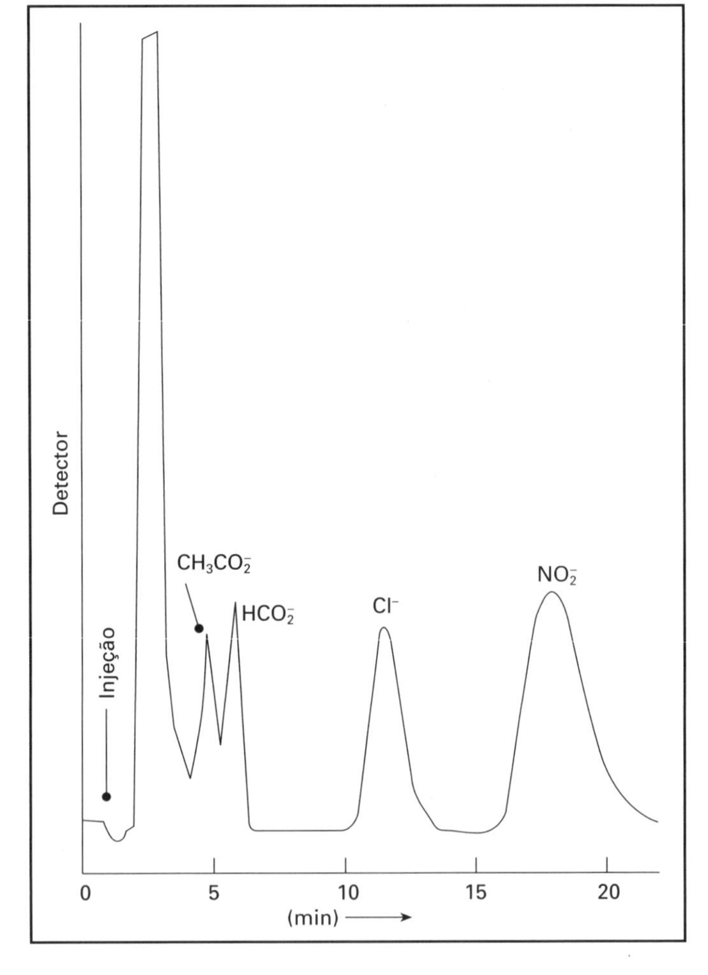

Figura 6.16
Separação de alguns ânions empregando benzoato de potássio 5,0 x 10-4 molar - pH 6,25 - Coluna Vidac SC - Anion exchange

A capacidade de eluição dos íons benzoato e ftalatos se superpõe e em inúmeros casos pode ser empregado indistintamente.

Posteriormente serão discutidos ainda outras aplicações do ftalato.

CITRATO

O citrato, por ser tricarboxílico, tem um alto coeficiente de adsorção em resinas trocadoras de íons aniônicas e portanto pode ser usado em diversas aplicações. Aplicações foram feitas com resinas XAD-1 aniônicas com funcionalidade de íons amônio secundário e quaternário. A tabela 6.7 apresenta a análise de alguns ânions comparadas ao ftalato em 2 pH diferentes.

A ordem de eluição dos ânions em presença de citratos é a mesma do que a encontrada com ftalatos, porém a sensibilidade é menor do que quando empregamos ftalatos ou benzoatos.

A sensibilidade pode ser aumentada se após a coluna de separação conectarmos uma coluna trocadora catiônica na forma iônica. Haverá uma supressão da ionização do citrato com a conseqüente diminuição de sua condutividade equivalente.

pH	CITRATO 7,0	FTALATO 4,5	FTALATO 6,5
CLORETO	1,75	1,4	0,0
BROMETO	2,75	2,30	0,0
NITRATO	3,25	3,00	0,0
FOSFATO	5,0	-	-
SULFATO	12,25	12,0	5,00

Tabela 6. 7
Tempo de retenção ajustado em resina XAD-1 - Capacidade de 0,009 mequiv / g
Fase móvel a 5 x 10 $^{-5}$ M

ÁCIDO BENZÓICO

O ácido benzóico tem uma constante de ionização, $Ka = 6{,}25 \times 10^{-5}$. Com esse valor de Ka, mostra-se que uma solução $1{,}25 \times 10^{-3}$ molar esta cerca de 20 % ionizada e portanto a concentração de íons benzoato é da ordem de $2{,}50 \times 10^{-5}$ molar. Nessas condições o ácido benzóico se comporta como um benzoato e efetua as mesmas separações .

A eluição de um ânion da amostra A– da resina envolve uma troca 1:1 com o íon benzoato, de acordo com o equilíbrio

$$\begin{array}{c} HB_z \\ \upharpoonleft\downharpoonright \\ R\text{–}A^- + H^+ + B_z^- \end{array} \rightleftarrows R\text{–}B_z^- + H^+ B_z^-$$

Assim, a concentração do íon A- num pico de eluição reduz a concentração do íon benzoato pela mesma quantidade. Entretanto, como o equilíbrio de dissociação é dinâmico, parte do ácido benzóico se ionizará sempre em 20%. Isso significa que essa quantidade estará sob forma de íons hidrogênio e benzoato. Esse efeito aumenta a sensibilidade, pois o contra - íon de A será o íon hidrogênio de condutância equivalente de 350 ms. A fim de evitar deslocamento da linha básica, é necessário que a amostra seja injetada no mesmo pH da solução da fase móvel.

Um inconveniente do ácido benzóico como fase móvel é o tempo extremamente longo de estabilização, provavelmente devido à adsorção lipofílica do ácido sobre a resina trocadora de íons.

O emprego de solução de ácido benzóico saturada com álcool benzílico é uma boa solução para o deslocamento da linha básica. Nessas condições o álcool benzilico compete com os centros de adsorção, inibindo a adsorção do ácido benzóico.

6.10.7 Eluintes básicos

Os eluintes acima são bons para a análise de ânions de ácidos inorgânicos e alguns orgânicos bastante fortes.

Quando se necessita a análise de ácidos fracos, por exemplo cianeto, borato, arsenito e silicatos, que somente existem como ânions em soluções básicas de pH cerca de 2 unidades acima do valor do *pKa*.

Para esses ânions, logicamente deve-se utilizar como eluintes soluções básicas. O emprego de soluções de benzoatos ou ftalatos alcalinos têm como resultado um aumento de picos negativos, devido ao fato de ser uma operação com duas espécies de íons. Empregando resinas de baixa capacidade, os ânions podem ser separados empregando-se soluções diluídas de hidróxidos.

Soluções de hidróxido de sódio e fenolato de sódio foram usadas com sucesso, porém, outros compostos podem ser usados. Ao empregarmos soluções de hidróxidos, os picos podem aparecer negativos, porque o íon hidroxila é mais móvel do que outros ânions. Apesar disso, a área do pico continua a ser proporcional a quantidade analisada e a sensibilidade é melhor do que em soluções ácidas. A figura 6.17 apresenta uma análise empregando soluções alcalinas como fase móvel.

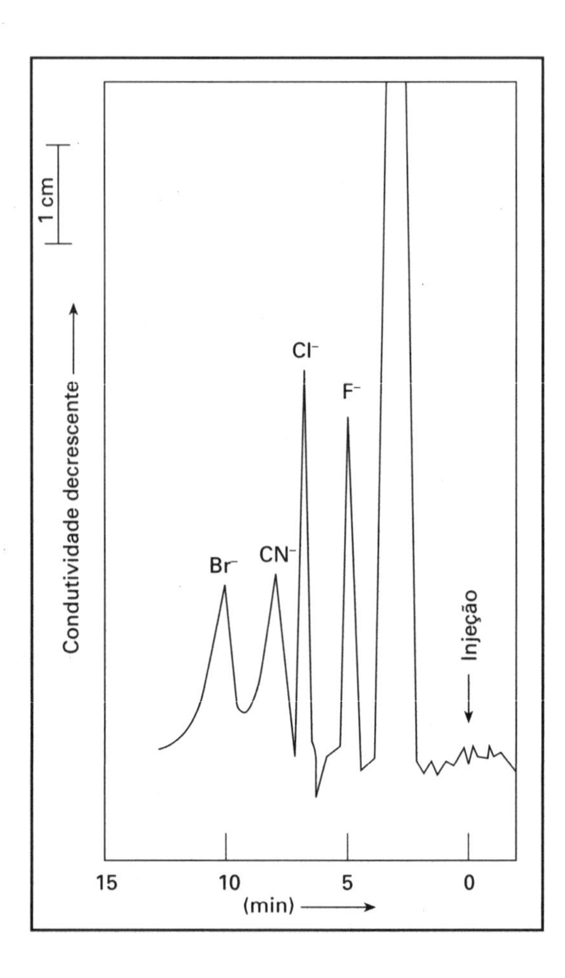

Figura 6.17
Separação de 1.8 ppm de fluoreto, 2,8 ppm de cloreto, 5,9 ppm de brometo - Resina XAD-1 0,023 mequiv/g , eluinte NaOH 1,0 x 10^{-3} molar

6.10.8 Efeito da concentração da fase móvel

Suponhamos a equação geral da troca iônica na qual se leva em conta a diferença de cargas entre os ânions da amostra e os da fase móvel.

$$yR\text{–}A^{-x} + xB^{-y} \rightarrow R_y\text{–}B^{-y} + yA^{-x} \qquad (e\ 44)$$

onde x é a carga do ânions A e y é a carga do ânions B.

A equação de equilíbrio será.

$$(t')^{x} = (constante)\ (cap)^{y} / [eluinte]^{y} \qquad (e\ 45)$$

Passando para a forma logarítmica teremos:

$$\log t' = (-y/x) \log [eluinte] + (y/x) \log (Cap) - constante \qquad (e\ 46)$$

A equação prevê, que para uma resina de mesma capacidade, quando plotamos o logaritmo do tempo de retenção corrigido em função do logaritmo da concentração do eluinte, teremos uma reta cujo coeficiente angular será a relação das cargas –y/x. As figuras 6.18 e 6.19 mostram o que foi discutido empregando uma resina de 0,007 mequiv/g e uma resina Vidac SC.

O coeficiente angular para ânions monovalentes é bem próximo de –1, mostrando que a adsorção é feita pelo íon monovalente. Ânions como o hidrogênio fosfato dão um coeficiente angular próximo de 2.

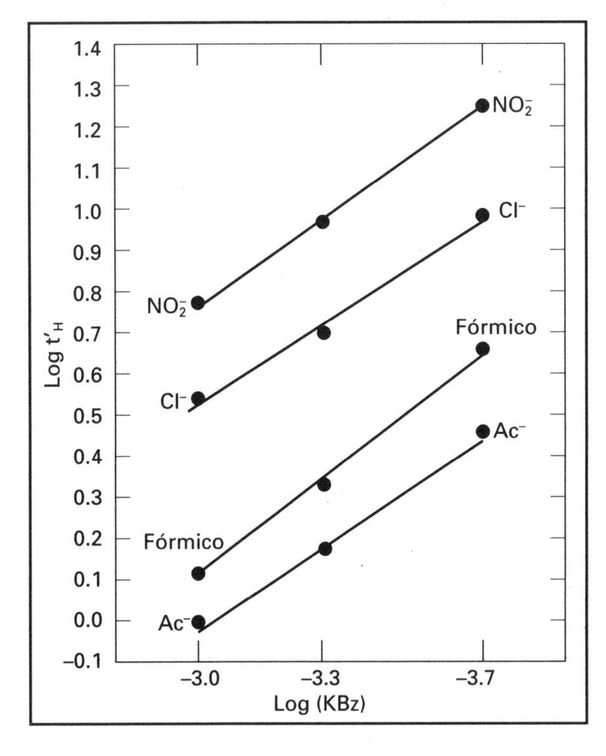

Figura 6.18
Efeito da concentração da fase móvel no tempo de retenção corrigido de alguns ânions. Solução de benzoato de K 0,007 mequiv / g em XAD-1 . Col. Vidac SC trocadora de ânions

A inclinação do bicarbonato é muito baixa, provavelmente devido ao fato de estar em equilíbrio com o ácido carbônico molecular, fato que permite, para certas concentrações da fase móvel, sua análise antes dos outros ânions.

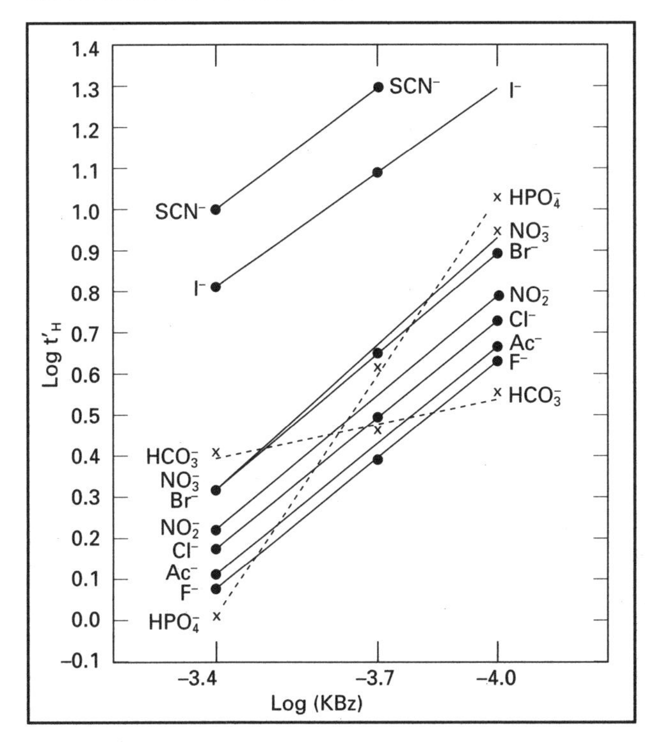

Figura 6.19
Efeito da concentração de benzoato de potássio no tempo de retenção corrigido de alguns ânions. Coluna Vidac SC trocadora de ânions

6.10.9 Efeitos da capacidade da resina

A equação acima, para concentrações constantes da fase móvel, pode ser modificada para a forma:

$$(t)'^{x} = (Cap)^{y}\ (Constante) \qquad (e\ 47)$$

Quando os dois ânions tiverem a mesma carga $y = x$ e então um gráfico de t' contra a capacidade deve ser linear. Se x for diferente de y então a curva deve ser exponencial.

A figura 6.20 mostra o comportamento de diversos ânions com resinas de diferentes capacidades. Em alguns casos o comportamento é completamente linear enquanto que em outros não o é. Valores baixos da concentração levam a tempo de retenção também baixos o que à vezes dificulta a quantitativa. Por outro lado, os coeficientes de atividade são independentes da capacidade da resina, como é de se esperar pela termodinâmica.

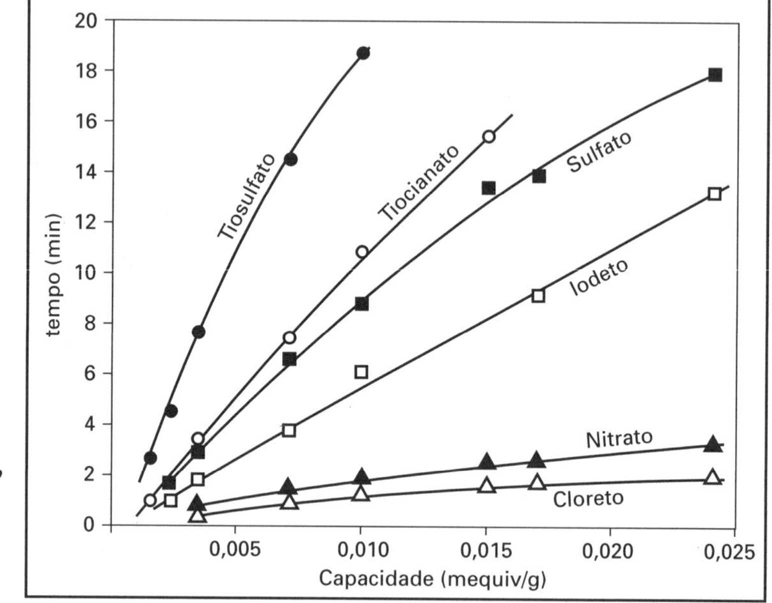

Figura 6.20
Tempo de retenção ajustado de ânions em resinas de diversas capacidades.
FM - Ftalato de potássio, 1,00 M - pH = 6,75

6.11 ANÁLISE DE CÁTIONS POR CROMATOGRAFIA DE ÍONS COM UMA COLUNA

6.11.1 Introdução

O sucesso da análise de ânions com uma coluna — SCIC —, levou ao emprego desta mesma técnica na análise de cátions.

Novamente as resinas ou as fases estacionárias empregadas na análise devem ser de baixa capacidade e a fase móvel deve ser também extremamente diluída, de maneira a se ter uma baixa condutância que permita a determinação sensível dos cátions eluídos.

A figura 6.21 mostra uma separação de cátions efetuada com uma resina poli(estireno-co-divinilbenzeno) sob a forma sulfônica e como fase móvel ácido nítrico 0,00125 molar.

6.11.2 Fases estacionárias

DERIVADOS DO POLI (ESTIRENO-CO-DIVINILBENZENO)

A maioria das colunas empregadas na análise de cátions são derivadas da resina poli (estireno-co-divinilbenzeno). As variações estão quase sempre na quantidade do agente cruzante, que vai de 4 até 8% e na técnica de fabricação para se chegar a valores convenientes da área de superfície diâmetro da partícula e distribuição de diâmetro de poro.

A sulfonação é feita de maneira a se chegar a capacidades extremamente baixas, da ordem de alguns centésimos de mequiv/g.

Valores altos de capacidade requerem eluintes de maior concentração para se poder efetuar a análise em tempos satisfatórios, com boa resolução dos picos. Por outro lado, alta concentração dos eluintes significa alta condutância e portanto *menor* sensibilidade de detecção, o que não é conveniente.

6.11.3 Fases móveis

SOLUÇÕES ÁCIDAS E COM SAIS

Soluções contendo íons hidrogênio, por exemplo, de ácido nítrico ou ácido perclórico, são eficazes na análise de íons de metais alcalinos e amônio.

Os ácidos sempre, têm que ser puros e principalmente isentos de íons de metais bivalentes, pois estes têm um coeficiente de adsorção alto e ficam adsorvidos na coluna, desativando-a .

Esses eluintes não servem, portanto, para analisar metais alcalinos terrosos. Para estes é conveniente

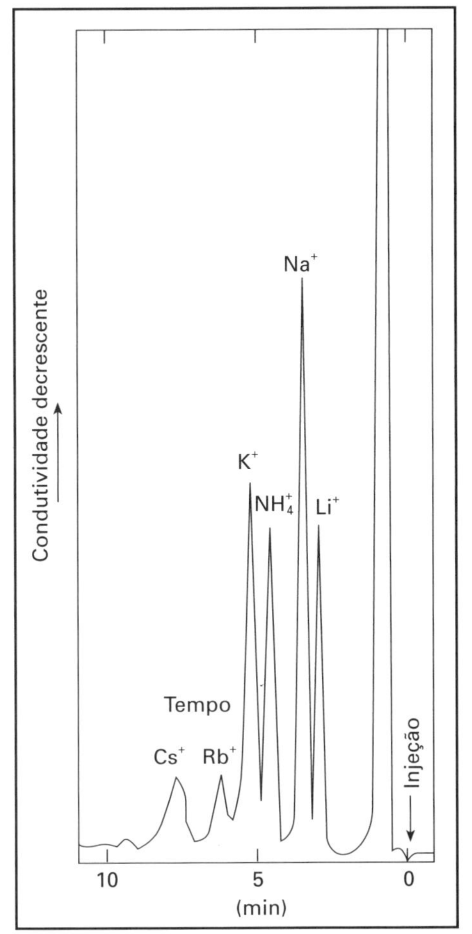

Figura 6.21
Análise de cátions com resina BN-X4 com capacidade de 0,017 mequiv / g Concentração dos íons entre 0,087 ppm lítio e 0,86 ppm para o césio

modificar a fase móvel, com a introdução de sais de uma amina, por exemplo m-fenilenodiamina

Apesar de serem indicadas, as aminas têm que ser empregadas com cuidado, porque se oxidam facilmente e os produtos de oxidação ficam retidos na fase estacionária desativando-a. As soluções de m-fenilenodiamina não servem para a análise de cátions monovalentes.

Na separação de cátions os picos estão na realidade com sinal invertido, porque na saída da coluna haverá uma diminuição da condutividade, face à condutividade da solução ácida que é maior.

Da mesma maneira que *na cromatografia de ânions*, aparecem na análise de cátions os pseudo - picos, provenientes da substituição dos cátions da fase móvel adsorvida pelos cátions que estão analisados, os quais se movimentarão na coluna como um plugue que viaja com a velocidade do solvente. O pseudo-pico também aqui poderá ser positivo ou negativo, de acordo com as condutâncias dos ânions da amostra e da fase móvel que foram liberados.

Após a sua saída, a linha básica se restaura rapidamente ao valor normal da fase móvel.

A resposta do detector será como sempre proporcional à concentração do cátion analisado e da diferença entre as condutâncias deste e o da fase móvel.

6.11.4 Soluções complexantes

A separação de cátions somente é possível quando a adsorção é suficiente fraca, de maneira a permitir a sua movimentação na coluna cromatográfica por trocas sucessivas com os cátions da fase móvel. Quando o coeficiente de adsorção for muito alto, os íons hidrogênio não conseguem substituí-los e eles permanecem continuamente adsorvidos no topo da coluna.

A introdução de sais de, por exemplo, m-fenilenodiamônio, torna esses cátions fortemente adsorvidos nos centros ácidos sulfônicos e permite que haja competição reversível entre os cátions dos metais, os cátions de hidrogênio e os da amina. A superfície recoberta por cada um deles será função do valor do produto da concentração dos íons, no local, pelos respectivos coeficientes de adsorção, conforme foi discutido anteriormente ao ser tratada a equação de Langmuir.

A recobertura da superfície e portanto a retenção do cátions sobre ela será tanto maior quanto maior for o produto do coeficiente de adsorção pela concentração, porém, pela equação de Langmuir, ela vai depender dos outros íons.

Uma outra maneira de se obter menor adsorção pode ser aplicando a mesma equação ,isto é, diminuindo o produto $K{\cdot}C$ pela diminuição da concentração do íon. A diminuição da concentração pode ser efetuada com o auxilio de um cátion complexante brando, que entrará no equilíbrio por competição com o cátion.

6.11.5 Equilibrios termodinâmicos envolvendo complexantes e cátions polivalentes

A operação com fases móveis contendo agentes complexantes na análise de cátions bivalentes provoca um aumento da complexidade termodinâmica. Os principais equilíbrios encontrados entre a resina, cátions analisados, complexante, cátions de aminas introduzidos e os íons do solvente empregado como fase móvel (água) são os seguintes:

Representando a resina na sua forma ácida pelo símbolo *RH*, *M* o cátion bivalente, EnH_2 o cátions da amina empregada com a sua carga +2, e por *L* o agente complexante, isto é, o ligante com carga -2, *ML* o complexo formado entre o cátions e o ligante, podemos representar no mínimo os seguintes equilibrios:

M + L	→	ML	1
2 RH + M	→	R2M + 2H+	2
2 RH + EnH	→	$R2En + 2H^+$	3
$R2EH_2^{++} + M$	→	$R2M + EnH_2^{++}$	4
H+ + OH–	→	H_2O	5
E + 2 H+	→	EH_2^{++}	6

A constante de equilíbrio para a reação 2 é alta e, na ausência de outros cátions competidores, os íons M tendem a ficar estacionados na superfície da resina, isto é, tempo de retenção extremamente longo, praticamente não movendo-se dentro da coluna. A constante de equilíbrio para a reação 3 é alta, porém geralmente inferior a da reação 2.

A constante de equilíbrio da reação 1 deve ter um valor que permita a existência de íons do metal na solução de maneira que as outras reações possam prosseguir, como é o caso da reação 2, que envolve a adsorção na resina. Se a constante da reação 2 fosse alta, não teríamos a possibilidade de adsorção, o que equivale a dizer que os íons viajariam com a velocidade da fase móvel.

O equilíbrio da equação 3 mostra que a concentração do ligante, na forma reativa iônica no meio reacional, depende da concentração dos íons hidroxônio da fase móvel, isto é do pH do meio. O mesmo ocorre com a reação 6, que, em ultima análise, vai depender do pK do ácido considerado EnH_2.

Neste tipo de separações o pH da solução tem portanto um papel extremamente importante, e ele deve ser controlado e medido antes da análise considerada. A eficiência da análise de cátions envolvendo agentes complexantes envolve, portanto, as seguintes variáveis:

pH
CONCENTRAÇÃO E NATUREZA DO COMPLEXANTE
CONCENTRAÇÃO E NATUREZA DA AMINA EMPREGADA
NATUREZA DA FASE ESTACÍONÁRIA
CAPACIDADE DA FASE ESTACÍONÁRIA QUE DEVE DE SER BAIXA
TEMPERATURA

A superfície recoberta na fase estacionária, num determinado ponto, será dada portanto pelas concentrações de equilíbrio do sistema definido pelas equações acima, e pêlos valores das constantes de adsorção definidas pela equação de Langmuir para sistema de múltiplos constituintes, competindo com a área superficial da fase estacionária.

A área recoberta pelos íons metálicos = $KmCm / \{1 + KmCm + \sum (KiCi)\}$
onde Km e Cm são, respectivamente o coeficiênte de adsorção e concentração do metal, e Ki e Ci são os coeficientes de adsorção e concentrações dos outros componentes do sistema que estão competindo com a fase estacionária.

Essa área deve ser mantida num valor conveniente, pois se ela for alta, os íons metálicos não se moverão dentro da coluna .

A tabela 6.8 apresenta a variação do tempo de retenção corrigido de alguns íons em função do pH da fase móvel. A figura 6.22 apresenta a separação de íons metálicos empregando essa técnica.

Tabela 6.8
Variação do tempo de retenção corrigido com o pH da fase móvel. Tartarato de etileno di amônio 0,0020 molar.

TEMPO DE RETENÇÃO min.						
Íon metálico pH →	3.0	3.5	4.0	4.5	5.0	6.0
Mg(II)	1.6	2.8	2.7	2.7	2.6	3.0
Zn(II)	3.3	2.8	2.3	1.8	1.6	3.0
Co(II)	3.7	3.3	2.9	2.7	2.5	3.2
Mn(II)	4.2	3.8	3.8	3.6	2.5	5.2
Cd(II)	5.2	4.7	4.7	4.0	4.2	6.2
Ca(II)	7.5	7.3	6.5	5.9	5.8	5.5
Sr(II)	11.8	11.8	10.8	10.1	9.8	10.7

A tabela 6.9 apresenta os tempos de retenção corrigidos de diversos cátions empregando complexantes tartaratos e alfa-hidroxibutirratos de etilenodiamônio.

Tabela 6.9
Tempo de retenção de cátions com eluinte de alfa-hidroxibuterrato de etilenodiamônio $2{,}0x10^{-3}$ M a diversos pH.

Tempo de retenção ajustado				
Íon	pH	3,0	4,0	5,0
Mg(II)		2,8	2,7	2,6
Zn(II)		3,5	3,2	2,9
Co(II)		3,5	3,5	3,4
NI(II)		3,7	3,5	3,4
Mn(II)		3,9	3,9	3,7
Cd(II)		5,1	5,1	3,8
Ca(II)		7,2	6,9	6,7
Sr(II)		11,0	10,7	10,5
Ba(II)		31.5	30.5	-

A tabela 9.10 apresenta para diversos cátions a variação do tempo de retenção com a concentração do tartarato

A figura 6.23 apresenta a análise de lantanídeos empregando esses dois complexantes.

A grande variável, nesse caso, reside na composição da fase móvel:

Tabela 6.10
Tempo de retenção ajustado para diversas concentrações de Tartarato pH=4,5, etilenodiamônio $2x10^{3}$ molar

TARTARATO em mM					
Íon	conc.	0,0	1,0	2,0	4,0
Mg(II)		2,7	2,5	2,7	2,5
Zn(II)		3,2	2,1	1,8	1,3
Co(II)		3,7	3,0	2,7	2,1
NI(II)		3,75	2,5	2,1	1,6
Mn(II)		3,75	3,5	3,6	3,3
Cd(II)		5,2	4,3	4,0	3,4
Ca(II)		7,2	5,9	5,9	4,7
Sr(II)		11,2	9,9	10,0	8,3
Pb(II)		-	11,1	7,1	4,1
Ba(II)		34.1	30.6	30.6	25.1

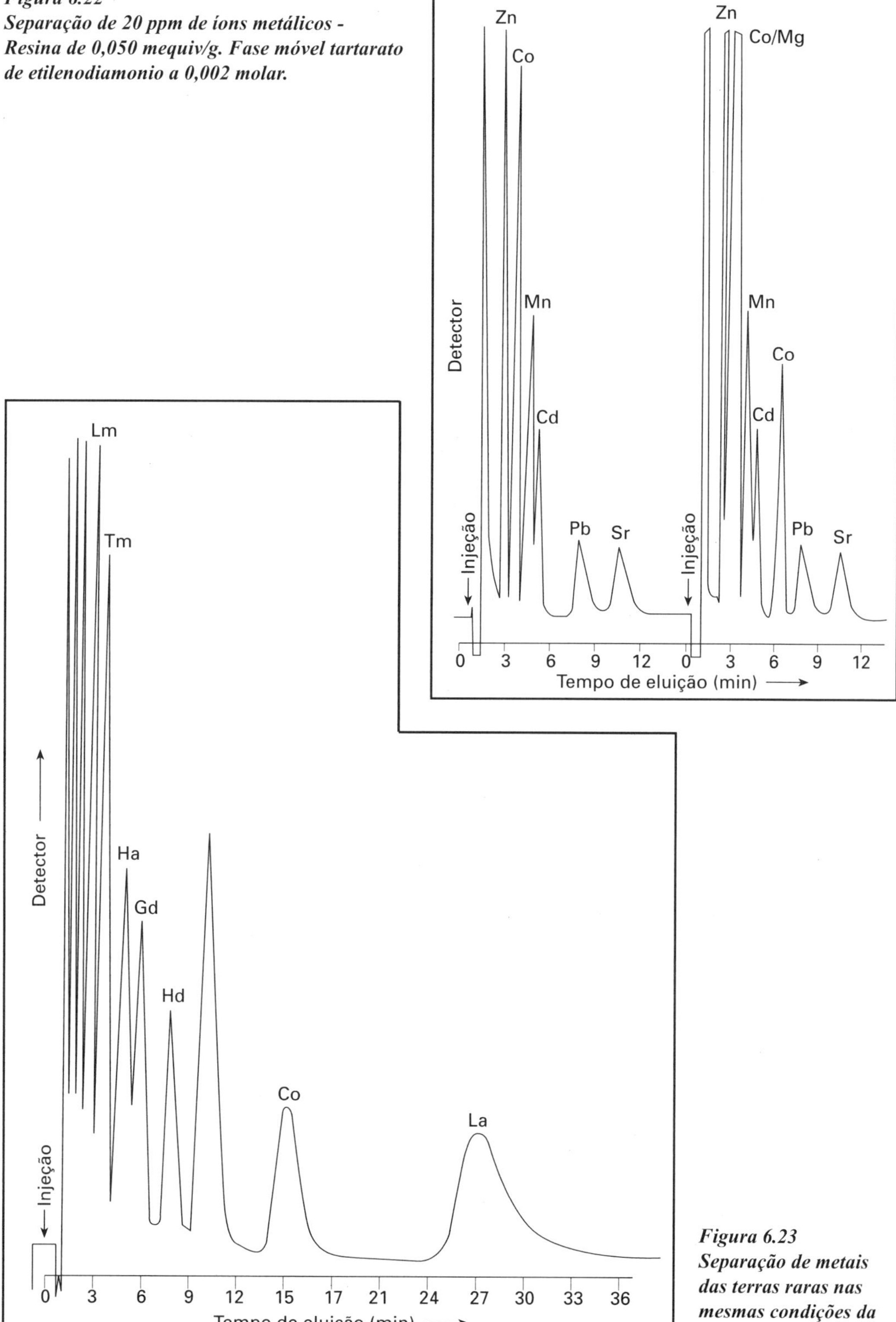

Figura 6.22
Separação de 20 ppm de íons metálicos - Resina de 0,050 mequiv/g. Fase móvel tartarato de etilenodiamonio a 0,002 molar.

Figura 6.23
Separação de metais das terras raras nas mesmas condições da fig. 6.22

6.12 CROMATOGRAFIA POR INTERAÇÃO IÔNICA

6.12.1 Introdução

A análise de compostos iônicos, como foi visto anteriormente, pode ser efetuada com colunas trocadoras de íons com resultados bem satisfatórios, e também, com convencionais não polares, normalmente empregadas na análise de compostos não ionizados. Essas colunas são, geralmente, de fases estacionárias não polares, por exemplo C18 ou semelhantes.

Ela é constituída por soluções aquosas de um tampão com sais de amônio quaternário, ou de ácidos parafina sulfônicos, por exemplo, butano sulfônico, pentano sulfônicos chegando até octano sulfônicos. Ao solvente pode-se adicionar, também, em muitos casos um co-solvente, por exemplo metanol, acetonitrila, etc.

Em todos os casos de aplicações dessa técnica deve-se operar a valores de pH convenientes para os ácidos ou bases que serão analisados na sua forma iônica.

Esta técnica é chamada normalmente de *cromatografia por interação iônica, cromatografia ion-par (íons pair chromatography-ipc), cromatografia por pareamento íonico (cpi) ou paired ions cromatography (pic), cromatografia com trocadora de íons líquida e cromatografia de sabão.*

6.12.2 Reagentes mais empregados na cromatografia por pareamento íonico (Ion Interaction Reagents - IIR)

Os principais reagentes empregados na CROMATOGRAFIA por pareamento ÍONICO são os seguintes:

REAGENTES (IIR)	TIPO	UV
FOSFATO DE TETRABUTILAMÔNIO (0,005 M,pH=7,5)	A	240+
ÁCIDO PENTANO SULFÔNICO, (0,005 M, pH 3,5)	B5	240+
ÁCIDO HEXANO SULFÔNICO,(0,005M, pH 3,5)	B6	240+
ÁCIDO HEPTANO SULFÔNICO (0,005 M, pH 3,5)	B7	240+
ÁCIDO OCTANO SUILFÔNICO (0,005 M, pH 3,5)	B8	240+
HIDROGÊNIO SULFATO DE TETRABUTILAMÔNIO (0,005 M, pH = 7,5)	A	200 +
OS MESMOS ÁCIDOS SULFÔNICOS ACIMA, PORÉM COM PUREZA QUE PERMITE A ANÁLISE A COMPRIMENTOS DE ONDA ACIMA DE 200 nm.		

Os principais reagentes empregados em *cromatografia de interação iônica*, são *aniônicos, reagentes A* ou *catiônicos (ácidos sulfônicos) reagentes B*; eles têm portanto as mesmas características dos grupos ligados nas resinas trocadoras de íons porém, *eles estão e fazem parte da fase móvel.* Esses reagentes são escolhidos de maneira que sua estrutura não interfira na detecção no ultravioleta, pois esta técnica de detecção é a mais empregada na CPI.

6.12.3 Mecanismos

A separação por IIR pode ser explicada por três mecanismos, todos eles bastante satisfatórios. A técnica de per si é uma das mais versáteis e sua aplicação é de caráter geral.

Os compostos iônicos requerem alguns cuidados especiais para efetuar a sua análise, pelo fato que o equilíbrio de dissociação deve ser deslocado para o sentido de totalmente ionizado ou para o sentido de moléculas não dissociadas.

A existência de uma espécie (iônica ou molecular), somente pode ser quantitativa pelo ajuste do pH do meio ambiente *para valores que estejam de 2 unidades longe do valor do pK.*

Para a sua separação por cromatografia em fase reversa, eles devem estar sob uma forma não iônica, isto é, eles devem se comportar como se fossem não iônicos e não ionizáveis.

A ionização de espécies básicas, ácidas ou anfotéricas segue sempre o equilíbrio:

IÔNICO $\rightleftarrows$ NÃO IÔNICO

A força relativa das espécies iônicas dependerá dos valores do pK de dissociação, existindo os seguintes equilíbrios para os ácidos e para as bases.

Nos ácidos temos a dissociação descrita pela equação:

$$R\text{–}COOH + H_2O \rightleftarrows H_3O^+ + R\text{–}COO^-$$

para a qual vale o valor de pK.

Se a forma ativa for a não dissociada, então esta será possível de ser analisada diretamente por *cromatografia em fase reversa.*

Se ela for iônica, não será possível a não ser que sua carga seja modificada por algum processo.

Para as bases temos o seguinte equilíbrio:

$$R\text{–}NH_2 + H_2O \rightleftarrows R\text{–}NH_3^+ + OH^-$$

Por oportuno ajuste do pH se forçará a existência de uma das duas formas, permitindo a formação de espécies iônicas ou de espécies moleculares.

A técnica que permite a eliminação da forma dissociada é chamada de *supressão iônica,* e é empregada somente com os ácidos ou bases fracas, pois os fortes precisam de pH inferior a 2 ou superior a 8, região está que está fora do território de trabalho da maioria das fases reversas derivadas da sílica.

Ácidos e bases fortes não podem ser separados por pareamento de íons, porque permanecem iônicos na faixa de pH de 2 a 8, ou as vezes maior.

Três modelos explicam satisfatoriamente a separação por pareamento iônico:

6.12.4 Modelo por pareamento na fase móvel

Nesse caso a introdução, na fase móvel, de um contra-íon caracterizado por ter uma região da sua estrutura fortemente lipofílica ligada a um grupo iônico (catiônico ou aniônico).

Esse íon, segundo esse modelo, forma um íon par com o íon que está sendo analisado. Esse íon par, comporta-se como se fosse uma molécula neutra e portanto ele é separado pelas técnicas usuais da partição cromatográfica com colunas não polares - fase reversa.

Os seguintes equilíbrios são postulados por esse mecanismo:

Para os ácidos temos

$$R\text{–}COO^- \ (pH\ 7{,}5) + A^+ \rightleftarrows [R\text{–}COO^{-+}A]\ \{NEUTRO\}$$

Para as bases temos

$$R\text{–}NH_3^+ \ (ApH\ 3{,}5) + B^- \rightleftarrows [R\text{–}NH_3^{+-}B]\ \{NEUTRO\}$$

6.12.5 Modelo de troca iônica na superfície

Ele sugere que a parte lipofílica do íon introduzido na fase móvel é adsorvido pela fase estacionária, deixando a sua cabeça iônica exposta na superfície.

O recobrimento da superfície segue as equações de Langmuir e portanto será tanto maior quanto maior for a concentração do íon na fase móvel, e conseqüentemente maior será o tempo de retenção. A separação tem portanto um mecanismo idêntico ao das resinas trocadoras de íons.

A figura 6.24 apresenta o esquema funcional do modelo.

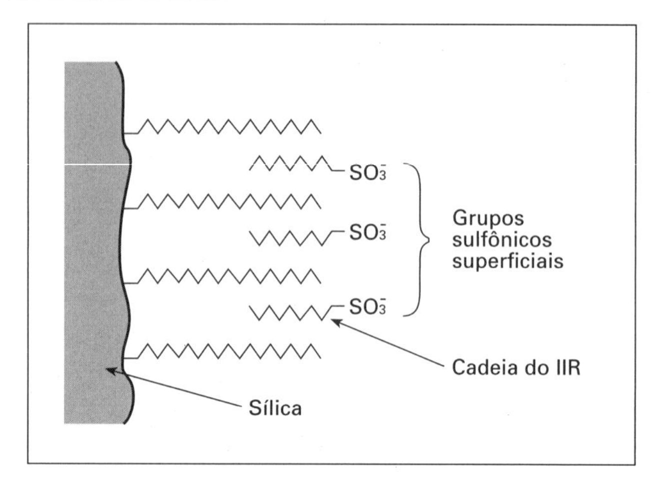

Figura 6.24
Esquema do modelo de troca iônica na superfície

6.12.6 Modelo de interaçâo iônica

O mecanismo de interação iônica assume um equilíbrio dinâmico do íon lipofílico, resultando na formação de uma dupla camada elétrica na superfície da fase estacionária.

A retenção da amostra ocorre pelas forças eletrostáticas de alta densidade de carga na superfície e pela adsorção adicional da parte lipofílica do íon da amostra que está sendo separado na superfície da fase estacionária não polar.

6.12.7 Exemplos de aplicações da cromatografia por pareamento de íons

Um exemplo muito interessante pode ser dado pela análise da ampicilina. Ela pode ser analisada na sua forma molecular por supressão iônica com fosfato de amônio, na sua forma catiônica empregando como pareador de íons o ácido heptano sulfônico e na sua forma aniônica empregando como pareador de íons o reagente A, que é o fosfato de tetrabutilamônio.

Os seguintes tempos de retenção foram observados quando a análise foi feita com uma coluna C18 empregando como fase móvel uma solução a 50% de metanol em água.

Análise de amplicilina	
íon par adicionado	tempo de retenção
0,01 m $(NH_4)_2HPO_4$	0,8 min
REAGENTE B7	2,2 min
REAGENTE A	3,2 min

Como se percebe, três mecanismos de separação foram empregados, pois ela foi feita respectivamente como uma molécula neutra, um cátion e um ânion, fatos congruentes com a sua estrutura, que envolve um grupo carboxilico, um grupo -NH_2 e, em condições tamponadas, a molécula neutra.

6.13 REAÇÕES APÓS A COLUNA

Em muitos casos a detecção de eluintes pode ser feita injetando-se, continuamente, após a saída do eluinte da coluna, reagentes específicos para quantificar alguns compostos de interesse.

Além do sistema de bombeamento da fase móvel por processos isocráticos, ou por processos de eluição por gradiente, é necessário se interpor entre a coluna cromatográfica e o detector um reator, que permita, com o auxílio de bombeamento de reagentes por uma outra bomba, a preparação rápida de derivados do cátions por complexação com reagentes seletivos ou reagentes universais de íons polivalentes.

Esses complexos formados devem ter as seguintes características

- alta constante de equilíbrio de formação
- velocidade de formação extremamente rápida
- espectro no ultravioleta ou no visível de alta sensibilidade
- serem formados por reagentes, se possível, de baixo custo.
- serem formados com reagentes em alta diluição

O sistema de bombeamento empregado pelo autor em reações foi usado no estudo de reações catalíticas durante mais de 20 anos, obtendo resultados precisos e exatos.

Consiste num tanque ligado a um controle de pressão que mantêm sobre o liquido reagente uma pressão conveniente e constante. Na saída do reator um capilar termostatizado permite o controle do fluxo de uma maneira totalmente continua e reprodutível, não introduzindo portanto o ruído normal de bombeamento registrado pêlos sistemas de detecção.

6.13.1 Fases móveis empregadas

As fases móveis são geralmente as mesmas que as empregadas nos tópicos acima, quando foi tratada a cromatografia por pareamento de íons.

Elas devem efetuar a separação dos íons, porém não devem interferir no sistema de detecção e nem na reação após a coluna.

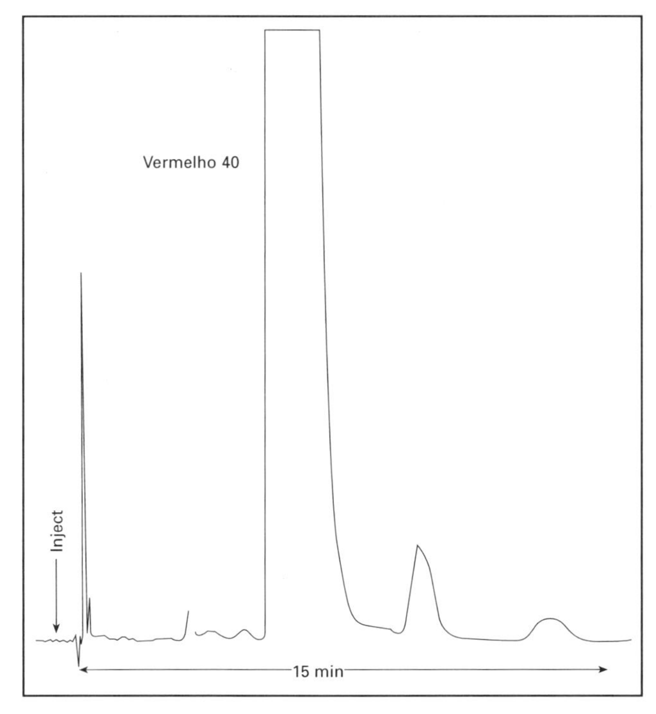

Figura 6.25
Separação de impurezas do corante vermelho 40 por IIR. Fase móvel 50% metanol com 0,005 M de reagente A,2 ml/min , detector UV a 254 nm

6.14 REAGENTES COMPLEXANTES

Qualquer reagente que forme complexos estáveis com os íons de interesse pode ser usado, desde que eles possam ser detectados quantitativamente pelo sistema detector.

As soluções dos reagentes devem ser diluídas — cerca de 0,0002 M ou ligeiramente mais. Dependendo do reagente empregado e dos íons analisados, deve-se ajustar o pH com uma solução tampão conveniente.

Os reagentes mais empregados na atualidade são o 4-(2-piridilazo) resorcinol - *PAR* e o *ARSENAZO III.*

A figura 6.26 mostra uma separação de cátions lantanídeos com esses reagentes, enquanto que figura 6.27 a separação direta de ciano complexos

6.14.1 Análise de complexos

Em muitos casos torna-se possível a análise direta de complexos metálicos por CROMATOGRAFIA por pareamento iónico. A figura 6.27 mostra a separação de alguns complexos metálicos diretamente por cromatografia em fase liquida.

6.14.2 Eluição com gradiente

Como na cromatografia convencional, a separação por gradiente dos solventes é uma técnica aplicável com sucesso na análise de íons com supressor.

A figura 6.28 apresenta um cromatograma obtido por gradiente de composição Haddad[3].

Nesses casos um fator importante é a capacidade do supressor. Geralmente são empregados supressores de membrana que têm muito maior capacidade de troca.

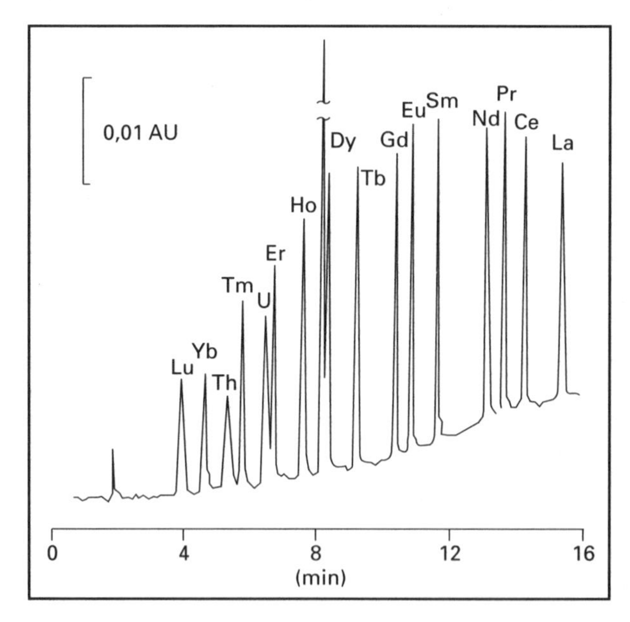

Figura 6.26
Separação de lantanídeos empregando gradiente de 0,1 a 0,4m de ácido alfa hidroxiisobutírrico , em presença de octanosulfonato de sódio 10 mM - reagente de complexação arsenazo III. pH 3,8 - Detecção a uv/visível - Coluna C18

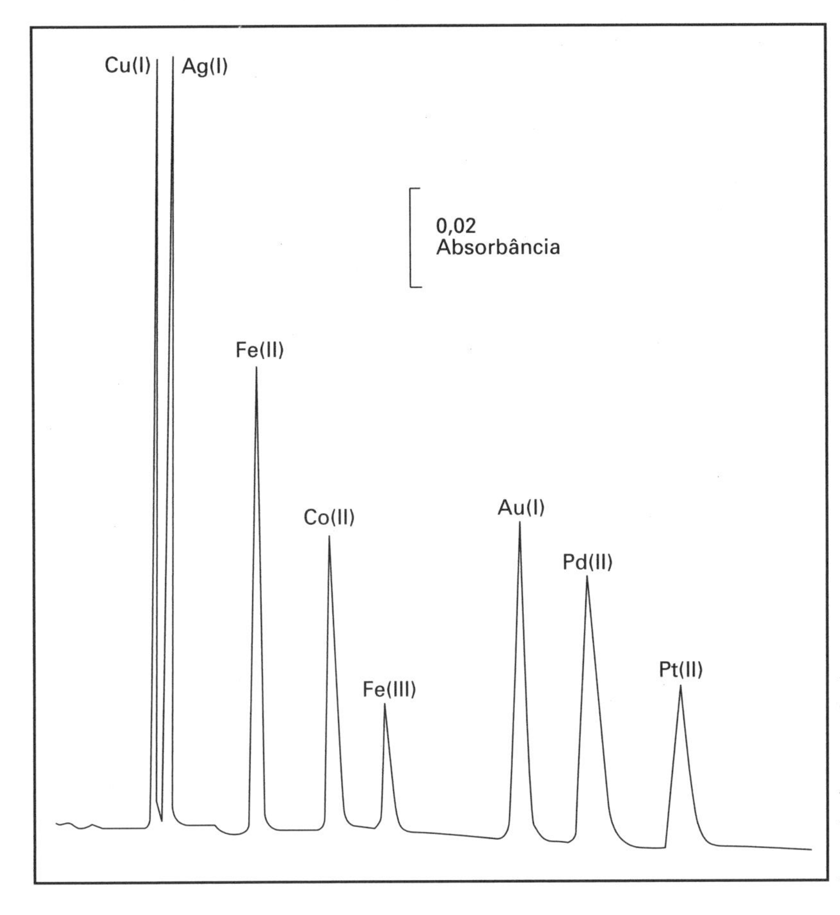

Figura 6.27 Separação de ciano complexos. coluna Waters Nova Pack C18 Acetonitrila / água. Detecção espectrofotométrica a 214 nm.9 Haddad loc.cit pg 190 [3]

6.15 BIBLIOGRAFIA

1. Chemical Data Book - ed. t.j.v. Findlay e G.H.Aylward, 1966
2. Ion Chromatography - Fritz, J.S., Gjerde, D.T. e Pohland - Dr. Alfred Hüthig Verlag - 1982
3. Ion Chromatography - Haddad, P.R. e Jackson P.E. Elsevier 1990
4. Small, H. Stevens, T.S. e Bauman,W.S. -Anal. Chem., 1975, 509
5. Gjerde, D.F., Schumuckler, G, Fritz, J.S. - J. Chromatography, 187, (1980),35
6. Stevens, T.S., Davis, J.C. e Small, H. Anal; Chem. 53, (1981) 1488
7 Handbook of lon Chromatography - Díonex Corporation - Sunnyvalley, CA, 1986.
8. Ciola, R. - Fundamentos da Catálise - Ed. Moderna -1982

CAPÍTULO 7

ANÁLISES QUALITATIVA E QUANTITATIVA

7.1 PREPARAÇÃO DA AMOSTRA

Antes das análises qualitativas ou quantitativas deve-se tomar diversos cuidados quanto ao funcionamento:
- do cromatógrafo e seu sistema de aquisição de dados,
- das colunas, sua instalação correta, sua eficiência e estabilidade,
- do funcionamento correto das colunas e, se necessário, de sua regeneração ou ativação.

A cromatografia a líquido pode ser empregada na análise dos mais variados materiais naturais ou sintéticos, e portanto da sua natureza vão depender as atividades do analista em efetuar com eficiência, precisão e exatidão a análise cromatográfica.

O histórico da amostra deve ser conhecido. Não tem nenhum sentido tentar analisar uma amostra da qual não se sabe:
Qual o objetivo da análise ?
Qual a sua origem?
Quais os compostos prováveis contidos ?

Se a análise deve ser qualitativa, quantitativa, tipo impressão digital para fins comparativos com outras ou o quê ?
Quem pagará pelo tempo, materiais e instrumentos empregados na sua execução ?

Uma vez aceito o material para análise, o químico deve preparar a amostra, para injetar no cromatógrafo, que preencha no mínimo as seguintes condições:
- Ser solúvel na fase móvel.
- Não ser adsorvida irreversivelmente ou reagir quimicamente com a fase estacionária.
- Não ter compostos que precipitem em contato com a fase estacionária ou fase móvel.
- Não ter materiais insolúveis que possam entupir a tubulação, o filtro ou o topo da coluna (A amostra deve ser filtrada — filtros de 0,2 a 0,5 micra).

- Não ter compostos que não sejam objeto de dosagem, porém que interferem na sua execução por serem muito retidos, fato que alongaria o tempo de análise ou alteraria a estabilidade da linha básica ou que eluam juntamente com os picos das substâncias de interesse analítico.
- Ter um peso molecular compatível com a técnica de análise que será aplicada.
- Ter uma concentração compatível com o volume da válvula de injeção empregada, com as características da coluna e com a sensibilidade de detecção empregada.

Não conter compostos que sejam adsorvidos pelo sistema cromatográfico. Nesse caso, em muitas ocasiões, deve-se especificar claramente o material empregado na construção de todas as partes do cromatógrafo. Elas devem ser inertes, insolúveis nas fases móveis empregadas e não reagirem ou adsorver os compostos objeto de análise.

7.2 O QUE SE DEVE CONHECER DA AMOSTRA ?

Para se analisar com eficiência a amostra, é necessário conhecer o máximo possível as propriedades dos seus componentes, tais como:

Estrutura química, grupos funcionais, polaridade, solubilidade, concentração, pH e pK dos compostos objeto de análise.

Esses dados podem ser conhecidos pelo histórico da amostra, porém, deve-se ter sempre a humildade de pedir conselhos a colegas que já tiveram que enfrentar problemas semelhantes.

A experiência de outros profissionais é extremamente importante para facilitar as análises empregando qualquer técnica, e ela pode ser adquirida também e principalmente pela análise da literatura sobre o material.

Nesse aspecto deve-se pesquisar a literatura de química analítica, com enfoque especial à cromatografia a líquido dos materiais objeto de análise.

Não tendo encontrado informações, então deve-se procurar a literatura de química industrial, química farmacêutica, geologia, agricultura, bioquímica, botânica, etc. Por isso é extremamente importante conhecer as origens e histórico do material; ele constitui o primeiro passo para a elucidação do problema.

Para materiais sintéticos, às vezes é importante conhecer o processo das sínteses empregadas e, principalmente, o mecanismo das reações envolvidas; este pode dar informações preciosas sobre os constituintes principais e suas impurezas possíveis.

O analista tem sempre que se lembrar que todos os procedimentos da analítica empregando HPLC são químicos e, portanto, além de conhecer perfeitamente o funcionamento de seu aparelho, ele deve sempre raciocinar como químico.

7.3 TÉCNICAS DE PREPARAÇÃO DA AMOSTRA

A preparação da amostra tem possivelmente o maior papel na análise real, porque sua complexidade torna freqüentemente a análise direta impossível.

Ao lado dos métodos mecânicos de preparação da amostra, por exemplo filtração e centrifugação, e dos métodos termodinâmicos, como é o caso da cristalização, destilação, a extração líquido / líquido foram sempre empregadas como meio de se preparar soluções próprias para a solução de muitos problemas.

A extração líquido / líquido necessita de quantidades grandes de solventes, às vezes forma emulsões difíceis de quebrar e a extração de sólidos empregando o aparelho Soxlet é demorada.

Métodos modernos de extração empregando fluidos supercríticos estão sendo empregados com a vantagem de não precisarem de solventes líquidos, pois empregam, geralmente, bióxido de carbono que no processo não é condensado.

Na cromatografia a líquido podemos analisar somente materiais sob a forma de solução. Podemos considerar a amostra como sendo uma *matriz* de onde extraímos os materiais.

7.3.1 Extração em fase sólida

A tecnologia moderna emprega, para a separação das interferências, técnicas de cromatografia a liquido, isto é, adsorventes à base de sílica, fases quimicamente ligadas à sílica, polímeros e seus derivados; com isto eliminando-se as desvantagens e limitações dos outros métodos.

ESSES PROCESSOS DE SEPARAÇÃO SÃO CHAMADOS DE EXTRAÇÃO EM FASE SÓLIDA.[1]

Os adsorventes são montados em seringas de plástico com membranas filtrantes de ambos os lados, chamadas geralmente de colunas de extração ou cartuchos.

O volume e dimensões dos cartuchos, a quantidade dos adsorventes e o volume dos solventes empregados no processo dependem da quantidade da amostra, da sua natureza, da natureza e da capacidade do adsorvente e dos compostos que queremos analisar, e que são chamados de ***análitos***.

Geralmente o análito vem acompanhado de compostos que não queremos extrair, por ser sua detecção não necessária ou darem problemas analíticos de separação ou detecção e que são chamados de ***interferências***.

O esquema da figura 7.1 mostra as relações entre eles.

Os sólidos devem ser dissolvidos. A solução obtida deve ser filtrada, de maneira a eliminar partículas menores de 10 - 20 micra.

7.3.2 Seleção da fase estacionária para tratar a matriz

A tabela 7.1 apresenta os tipos de compostos, os tipos de soluções da amostra e as fases estacionárias recomendadas [2].

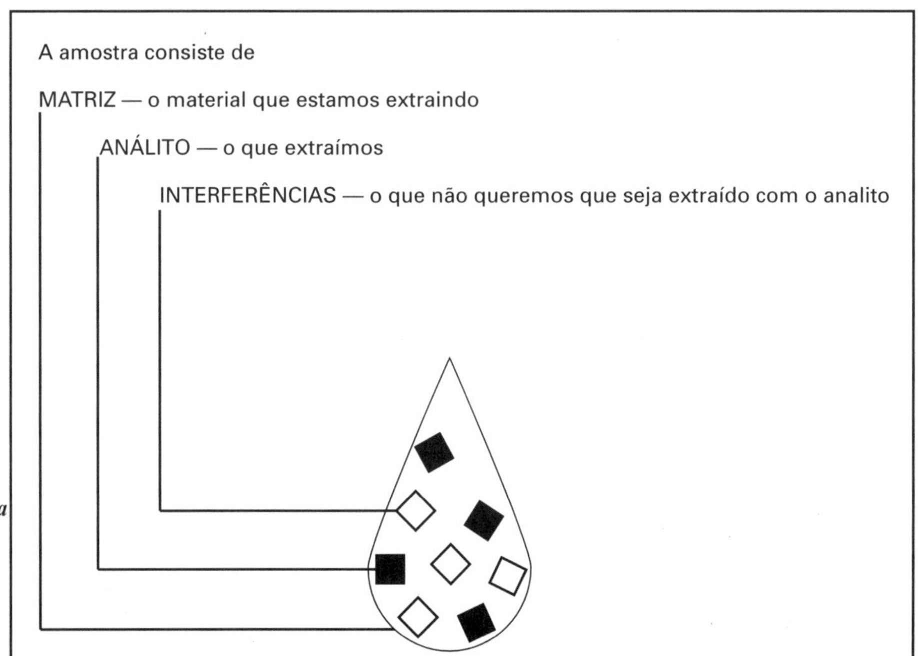

***Figura 7.1* Definição da amostra matriz, análitos e interferências**

TIPO DE COMPOSTO	TIPO DE SOLUÇÃO	ADSORVENTE (F.E.)
Não polar, hidrofóbico	Polar aquosa	Octadecil sílica
Moderadamente não polar hidrofóbico	Polar aquosa	Octil sílica
Polar cátion forte	Menos polar / aquosa	Ciano
Moderadamente polar	Menos polar. não aquoso	Sílica gel, florisil, alumina
Polar, ácido, ânion forte	Aquoso, não aquoso	Amino (NH2)
Acido, ânion fraco	Aquoso, não aquoso	Amônio quaternário
Básico, cátion forte	Não aquoso, aquoso	Ácido carboxílico
Básico cátion fraco	Aquoso, não aquoso	Ácido sulfônico

Tabela 7.1 Escolha do adsorvente

7.3.3 O emprego dos adsorventes

1 - OCTADECIL E OCTIL SÍLICA

Permitem a extração de compostos não polares, hidrofóbicos, ácidos ou bases fracas de soluções aquosas ou soluções em solventes polares.

Se necessário, deve-se fazer ajustes nas condições experimentais, a fim de se conseguir a retenção dos análitos no adsorvente da coluna de extração.

MODIFICAÇÃO DO ANÁLITO	AJUSTES NECESSÁRIOS
1 - Reduzir a solubilidade do análito ao mínimo (aumentar o valor do coeficiente de adsorção K)	Diluir com solvente menos solubilizante como água. Adicionar solução de cloreto de sódio Diminuir a temperatura.
2 - Remover interferências de gorduras ou lipídeos em altos níveis na solução.	Dissolver em acetato de etila e depois precipitar com metanol. Deixar em repouso e diluir o sobrenadante até formar uma solução a 90 % de água.
3- Neutralizar os análitos ligeiramente ácidos ou básicos.	Ajustar o pH de 2 unidades do valor de pK dos ácidos ou 2 unidades acima do pK das bases.

Tabela 7.2 - Ajustes necessários para modificar os análitos. empregando octadecil sílica ou octil sílica

2 - ADSORVENTES CIANO (CN) OU AMINO (NH2)

São empregados para remover compostos polares de solvente ou soluções menos polares ou de soluções aquosas. Se necessário, os ajustes da tabela 7.3 devem ser efetuados para se conseguir a retenção completa dos análitos.

MODIFICAÇÕES DOS ANÁLITOS	AJUSTES NECESSÁRIOS
Reduzir a solubilidade do análito ao máximo. (Aumentar o valor do K).	Diluir com um solvente miscível ou solução menos solubilizante ou Adicionar solução com cloreto de sódio ou Abaixar a temperatura ou Ajustar o pH.

Tabela 7.3 - Ajustes necessários para adsorventes ciano ou amino

3 - ADSORVENTES COM GRUPOS AMINO, AMÔNIO QUATERNÁRIO, CARBOXILA E SULFÔNICOS

Empregados para extrair compostos iônicos de soluções aquosas ou não aquosas. Se necessário, ajustes da tabela 7.4 devem ser feitos.

MODIFICAÇÕES DO ANÁLITO	AJUSTES NECESSÁRIOS
Ionizar análitos ácidos ou aniônicos	Ajustar 1 ou 2 unidades de pH acima do valor do pK dos análitos.
Ionizar análitos básicos ou catiônicos	Ajustar 1 ou 2 unidades de pH abaixo do valor do pK dos análitos
Reduzir a concentração do íon oposto..	Diluir ou dializar

Tabela 7.4 - Ajustes necessários para modificar os análitos empregando amino, amônio, amônio quaternário e sulfônicos

4 - ADSORVENTES INORGÂNICOS - SÍLICA GEL, FLORISIL E ALUMINA

São empregados para extrair compostos polares de soluções ou solventes menos polares.

Não empregar esses adsorventes com soluções aquosas

Se necessário, os seguintes ajustes devem ser feitos na amostra, a fim de provocar a retenção dos análitos.

MODIFICAÇÕES NO ANÁLÍTO	AJUSTES NECESSÁRIOS
Diminuir a solubilidade do análito na solução ao máximo	Diluir com uma solução os solventes miscíveis que dissolvam menos os análitos Abaixar a temperatura Ajustar o pH

Tabela 7.5 - Ajustes necessários para modificar os análitos empregando adsorventes inorgânicos

7.4 SPE—ACONDICIONAMENTO, MONTAGEM DOS CARTUCHOS E VELOCIDADE DE ELUIÇÃO DOS SOLVENTES

Os cartuchos são geralmente montados em dispositivos que permitem controlar a velocidade de transporte dos líquidos em cerca de 5 a 8 ml/min. Esses dispositivos permitem instalar diversos ao mesmo tempo, com isso reduzindo o tempo de processamento.(1, 2)

O controle da velocidade de eluição é feito com o auxílio de uma bomba de vácuo associada a um regulador de pressão. Deve-se notar que a velocidade de eluição varia de coluna para coluna, pois ela depende da:

Granulometria da fase estacionária
Densidade de empacotamento
Natureza da fase estacionária e do solvente

7.4.1 Acondicionamento do cartucho

Antes de se proceder a qualquer tratamento da amostra, o sistema cartucho e sua fase estacionária devem ser acondicionados com o auxílio de solventes convenientes; a fase deve permanecer molhada com o solvente ou solução apropriada.

O solvente puro ou a solução empregada no acondicionamento é introduzido no reservatório com uma pisseta e, em seguida, por aspiração, passam-se um ou dois volumes do reservatório, deixando na última cerca de 2 mm do solvente ou da solução em cima do leito da fase estacionária, de maneira a se assegurar que ela esteja completamente molhada.

Cuidado deve-se sempre operar com solventes que satisfaçam as seguintes pré-requisitos:
Serem compatíveis com a fase estacionária, quanto á sua estabilidade química e técnica de emprego.
Terem um pH compatível com a estabilidade da fase estacionária. Valores abaixo de 2 ou acima de pH 10 destróem irreversivelmente a sílica ou suas fases derivadas .

A amostra é introduzida no cartucho, com o auxílio de um adaptador universal sobre o qual colocamos outro cartucho vazio (seringa), onde o solvente conveniente será colocado.

A figura 7.2 apresenta o esquema da montagem do cartucho.

Cada fase, dependendo da natureza da amostra, tem que ser tratada com solventes específicos para cada caso.

7.4.2 Acondicionamento das diversas fases estacionárias

A) OCTADECIL E OCTIL SÍLICA

Acondicionar com metanol seguido com água destilada e deionizada ou uma solução tampão conveniente.

A água pura empregada, ou sob forma da solução tampão, deve estar completamente isenta de compostos orgânicos, pois eles serão retidos, alterando portanto a composição do análito que será recolhido.

B) FASES COM O GRUPO CIANO

Amostras aquosas: Acondicionar com metanol seguido de água pura ou uma solução tampão de pH escolhido.

Amostras não aquosas: Acondicionar com solventes semelhantes aos da solução da amostra (não polares ou medianamente polares, como por exemplo hexano, diclorometano, éter etílico, acetato de etila)

C) SÍLICA GEL, FLORISIL E ALUMINA (NEUTRA)

Acondicionar com solventes ou soluções semelhantes aos da amostra (tipicamente não polares a moderadamente polares, como por exemplo hexano, diclorometano, éter etílico, acetato de etila).

D) FASES CONTENDO GRUPOS AMINO, AMÔNIO, CARBOXILA E SULFÔNICOS.

Amostras aquosas: Acondicionar com metanol, em seguida com água pura.

Amostras não aquosas: acondicionar com o mesmo solvente da solução da amostra.

Por "extração" entendemos, nesses processos, a remoção dos análitos da solução da amostra, empregando sua adsorção sobre a fase estacionária sólida, mantida estacionária no cartucho. Nesse processo os seguintes fatos são dignos de ressaltar:

O análito é removido seletivamente da sua solução inicial.
O análito é concentrado sobre a superfície do adsorvente.

A remoção dos análitos pode ser seletiva. Para isso é necessária uma escolha criteriosa da fase estacionária e da fase móvel.

Os sólidos devem ser dissolvidos. A solução obtida deve ser filtrada de maneira a eliminar partículas menores de 10 - 20 micra.

7.4.3 Seleção da fase estacionária para tratar a matriz

A tabela 7.1 apresenta o tipo de composto, o tipo de solução da amostra e a fase estacionária recomendada[2].

EXTRAÇÃO EM FASE SÓLIDA

A quantidade adsorvida isto é, recuperada, depende da capacidade do adsorvente (gramas de análito adsorvido/grama de fase estacionária) e portanto a quantidade de adsorvente poderá variar de amostra para amostra o mesmo acontecendo com o volume dos reatores (cartuchos) e o frasco de carga do solvente empregado para condicionamento, lavagem ou dessorção.

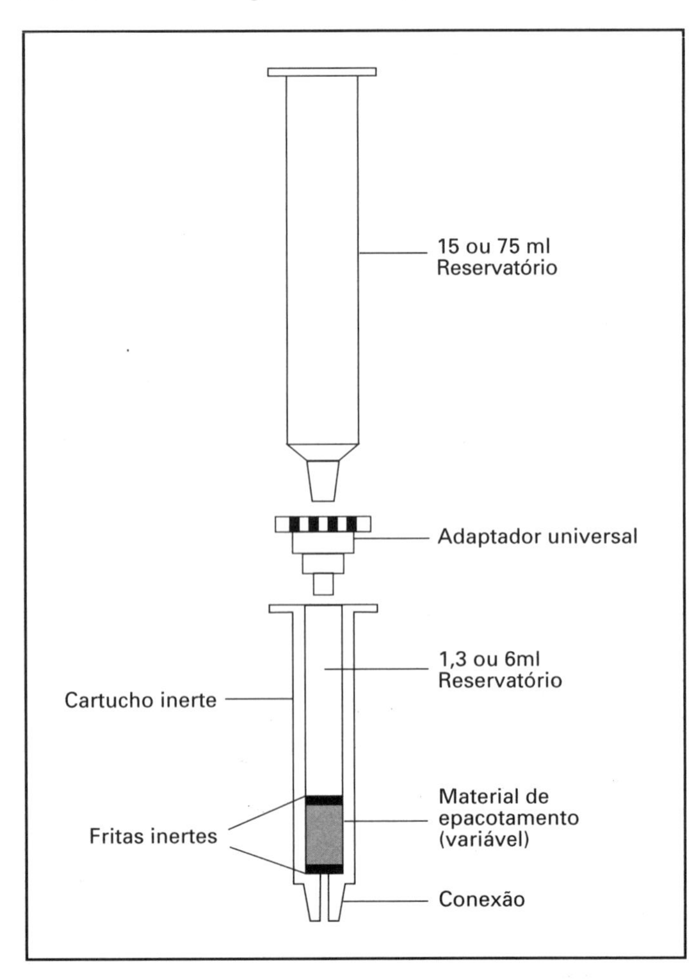

Figura 7.2
Sistema de purificação da amostra

O tamanho do cartucho depende da massa de adsorvente empregado, o mesmo ocorrendo com os volumes de lavagem.

A tabela 7.6 apresenta os valores recomendados para uma série de massas de adsorvente.

As amostras podem ser adicionadas, seqüencialmente diretamente no cartucho desde que se preserve uma camada líquida de cerca 5 mm acima do adsorvente, com isso assegurando que ele permaneça molhado.

Volumes de amostras grandes podem ser adicionados diretamente com o auxilio de um reservatório grande (entre 15 e 75 ml).

Adicionar a solução da amostra até encher 2/3 do volume vazio do cartucho, ligar o adaptador universal e o reservatório, adicionar o resto da amostra e aspirar através do cartucho. Esse processo assegura que o adsorvente permaneça molhado.

Tamanho do cartucho (ml)	Massa do adsorvente (mg)	Número de lavagens	Volume das alíquotas microlitros
1	100	2	100
3	200	2	200
3	500	2	500
6	500	2	500
6	1000	2	1000

Tabela 7.6 - Volume de lavagem recomendado

Aspirar completamente a amostra através do cartucho e em seguida aspirar ar durante cerca de 2 minutos, a fim de secar o material.

LAVAGEM DO ADSORVENTE

A lavagem do cartucho é necessária, afim de eliminar a matriz residual da amostra que se situa nas suas paredes e no material de empacotamento, e também eliminar seletivamente interferências que diferem em grupos funcionais, solubilidade e pK.

1) LAVAGEM DE CARTUCHOS CONTENDO ODS, C8, CIANO, SÍLICA GEL, FLORISIL E ALUMINA NEUTRA

Um meio eficiente de lavar fora as interferências, consiste em se usar solventes ou soluções de várias forças.

Misturas de solventes miscíveis, conforme a tabela anexa, com polaridade variável e poder de solubilização podem ser efetivos.

2) LAVAGEM DE CARTUCHOS CONTENDO ADSORVENTES COM GRUPOS AMINO, AMÔNIO QUATERNÁRIO, CARBOXILAS E ÁCIDOS SULFÔNICOS.

- Impurezas não iônicas.
- Impurezas não iônicas podem ser removidas com a mesma técnica do tópico anterior.
- Impurezas iônicas.

São removidas com soluções ou solventes de pH variável ou de tampões de forças diferentes, que neutralizam e solubilizam as interferências e não os análitos.

NOTA: MUDANÇAS DE SOLUBILIDADE

Muitos compostos orgânicos, após a neutralização da carga, podem perder sua solubilidade durante a lavagem com solventes ou soluções. Nesse caso adicionar solventes ou soluções miscíveis que solubilizem as interferências.

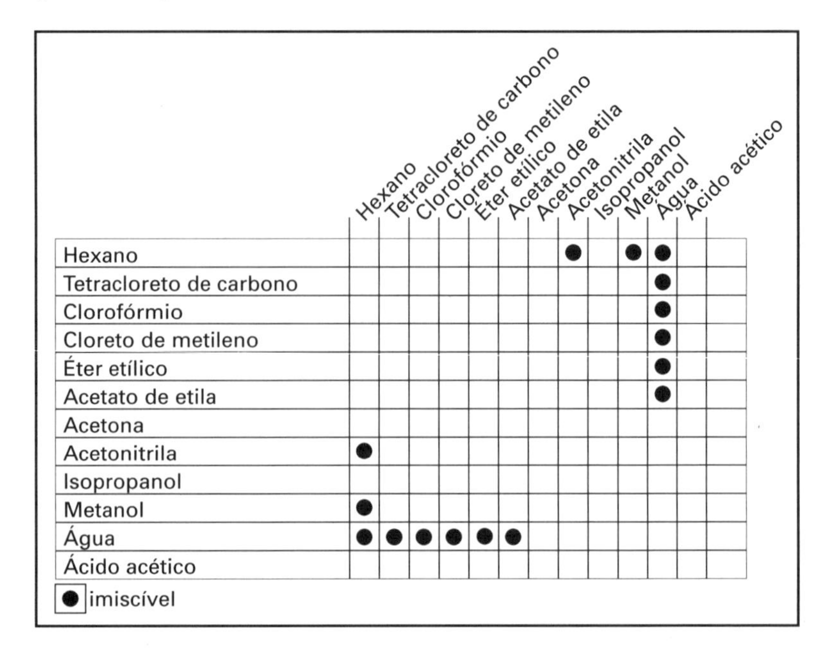

	Hexano	Tetracloreto de carbono	Clorofórmio	Cloreto de metileno	Éter etílico	Acetato de etila	Acetona	Acetonitrila	Isopropanol	Metanol	Água	Ácido acético
Hexano								●		●	●	
Tetracloreto de carbono											●	
Clorofórmio											●	
Cloreto de metileno											●	
Éter etílico											●	
Acetato de etila											●	
Acetona												
Acetonitrila	●											
Isopropanol												
Metanol	●											
Água	●	●	●	●	●	●						
Ácido acético												

● imiscível

Tabela 7.7 Miscibilidade de solventes

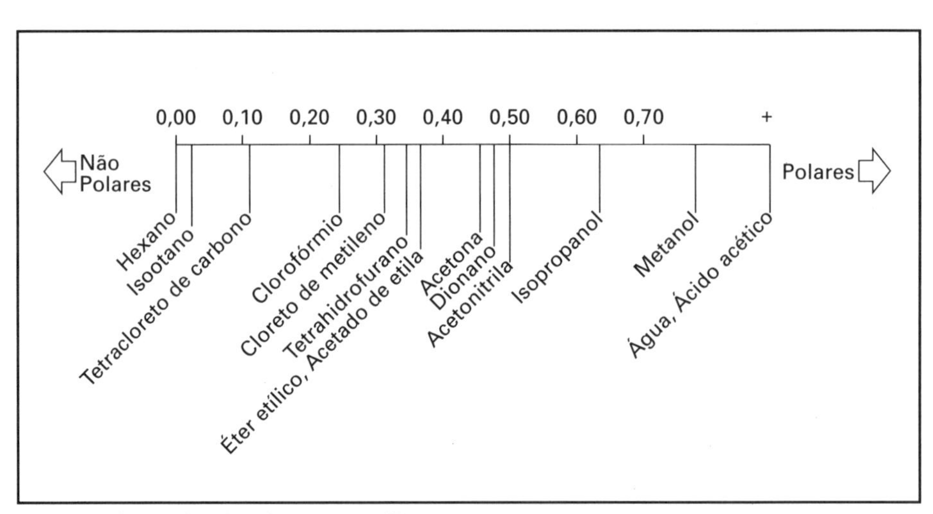

Figura 7. 4 - Polaridade relativa de solventes em sílica

A remoção máxima das interferências é obtida com a lavagem com duas ou mais alíquotas sucessivas do solvente ou solução.

Adicionar a primeira alíquota de lavagem ao cartucho e deixar percolar através do empacotamento por 10 ou 15 segundos antes de aspirar completamente. Desligar o vácuo entre adições.

SECAGEM DO CARTUCHO

Após a lavagem, secar o cartucho por 2 a 5 minutos. A água residual pode ser também removida por centrifugação do cartucho a 2000 - 40000 rpm, ou purgando o empacotamento com uma ou duas aliquotas de 50 microlitros de hexano.

ELUIÇÃO

O passo da eluição remove os análitos extraídos e concentrados no adsorvente.

O fator controlador do processo é a solubilidade, e portanto deve-se analisar em função da estrutura do adsorvente (fase estacionária).

ELUIÇÃO DE CARTUCHOS CONTENDO ADSORVENTES C18, C8 , CIANO, SÍLICA GEL, FLORISIL E ALUMINA NEUTRA.

Eluir os análitos com solventes, soluções ou misturas, tendo uma força apropriada, polaridade e habilidade de dissolução.

Quanto mais solúveis forem os análitos nos solventes ou soluções, maior será a recuperação.

ELUIÇÃO DE CARTUCHOS CONTENDO ADSORVENTES COM GRUPOS AMINO, AMÔNIO QUATERNÁRIO, CARBOXILAS E SULFÔNICOS.

Eluir análitos com solventes ou soluções ou tampões com pH apropriado para neutralizar e solubilizar os análitos.

NOTA - Mudanças de solubilidade

Muitas espécies iônicas podem perder a sua solubilidade no solvente ou nas soluções após terem suas cargas neutralizadas; neste caso adicionar quantidades de solventes ou soluções que dissolvam as novas espécies dos análitos formadas.

7.4.4 Volumes de solventes recomendados para efetuar a eluição

A tabela 7.8 apresenta os volumes de eluição recomendados para as situações acima.

A recuperação máxima do análito é obtida com duas ou mais lavagens com o solvente ou a solução.

Adicionar a primeira alíquota de eluição ao cartucho e deixar percolar através o leito do adsorvente por 10 - 15 segundos antes de aspirar completamente, com vácuo, o solvente através dele.

Tamanho do cartucho	Massa do adsorvente (mg)	Número de lavagens	Volume de lavagens em (microlitros)
1	100	2	100
3	200	2	200
3	500	2	500
6	500	2	500
6	1000	2	1000

Tabela 7.8 Volumes de eluição

Desligar o vácuo entre as adições.

Coletar o eluato num tubo de ensaio, frasco volumétrico ou ampola situado dentro do sistema. Os eluatos são analisados diretamente, diluídos ou evaporados e redissolvidos em solvente convenientes antes da análise cromatográfica.

Para eliminar a reconstituição do eluato, deve-se escolher solventes ou soluções compatíveis com o método final de análise.

7.4.5 Esquema geral da extração dos eluatos empregando adsorvente sólidos

Os desenhos da figura 7.5 mostram as diversas fases da extração em fase sólida empregados na preparação da amostra.

1. PREPARAÇÃO E ACONDICIONAMENTO DO CARTUCHO
2. ADSORÇÃO DOS ANÁLITOS (EXTRAÇÃO)
3. LAVAGEM DO CARTUCHO E DO ADSORVENTE - ELIMINAÇÃO DAS INTERFERENCIAS
4. DESSORÇÃO DOS ANÁLITOS DO ADSORVENTE - OBTENÇÃO DA AMOSTRA FINAL

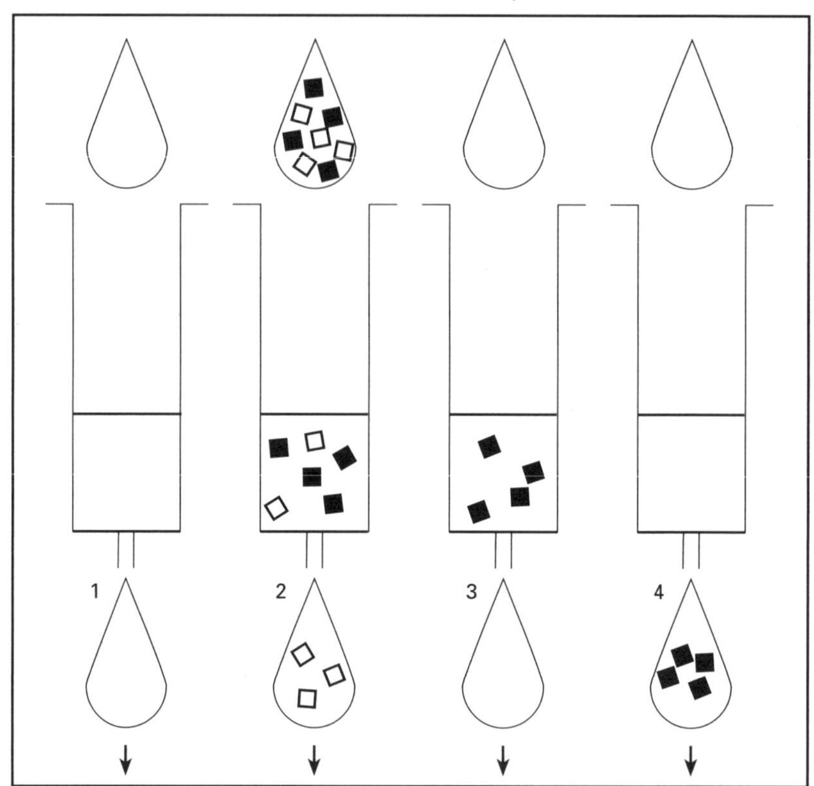

Figura 7.5
As quatro fases da extração em fase sólida

As soluções eluidas nas fases 1, 2 e 3 são desprezadas.

A quarta constitui a solução que será objeto de análise posterior.

Os procedimentos acima são manuais. Atualmente a industria produz equipamentos, comandos por computadores, que efetuam as mesmas análises empregando o mesmo tempo para a preparação de cada uma das amostras, porém, com uma precisão, exatidão e produtividade muito maiores, operando automaticamente por cerca de 20 horas por dia.

7.5 PROTEÇÃO DAS COLUNAS E SUA REGENERAÇÃO

7.5.1 Introdução

A coluna cromatográfica deve ser tratada como um instrumento de precisão, frágil, delicado e caro.

Apesar de frágil e delicada, ela pode fornecer alta reprodutibilidade, precisão e uma enorme vida, ***se, e somente se, forem tomadas precauções especiais desde o primeiro instante de uso***.

As instruções dadas a seguir permitem maximizar o seu desempenho e vida.

7.5.2 Teste das colunas.

Geralmente, as colunas são pré-testadas individualmente pelo fabricante, e portanto os cromatogramas recebidos com a coluna devem ser examinados. Eles indicam as condições empregadas nos testes, os solventes e os solutos analisados.

Ao receber a coluna:

1. Verificar se é exatamente aquela que foi pedida.
2. Verificar se ela não sofreu algum dano material durante o transporte, tais como ruptura das conexões terminais, dobras do tubo, etc.
   Se isso tiver ocorrido, o fornecedor da coluna deverá ser contatado.
3. Testar a coluna para verificar a sua qualidade. Esse procedimento é importante, principalmente quando a coluna foi comprada há bastante tempo e possivelmente perdeu a garantia do fabricante.
4. Determinar, empregando as mesmas condições das descritas pelo fabricante, o número de pratos teóricos e a simetria do pico.
5. Se não for possível empregar as mesmas condições do fabricante, usar um método alternativo, tomando cuidado de que *a fase móvel seja miscível com o solvente contido na coluna.*
6. Tomar cuidado de que o desempenho dependa também de todo o cromatógrafo, do comprimento e diâmetro dos tubos, seu acabamento interno, do volume morto das conexões, detector e válvula de injeção e não somente da coluna cromatográfica. O fabricante deverá ser consultado quando ocorrer algo estranho.

7.5.3 Cuidados no uso das colunas — considerações sobre a fase móvel

- **PUREZA**

Empregar somente solventes que possuam a máxima pureza, isto é, grau HPLC.

Os solventes devem ser desgaseificados e filtrados antes do uso. Todos os reagentes empregados na preparação dos solventes, tais como sais, tampões, reagentes para análises íon-par, etc., devem ser da maior pureza

Traços de impurezas podem degradar, em pouco tempo, muitas fases estacionárias.

- **MISCIBILIDADE DOS SOLVENTES**

A introdução de solventes que são imiscíveis com o que está dentro da coluna, pode danificá-la irreversivelmente.

- **SOLUBILIDADE DO SOLUTO**

Verificar a solubilidade dos constituintes da amostra, quando mudar a composição da fase móvel.

Por exemplo, um aumento de orgânicos na fase móvel pode precipitar constituintes de tampões. A precipitação de tampões ou produtos da amostra pode danificar irreversivelmente a coluna.

7.5.4 Cuidados no uso da coluna

CONSIDERAÇOES SOBRE A FASE ESTACIONÁRIA

O pH da fase móvel pode danificar a fase estacionária. Apesar das ligações siloxana, empregadas geralmente nas fases serem bastante estáveis frente ao pH, as fases móveis de baixo pH podem hidrolisar a fase ligada, o mesmo ocorrendo para valores altos Em ambas as condições a sílica pode também se dissolver parcialmente.

Se for necessário empregar fases líquidas de baixo pH; recomenda-se o emprego de ácido acético ou ácido fosfórico, porém deve-se *esperar uma vida da coluna bem menor*. Quanto maior for a força iônica do solvente, maior será a solubilidade da sílica e das fases estacionárias que a contém.

Deve-se evitar, a todo custo, o emprego de fases móveis alcalinas com a sílica.

Se não for realmente possível, introduzir um pré-saturado antes da válvula da amostração.

Fases estacionárias, contendo grupos amino, são reativas com compostos contendo grupos carbonila.

7.5.5 Considerações operacionais

Apesar das colunas serem fabricadas a altas pressões, recomenda-se o seu emprego a valores muito menores.

Recomenda-se que a pressão nunca ultrapasse 3000 psi (cerca de 200 atm.) se, a vida da coluna tiver que ser maximizada. Pressões de cerca 5000 psi (cerca de 350 atm.) podem ser consideradas como limite máximo. Acima desse valor a coluna sofrerá danos irreversíveis.

Sugere-se, sempre, ao iniciar qualquer análise, que a vazão seja aumentada lentamente até atingir o valor de trabalho recomendada, monitorando-se continuamente a pressão.

A coluna cromatográfica, para ter vida longa e ser sempre eficiente, deve ser tratada como uma "prima-donna" desde os primeiros segundos de uso.

Colunas com fases estacionárias poliméricas, que podem inchar com alguns dos solventes, devem ser tratadas ainda com mais cuidado. Algumas delas têm pressões de operação máxima de 300 a 1000 psi (de 35 a 80 atm).

As recomendações sobre o início de operação dadas acima devem ser seguidas com extremo cuidado; uma operação mal iniciada pode destruir a coluna em segundos

7.5.6 Armazenamento das colunas

As condições de armazenamento das colunas têm efeito sobre a sua vida. Para as colunas baseadas em sílica, os solventes da tabela 10 são recomendados, porém, antes de introduzí-los deve-se eliminar qualquer sal, soluções tampão, materiais usados em cromatografia íon-par.

As colunas devem ser lavadas com pelo menos 50 ml de água antes do tratamento, se elas contiverem sais ou outros solutos. Bombear, em seguida, os solventes indicados até eliminar qualquer traço dos materiais passados anteriormente. A tabela 7.6 apresenta os solventes indicados para o armazenamento de cada fase.

TIPO DE COLUNA	SOLVENTE DE ARMAZENAMENTO
FASE REVERSA C18, C8, C4, C2, FENIL	METANOL, 100%
FASE NORMAL: SILICA, CN, NH2, DIOL, ALUMINA	ISOPROPANOL OU HEXANO
TROCA IÔNICA	METANOL (LAVAR COM 50 ML DE ÁGUA ANTES DO METANOL)
EXCLUSAO POR TAMANHO	METANOL E OUTROS INDICADOS PELOS FABRICANTES EM CASOS ESPECÍFICOS

Tabela -7.6 Solventes para armazenamento

7.5.7 Técnicas de regeneração de colunas

Devido a interações entre a fase estacionária e alguns componentes da amostra, a atividade da coluna pode ser modificada, com perda de eficiência e principalmente perda de seletividade.

Nessas condições, torna-se necessário sua regeneração.

Os dados seguintes apresentam regenerações típicas para diversas fases estacionárias.

LAVAR AS COLUNAS COM AS SEQÜÊNCIAS DE SOLVENTES SUGERIDAS PARA CADA CASO.

1. COLUNAS DE SÍLICA:

50 ml de cloreto de metileno
50 ml de hexano
50 ml de isopropanol
30 ml de cloreto de metileno
25 ml da fase móvel
Testar a coluna
Armazenar com hexano
Remoção de água; lavar com uma solução a 5 % de 2-metoxi-propano em hexano.

2. COLUNAS DE FASE REVERSA - NÃO POLARES OU POUCO POLARES. (C18, C8, C2, C1, FENILA, CN, NH2)

50 ml de água destilada a 55 °C
50 ml de metanol
50 ml de acetonitrila
30 ml de THF
25 ml de cloreto de metileno
25 ml da fase estacionária
Testar a coluna
Armazenar em metanol.

3. FASES QUIMICAMENTE LIGADAS - NORMAIS (Polares) (CN, NH2, DIOL, PAC)

50 ml de clorofôrmio
50 ml de cloreto de metileno
50 ml de isopropanol,
30 ml de cloreto de metileno,
25 ml da fase móvel
Testar a coluna
Armazenar com hexano ou metanol.

4. COLUNAS DE TROCA IÔNICA (SAX, SCX, NH2, CM)

50 ml de água destilada quente (55 °C)
50 ml de metanol;
50 ml de acetonitrila .
25 ml de cloreto de metileno .
25 ml de metanol 25 ml de fase móvel
Testar a coluna
Armazenar com metanol.

5. FASES REVERSAS COM DIÂMETRO DE PORO GRANDE EMPREGADAS NA ANÁLISE DE PROTEÍNAS (I) (C18, C8,C4, FENIL)

100 ml de água destilada
50 ml de solução de TFA
50 ml de isopropanol
50 ml de acetonitrila

50 ml de água destilada
50 ml de fase móvel

6. COLUNAS PARA REMOÇÃO DE PROTEÍNAS (II)

Solvente A = 0,1% de TPA em água .
Solvente B = 0,1% de TPA numa solução de MeCN: Isopropanol 1:2.
Fazer gradiente de 25% de B até 100% B.
Se não se conseguir bons resultados tentar:
$HN0_3$ a 0,1 N: isopropanol, na proporção 1:4 a 85°C durante 12h

7.5.8 Considerações especiais para colunas empregadas na separação por exclusão de tamanho

Filtrar **sempre** as amostras.

Usar sempre uma coluna guarda.

Fixar a concentração da amostra e o volume injetado de acordo com o peso molecular dos materiais analisados.

A tabela seguinte é uma sugestão válida.

PESO MOLECULAR	CONCENTRAÇÃO (massa / vol)	VOLUME MÁXIMO INJETADO (microlitros)
<60 K	0,5 %	100
50 - 600 K	0,25 %	100
600 -3.000 K	0,05 %	100
> 3000	0,01%	20

Tabela 7.7 - Concentração do soluto e volume de amostra injetado em GPC

7.59 Armazenamento

Somente THF estabilizado pode ser empregado; clorofórmio, além desses, cloreto de metileno e tolueno são solventes mais empregados para o armazenamento.

Seguir, *sempre*, as indicações dos fabricantes.

Tomar cuidado que as extremidades sejam perfeitamente fechadas, afim de evitar a evaporação dos solventes.
A secagem da fase estacionária pode ser o pior desastre, e é o mais comum que pode ocorrer para a coluna cromatográfica .

7.5.10 Guia de proteção para as colunas de HPLC

A vida da coluna pode ser aumentada muito, se alguns cuidados forem tomados na sua operação.

As seguintes sugestões são extremamente importantes e constituem uma revisão de tópicos já tratados anteriormente:

1. Empregar fases móveis de alta qualidade
2. Filtrar a fase móvel
3. Desgaseificar a fase móvel
4. Manter um filtro metálico na ponta de sucção da bomba.
5. Instalar uma coluna de saturação de mesma fase estacionária.
6. Filtrar a amostra.
7.Instalar um filtro após a válvula de injeção.

8. Instalar uma coluna guarda.
9. Empregar solventes corretos.
10. Iniciar o bombeamento com baixas vazões, evitando altas pressões iniciais e durante a análise.

7.6 PROBLEMAS NAS SEPARAÇÕES

7.6.1 Introdução

O problema analítico em HPLC está relacionado ao desempenho de todo o sistema cromatográfico. Os problemas podem ser mecânicos, porém, muitas vezes, eles são de origem puramente química.

Como a química ainda é uma ciência experimental, às vezes não é muito fácil a sua resolução.

A cromatografia necessita, a fim de solucionar seus problemas, de bons e sólidos conhecimentos de química, pois são envolvidos processos de adsorção, partição, extração, resinas, trocadores de íons, fenômenos de transporte, etc., além de um sólido treinamento nas operações cromatográficas.

A análise dos problemas que ocorrem é sempre focalizada examinando o cromatograma. Ele nos indica simetria dos picos, formação de caudas nos dois sentidos, divisão de picos, picos largos, picos negativos, etc.

Os tempos de retenção às vezes variam de amostra para amostra, sem nada de anormal ocorrer com o equipamento ou na técnica analítica empregada. Além do mais, a amostra pode reagir durante a separação, resultando numa distorção dos picos e pouca recuperação dos compostos de interesse eluídos.

Em muitos casos esses fenômenos podem ser explicados, porém em outros o analista nunca consegue uma explicação correta, por falta de dados ou de tempo.

Muitos artigos foram publicados sobre o assunto e aqui apresentamos alguma sugestões oriundas do livro de Dolan e Snyder.

Picos com formas estranhas podem aparecer como mostra a figura 7.6.

Os picos podem ocasionar problemas sérios, principalmente na quantificação, e sua análise pode ser difícil.

- **CAUDAS**

As caudas são difíceis de quantificar. Alguns integradores têm dificuldade em efetuar uma integração exata. Como resultado, a precisão e exatidão da análise se tornam precárias. A figura 7.6 apresenta alguns dos tipos de caudas cromatográficas.

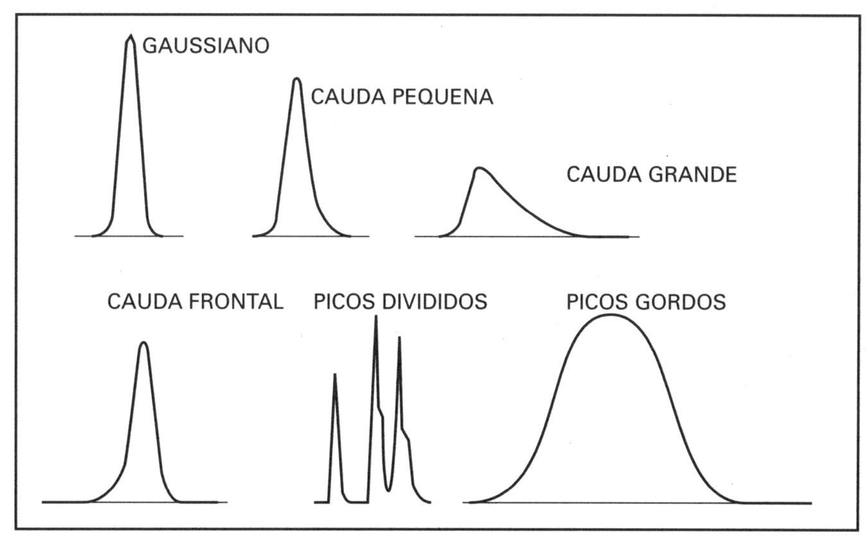

Figura 7.6 Formas de picos não gaussianas

As caudas atrapalham também a resolução, o que acarreta erros de integração. Qualquer anomalia que atrapalha a resolução compromete os resultados da análise, principalmente quando os picos de outras substâncias ficam situados sobre ela.

Um outro problema com as caudas aparece quando queremos operar com colunas em série a fim de aumentar o número de pratos teóricos; as caudas tornam a técnica inoperante.

A formação de caudas indica separações com mecanismos múltiplos ao invés de somente um. Esse fato indica que o tempo de retenção em outras colunas poderá ser diferente, e se eliminamos as caudas nesta coluna é altamente provável que o tempo de retenção em outra seja diferente.

7.6.2 Fator de assimetria

A figura 7.7 apresenta a definição do fator assimetria.

As caudas representam baixo desempenho mostrando um desvio do comportamento gaussiano. O fator de assimetria As é um parâmetro importante de avaliação.

A figura 7.8 apresenta alguns picos típicos que ocorrem com freqüência

Como resolver o problema de formação de caudas? As causas prováveis são:

1. Coluna ruim; vazios ou filtro bloqueado.
2. Excesso de amostra
3. Solvente da amostra inadequado
4. Efeitos extra-coluna

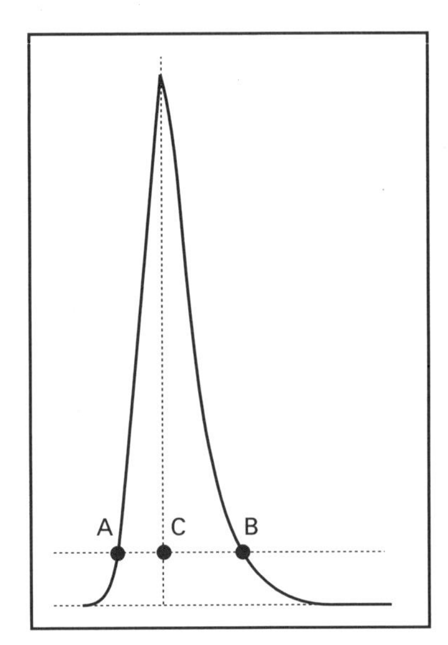

Fator de assimetria = As = CB/AC
AC e CB MEDIDOS A 10 % DA ALTURA DO PICO.

Figura 7.7 - Definição de fator de assimetria

CAUDAS FRONTAIS:

1. Centros de adsorção muito fortes em fases normais ou trocadora de íons.
2. Efeitos de retenção secundários.
3. Tampões inadequados.

OUTROS EFEITOS.

1. Pseudo-caudas.

A técnica para resolver esse problema pode ser otimizada fazendo a análise dos itens acima.

Qual a causa provável? Selecionar a possível pela tabela acima.

Considerar a forma da distorção; alguns ou todos os picos produzem caudas?

A cauda se altera de maneira regular do começo ao fim da análise?

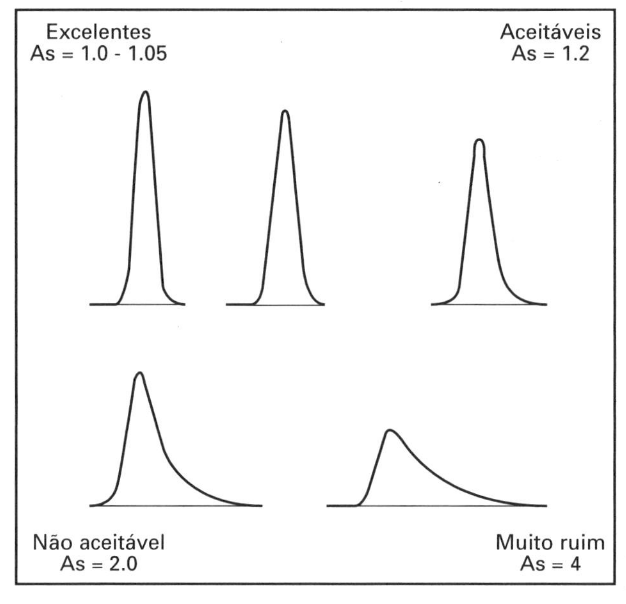

Figura 7.8
Exemplos de fatores de assimetria

Química — verificar se a química da separação está relacionada à possível formação de caudas. Que método está se empregando? Qual a estrutura da amostra? Qual o pH empregado na fase móvel? O composto esta ionizado nas condições de separação?

Quando conseguiu chegar a uma solução com suas idéias acerca do problema, perguntar se ela é lógica: Ela faz sentido? Somente então proceda com a separação.

A seguir serão analisados resumidamente alguns dos tópicos acima.

7.6.3 Colunas deterioradas

Uma coluna está com mau desempenho devido a alguns defeitos que podem afetar as suas características de fluxo. Os principais são:

- O material da fase estacionária pode se sedimentar provocando um vazio no topo da coluna . Esse defeito acarreta diretamente uma diminuição do número de pratos teóricos, com o alargamento de todos os picos. Nesse caso, o defeito aumenta com o decorrer do tempo de uso. Às vezes, a reversão da direção do fluxo (após trocar o filtro de entrada, que pode estar parcialmente entupido). De um modo geral essa técnica pode regenerá-la satisfatoriamente e retornar a pressão a níveis anteriores de operação.
- Em outra técnica completa-se, antes de reverter o fluxo, o topo da coluna com a mesma fase estacionária. Se o processo não tiver sucesso, trocar a coluna.
- Centros ativos que podem reter, por adsorção, compostos ácidos, básicos, moléculas ionizadas e moléculas insaturadas. Esse processo altera o equilíbrio de adsorção com a fase estacionária e com isso o tempo de retenção, e às vezes introduz mecanismos duplos de separação que acarretam formação de caudas.
- Contaminação da fase estacionária com compostos fortemente adsorvidos oriundos de análises anteriores. Produz os mesmos efeitos que o item anterior.
- Não congruência entre partes do equipamento, por exemplo, no uso de colunas microbore.
- Colunas com baixo número de pratos teóricos
- Mudança de características de retenção.

7.6.4 Excesso de amostra

Quando um ou mais picos do cromatograma são excessivamente largos em comparação a outros, indica que a coluna está operando com excesso de amostra em relação aos outros picos, isto é, está inundada. Como resultado haverá mudança do tempo de retenção e a capacidade linear da coluna excedida. Esse comportamento acha-se exemplificado nos esquema da figura 7.9.

Amostra normal; (b) Amostra com inundação dos picos: (c) Amostra (b) diluída e analisada com o detector 4 x mais sensível.

De um modo geral, a formação de caudas por excesso de amostra normalmente pode ser contornada por diluição.

Um problema pode ser encontrado com detectores UV. Se não forem lineares, é possível o aparecimento de picos arredondados devido à saturação do detector ou, em alguns casos, também do sistema de registro ou integração. Em ambos os casos, é conveniente a determinação da faixa linear do detector e do sistema de integração e registro.

7.6.5 Solvente e/ou volume de injeção inadequado

Para se conseguir bons resultados cromatográficos, é necessário que duas variáveis sejam otimizadas:

- volume de amostra injetado
- natureza do solvente da amostra.

Como solução ideal, o volume da solução da amostra injetado deve ser o mínimo possível. As válvulas de injeção geralmente têm um frasco de amostração de 20 microlitros, porém são encontradas no comercio válvulas de volume de amostração interno com capacidades de 1 ou 2 microlitros.

Dependendo da concentração da amostra, pode-se empregar volumes de amostragem de 20 até 500 ou mais microlitros em colunas de fase reversa.

Quando grandes quantidades de solução são injetados com um solvente mais forte do que o da fase móvel, geralmente se obtém uma grande degradação do cromatograma, como mostra a figura 7.10 que ilustra uma separação em sílica com um fase móvel de 0,5% de dioxano em isooctano. 100 microlitros da amostra contendo dois componentes, diluídos em dioxano puro foram injetados — neste caso o dioxano é muito mais forte do que a fase estacionária empregada. O cromatograma mostrou um péssimo aspecto.

O primeiro pico largo, o segundo extremamente largo e o terceiro fino, porém, situado sobre uma cauda dos componentes anteriores.

Quando a mesma amostra e mesmo volume foram injetados empregando como solvente a própria fase móvel, foram obtidos cromatogramas perfeitos sem nenhuma anormalidade.

Problemas dessas interações entre amostra e solvente devem ser suspeitados, quando se injetam grandes volumes de soluções contendo solventes mais fortes.

Deve-se notar que volumes inferiores a 25 microlitros dificilmente causam problemas analíticos quando analisados em colunas de 0,46cm de diâmetro interno. Entretanto, quando se empregam solventes muito fortes, mesmo com baixos volumes injetados, deve-se avaliar o efeito do volume injetado. Se suspeita que mesmo volumes injetados baixos de 20 ou 25 microlitros causam problemas tentar algumas das seguintes alternativas:

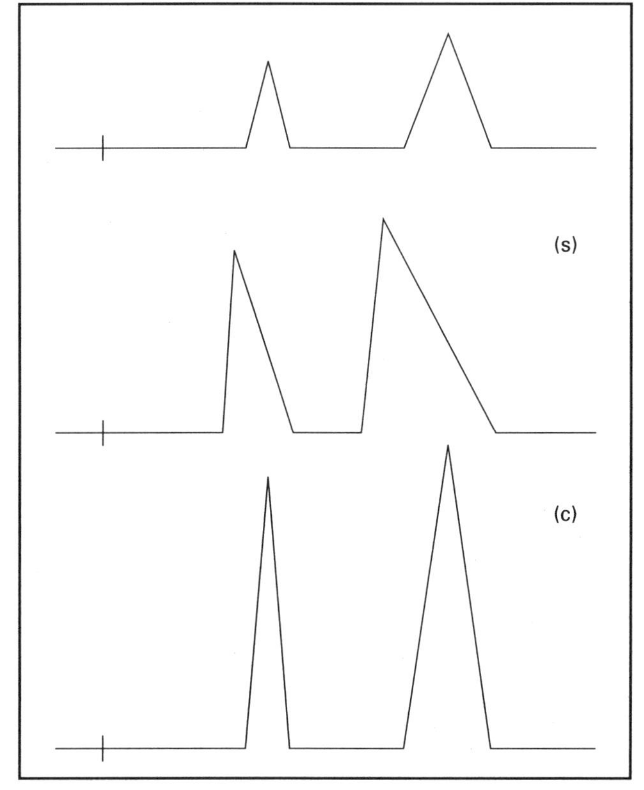

Figura 7.9
Caudas por excesso de amostra

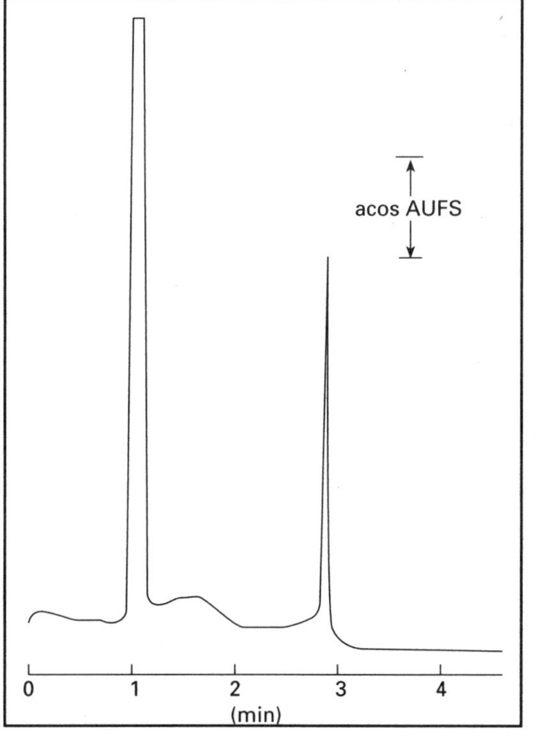

Figura 7.10
Injeção de amostra muito grande com solvente muito forte

- Reinjetar um volume menor de 5 a 10 microlitros e verificar o cromatograma com uma sensibilidade maior.
- Diluir a amostra preparada com o solvente forte, com um solvente mais fraco na relação 1:4; injetar 4 vezes o volume anterior e verificar o cromatograma.

7.6.6 Efeitos extra-coluna

Muitos dos cromatógrafos em uso foram fabricados para o emprego de colunas projetadas há duas décadas passadas, normalmente 30 ou 15 cm de comprimento 0,46 cm de diâmetro interno e para partículas de 10 micra. Atualmente a tendência é a do emprego de colunas de muito menor diâmetro e o emprego de fases estacionárias 1 até 5 micra. Essas colunas necessitam de uma vazão muito menor e detectores fabricados sob medida para detectar traços de substâncias nestas condições.

A fim de se evitar alargamento dos picos, deve-se tomar cuidados especiais com todos os pertences do cromatógrafo **que vão desde a válvula de amostração até o detector. As tubulações devem estar inertes em relação à fase móvel e aos constituintes da amostra e ser de diâmetro extremamente fino (0,1 a no máximo 0,2 mm), as conexões não devem ter espaços mortos, os tubos que vão da coluna ao detector devem ser, também, de diâmetro extremamente finos, etc.**

• CAUDA FRONTAL

As caudas frontais são menos observadas na CL, porém são facilmente distinguidas de outras formas de caudas.

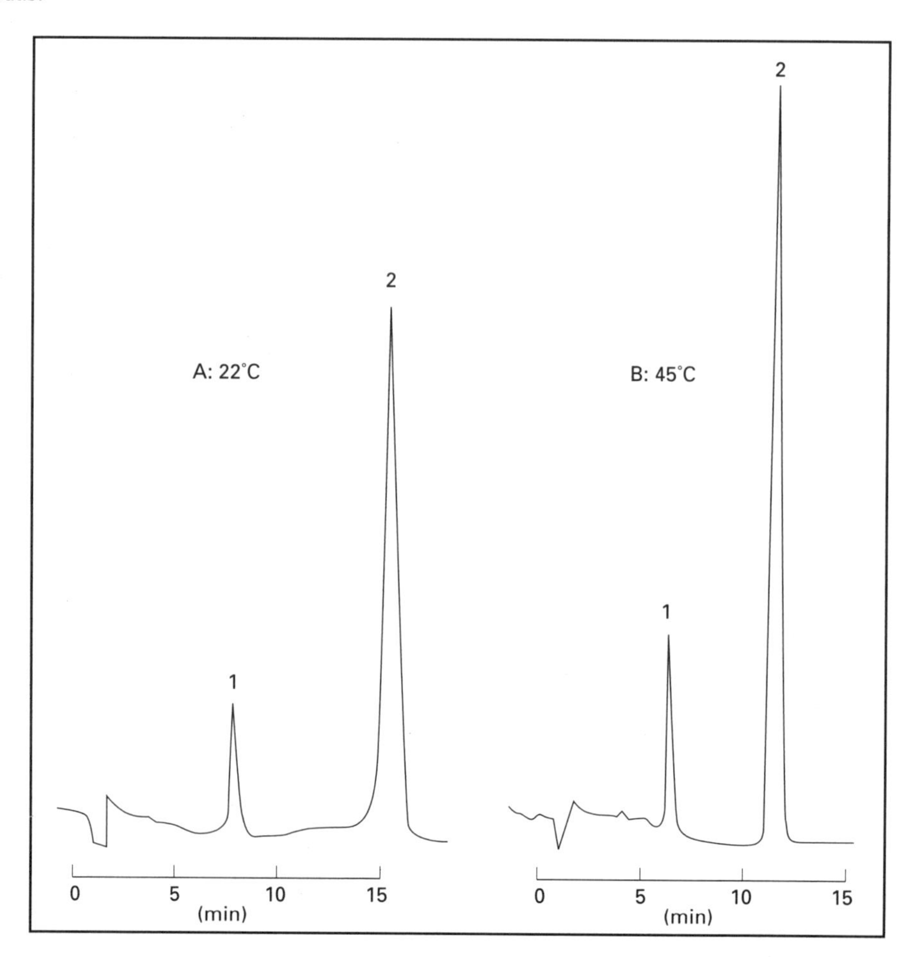

Figura 7.11 Cauda frontal devida ¡a temperatura inadequada

O defeito pode ser gerado por problemas de temperatura, como se verifica na figura 7.11 na análise de um amina antibiótica. A 22 °C aparece uma cauda frontal do pico 2, que é eliminada com análise efetuada a 45 °C.

O problema é comum em cromatografia de íons e neste caso um aumento da temperatura permite uma maior resolução dos picos.

O fenômeno ocorre também quando em operações a alto pH. Fases derivadas da sílica a alto pH se tornam negativas causando repulsão nos poros da fase.

Com maiores quantidades de amostra, o efeito é ultrapassado pelo aumento da força iônica causada pela amostra. Para esses casos a melhor técnica é aumentar a força iônica da fase móvel, por exemplo, aumentar o tampão de 25 para 100 mM.

NOTA: Amostras iônicas ou ionizáveis não devem ser separadas sem que a fase tenha um tampão conveniente.

Filtros entupidos ou vazios no topo da coluna também podem produzir caudas frontais.

Uma diminuição do tamanho da amostra também pode eliminar, à vezes, distorções, porém não é sempre o caso e geralmente não é prático. Em muitos casos o fenômeno não é muito claro .

A separação em fases normais envolve a adsorção química das moléculas da amostra em centros específicos, por ex., grupos –OH da sílica ou grupos $-SO_3^-$ nas trocadoras de íons. Nesses casos os centros não são energeticamente iguais . Os mais fortes retém as moléculas e os fracos as deixam viajar mais rapidamente. Como resultado se obtém picos com uma parte frontal oriunda dos centros fracos e uma normal, que provém da eluição dos centros mais fortes.

Em sílica os centros fortes podem ser desativados com minúsculas porções de água, o que leva à formação de picos simétricos.

7.6.7 Efeitos de retenção secundários

Numa separação perfeita, os compostos são retidos e particionados por um único mecanismo de retenção. Em fases reversas os solutos reagem hidrofobicamente com as cadeias alquílicas do empacotamento,

Nas colunas fabricadas à partir de sílica, existe a possibilidade de interação de alguns compostos com os grupos silanol residuais que, às vezes, chegam a mais de 20 % dos grupos OH da matéria - prima. Essas interações do soluto com o grupo silanol leva geralmente à formação de caudas, pois ele consegue uma retenção extremamente forte que irá atrasar em relação à interação com os grupos alquila. Como resultado se terá a formação de caudas. Quando a interação for muito grande, a formação de caudas será muito forte.

Formação de caudas por efeitos secundários é possivelmente a maior causa desses problemas. O defeito varia de coluna para coluna, onde os grupos silanol podem estar em concentrações maiores ou, por efeitos estéricos, serem mais ativos. Nas fases reversas, além dos grupos silanol, podem ocorrer impurificações de íons metálicos que também podem agir sobre os solutos analisados.

O efeito pode ser eliminado introduzindo, na fase móvel, compostos que competem fortemente com as hidroxilas ácidas do grupo silanol. Pequenas concentrações de aminas por exemplo, trietilamina são eficientes. Em casos mais difíceis o emprego de hexil ou octil dimetilamina mostrou que são muito eficientes, pois são retidas mais fortemente, o que leva a dificuldades de sua remoção posterior. A concentração dessas aminas e a TEA na fase móvel deve estar em torno de 1 a 20 mM.

Na análise de amostras que contêm compostos ácidos e básicos, é aconselhável o emprego de misturas de acetatos de sódio e TEA. Interferências de ions metálicos produtores de caudas podem ser eliminadas com uma lavagem da coluna com EDTA ou mesmo empregá-lo na fase móvel. A figura 7.12 mostra o efeito na análise de 1,7-dihidroxinaftaleno com uma coluna C18.

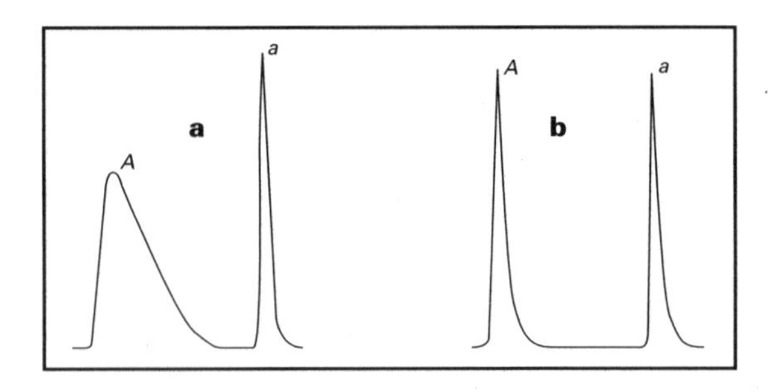

Figura 7.12
Remoção de íons pesados com EDTA.
a) antes da remoção - b) depois da remoção

7.6.8 Tampões inadequados

Quando se analisam compostos ácidos ou básicos, é absolutamente necessário o emprego de tampões. Na sua ausência, esses compostos alteram o pH da fase móvel na região onde o composto se encontra na coluna. Essa variação do pH depende da quantidade do composto resultando em variações da ionização do composto e como conseqüência uma eluição com caudas.

A concentração do tampão varia a valores maiores de 10 mM, chegando como valores ótimos entre 50 e 100 mM.

A figura 7.13 mostra o efeito da concentração do tampão na formação de caudas na análise de naftaleno sulfonato (NpS) , álcool benzílico (BzOH), normetanefrina (Normet). Técnica de pareamento de íons, o cromatograma A com 5 mM; tampão de B com 100 mM; fase móvel 15% metanol/água com 10 mM de octil sulfato..

Grandes concentrações de tampões devem ser evitadas, pois cristalizam na bomba danificando os pistões. Recomenda-se diariamente lavar a bomba passando água pura após o termino das análises.

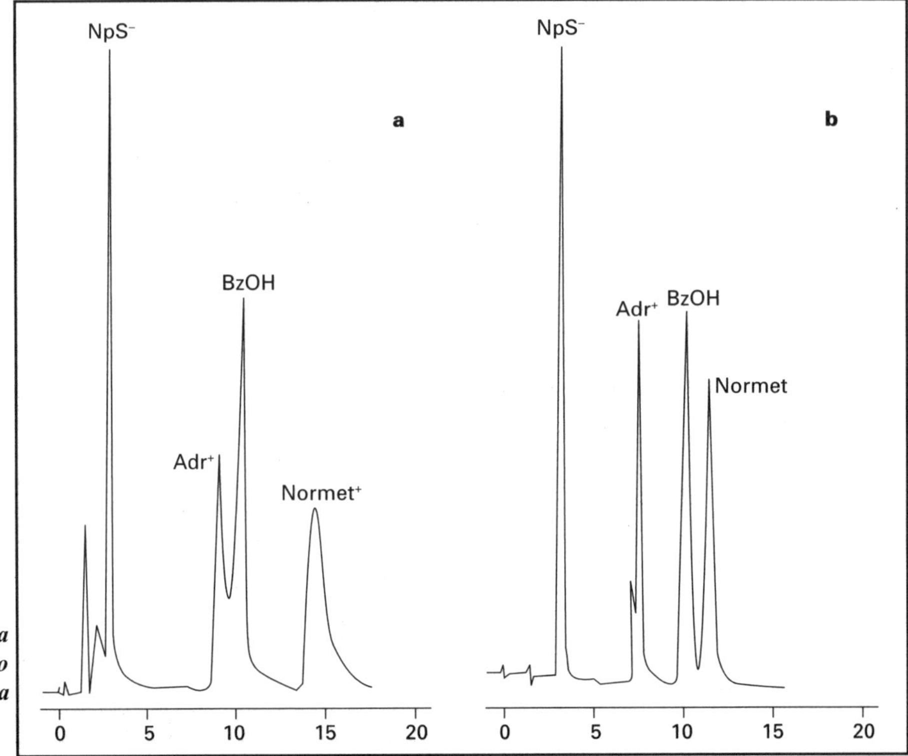

Figura 7.13
Influência da concentração do tampão na remoção de caudas

7.6.9 Pseudo caudas

Muitos cromatogramas aparecem com caudas que são devidas à pouca resolução entre os picos de suas substâncias, uma presente em pequena quantidade e outra em traços ou muito pequena. Em alguns casos é possível visualizar a existência do composto, em outros ele se acha praticamente recoberto com o maior. Estas caudas devem ser sempre suspeitadas quando ocorrem numa análise na qual os outros picos são normais. Elas ocorrem com uma certa freqüência na análise de isômeros.

7.7 ANÁLISE QUALITATIVA

Uma vez preparada a amostra para análise e verificadas as condições de operação da coluna, pode-se iniciar o processo de reconhecimento dos picos obtidos numa análise prévia.

Deve-se notar que um simples cromatograma não indica o número total dos compostos existentes na amostra. A análise deve ser repetida com outras fases móveis e em outras colunas, a fim de se conseguir o maior número de picos e mesmo assim deve-se tomar cuidado com o detector empregado.

Qualquer tipo de detector necessita de condições especiais para detectar as substâncias, por exemplo um detector UV/Vis tem comprimentos de onda específicos para a detecção, enquanto que no mesmo comprimento de onda ele pode ou não detectar outra. Assim a análise, antes de iniciar o processo de reconhecimento qualitativo, deve ser efetuada em diversos comprimentos de onda e, se necessário, repetí-la com outros detectores, por exemplo, de índice de refração, que por sinal também tem os mesmos problemas, pois se baseia na diferença do índice de retenção entre a fase móvel e a substância que está sendo detectada.

Em muitos casos ocorre que duas substâncias têm o mesmo coeficiente de partição e neste caso, nas condições da análise, elas eluem num mesmo pico que, às vezes, pode ser totalmente simétrico; por isso é que se recomenda efetuar a análise com diversos tipos de colunas e fases móveis diferentes, a fim de se provar que todos os compostos eluídos são detectados como um único pico.

Além do mais, deve-se também ter em conta se a concentração das substâncias na amostra está dentro do limite de sua detecção nas condições de operação empregadas. A história prévia da amostra e os objetivos da análise, poderão dar informações a respeito.

O emprego de detectores de rede de diodos (diode array) é altamente recomendado, pois ele pode determinar a existência de outros compostos no mesmo pico e quantificá-los.

Em muitos casos, pode-se recolher o eluato da coluna e efetuar reações de identificação de grupos funcionais ou mesmo derivar a mistura e analisar os derivados que poderão ser mais facilmente reconhecidos.

Em muitos casos o reconhecimento é feito empregando-se técnicas de macro-separação seguidas da determinação dos espectros de UV/Vis, espectrometria no infravermelho ou espectrometria de massa. Todas as técnicas são válidas para se conseguir a identificação.

Em casos especiais de fármacos e seus derivados metabólicos, a literatura ou o fabricante pode fornecer a composição da mistura, as estruturas envolvidas e suas propriedades físico-químicas ,o que facilitará muito o desenvolvimento do método analítico.

Os dados de tempos de retenção e retenção relativa podem ser encontrados num exame da literatura sobre os compostos prováveis. Às vezes, são encontrados valores de homólogos, o que permite interpolar os valores de um composto provável, o qual deve ser identificado inequivocamente por outros métodos.

Se a análise for de compostos de classes industriais, por exemplo fármacos, inseticidas, herbicidas, aromáticos, etc., os padrões de pureza conveniente geralmente podem ser adquiridos no comércio ou fornecidos pelo cliente interessado, e estes então servirão para a identificação qualitativa e posteriormente, se puros ou purificados pelo químico, para preparar os padrões para análise quantitativa.

O conhecimento das estruturas poderá ser empregado para escolher as fases estacionárias e as fases móveis.

Importante num grande número de casos, será conhecer o peso molecular do material a ser analisado. Conhecida a solubilidade da amostra se poderá então determinar com colunas de exclusão por tamanho, a natureza do seu peso molecular e assim ter uma orientação do caminho a seguir, e o que poderá ser determinado na amostra em questão.

7.8 ANÁLISE QUANTITATIVA

7.8.1 Introdução

Uma vez identificados os produtos com o emprego de padrões, tempos de retenção, etc. pode-se efetuar a análise quantitativa.

Os problemas devidos a colunas, fases estacionárias, e todos os que podem afetar a separação, devem ser resolvidos a fim de se conseguir uma determinação exata da área dos picos de interesse.

A resolução deve ser mantida em níveis superiores de 1,5. Deve-se notar que a calibração das áreas dos picos é diretamente afetada por qualquer mau funcionamento do sistema, não importando em qual parte. Os resultados da calibração permitem, por sua vez, diagnosticar outros tipos de problemas do aparelho ou da técnica.

7.8.2 Princípios da análise quantitativa

Uma vez escolhida a coluna e determinadas as condições ótimas de resolução, detecção e otimizado o sistema de integração, pode-se seguir os seguintes passos: [3]

1. Analisar uma amostra de calibração que contenha concentrações conhecidas dos compostos objeto de determinação (C1, C2, C3, etc.). A mistura analisada poderá, dependendo do método de calculo escolhido, conter também padrões internos nas concentrações respectivas Cs1, Cs2, etc.
2. Medir o tamanho do pico (altura ou área) dos compostos a calibrar (A1, A2, etc.) e, se necessário, as áreas dos padrões internos (As1, As2, etc.) a partir da análise do item anterior.
3. Analisar a amostra problema.
4. Medir o tamanho (altura ou áreas) dos compostos de interesse e dos padrões.

Na maioria dos procedimentos de CL, o tamanho do pico é proporcional à massa analisada, isto é, ela é linear passando pelo zero para massas iguais a zero, como é ilustrado na figura 7.14, uma curva de calibração típica pela técnica de padrão interno. Deve-se ter em mente sempre que *acima* de uma certa massa o comportamento pode não ser linear, devido à saturação da coluna, do detector ou do integrador.

7.8.3 Análise por padronização externa

No caso da padronização externa, inicialmente se injetam volumes exatamente iguais de amostras que contêm diferentes concentrações ou massas dos compostos de interesse.

Com o tamanho dos picos obtidos (medidos em área ou altura do pico), constrói-se um gráfico de área ou altura de pico em função das massas analisadas. O gráfico seguinte mostra o comportamento linear tanto para a altura como para a área dos picos.

O fator de calibração S é o coeficiente angular da reta obtida.

S = (altura do pico) / massa analisada ou

S = (área do pico)/ massa analisada.

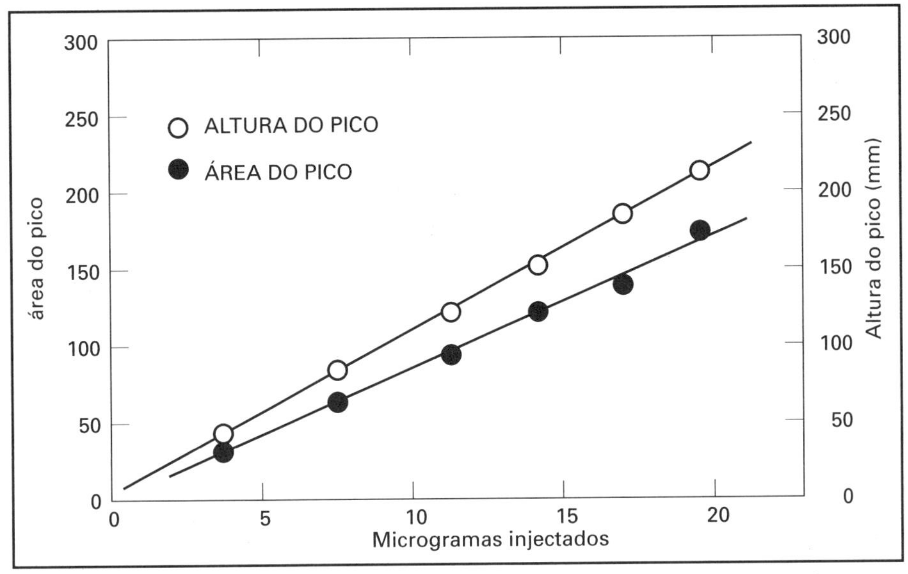

Figura 7. 14 - Análise por calibração do antioxidante CAO-14 com uma coluna de Corasil II e empregando hexano com 1% de isopropanol

Os dois métodos são satisfatórios porém a altura do pico é muito mais afetada pelas variáveis cromatográficas do que a área e, portanto, as calibrações empregando a área são muito mais recomendadas.

7.8.4 Calibração interna

Neste método, adiciona-se à amostra uma quantidade conhecida e constante de um composto não contido na matriz. A quantidade da amostra contendo o analíto é variável, com o objetivo de se montar uma curva de calibração. Ele tem a função de compensar as variações do processo cromatográfico. O padrão escolhido deve ter as seguintes propriedades:

- Deve ser completamente separado dos outros picos — sem interferência.
- Deve estar próximo dos componentes ou componente de interesse (valores de *k*' próximos)
- Em análises que envolvem pré-tratamento químico, ele deve ter o mesmo comportamento .
- Para misturas que envolvem a análise de diversos compostos, às vezes serão necessários também diversos padrões.
- Deve ser adicionado de maneira a dar uma área ou altura de pico próximas.
- Não deve existir na matriz de partida.

Deve ser estável, não reagir com os componentes da amostra, com a coluna ou com a fase móvel

- É conveniente que ele seja encontrado com alta pureza no comércio .

A figura a seguir, mostra uma calibração típica com o método do padrão interno.

O fator de calibração do método deve ser determinado diversas vezes durante um conjunto de análises.

É conveniente examinar estatisticamente os resultados experimentais e determinar o desvio médio. Neste caso, a análise de uma amostra contendo uma quantidade exatamente conhecida do componente é repetida. O resultado pode ser expresso da seguinte maneira.

CONCENTRAÇÃO DE X = (16,45 ± 0,13)

Se a concentração real for de 16,9 mg/L contra o valor medido de 16,45 com desvio padrão de ± 0,13. O desvio real será de (16,45 - 16,9) = – 0,45 mg/L, o que significa falta de exatidão.

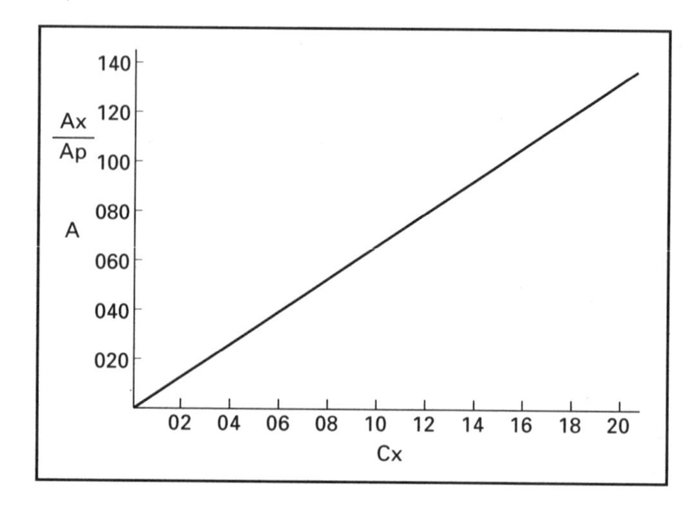

Figura 7.15
Curva de calibração pelo método de padronização interna

Deve-se notar que a precisão pode ser definida em diversas situações:

- Dentro da precisão do dia, para um mesmo laboratório
- Dia a dia para um mesmo laboratório.
- Precisão entre laboratórios (dia a dia)
- A imprecisão geralmente aumenta na seqüência acima.

O cromatograma da figura 7.16 apresenta a análise de piridinas isômeras numa coluna trocadora de íons, um detector de UV operando a 254 nm e como fase móvel nitrito de sódio 0,1N em ácido fosfórico 0,1 N.

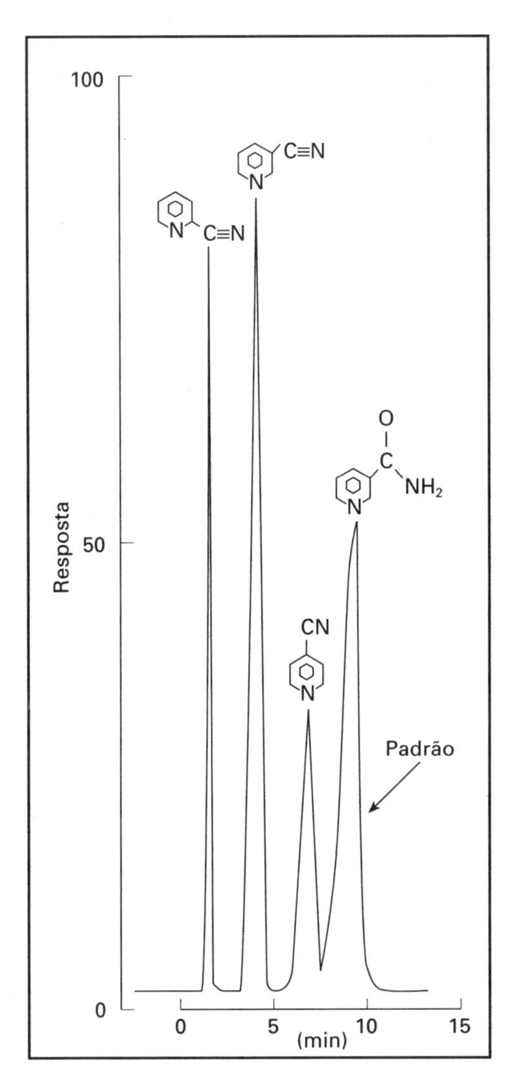

Figura 7.16
Análise de piridinas isômeras com um padrão interno

7.9 BIBLIOGRAFIA

1 - Catálogos gerais da Phenomenex.
2 - Gilson Guide to ASPEC XL - Automatic Solid Phase Extraction. = Gilson - France.
3 - Snyder, L.R. e Kirkland, J.J. - Introduction to Modern Liquid Chromatography - John Wiley & sons, Inc. New York.

APLICAÇÕES DA HPLC

8.1 INTRODUÇÃO

Este capitulo apresenta cromatogramas e condições de análise de uma série de produtos envolvendo diversas colunas comerciais. Eles foram retirados, com a devida autorização, da literatura de propaganda e não envolvem nenhuma responsabilidade do autor, nem significa que o assunto se presta à propaganda das companhias envolvidas.

Ele constitui, juntamente com os exemplos apresentados no texto, somente uma pequena amostra dos potenciais da HPLC em diversos campos.

As colunas citadas nos exemplos apresentados acham-se na tabela abaixo, com o nome do fabricante ou fornecedor.

COLUNA	FABRICANTE
ULTRACARB	PHENOMENEX
PRP-X100	HAMILTON
SPHERISORB	MACHEREY-NAGEL
REZEK RPM	PHENOMENEX
REZEK RSO	PHENOMENEX
ZORBAX	ROCKLAND TECH
SYNCROPACK	SYNCROPACK
BL-C18	BROWN-LEE
PINACLE	PINACLE

8.2 DERIVADOS TIOHIDANTOÍNICOS DOS AMINOÁCIDOS

COLUNA	ZORBAX SB - 18
DIMENSÕES	250 por 2,1 mm
VAZÃO	0,0,21 ml/min
FASE MÓVEL	A = 0,04 M HPAc /5% THF/TEA A p H 4,10 B = AcN Gradiente 12 até 38 % b em 18 min. e mantida a 38% B.
DETECTOR UV	265 nm

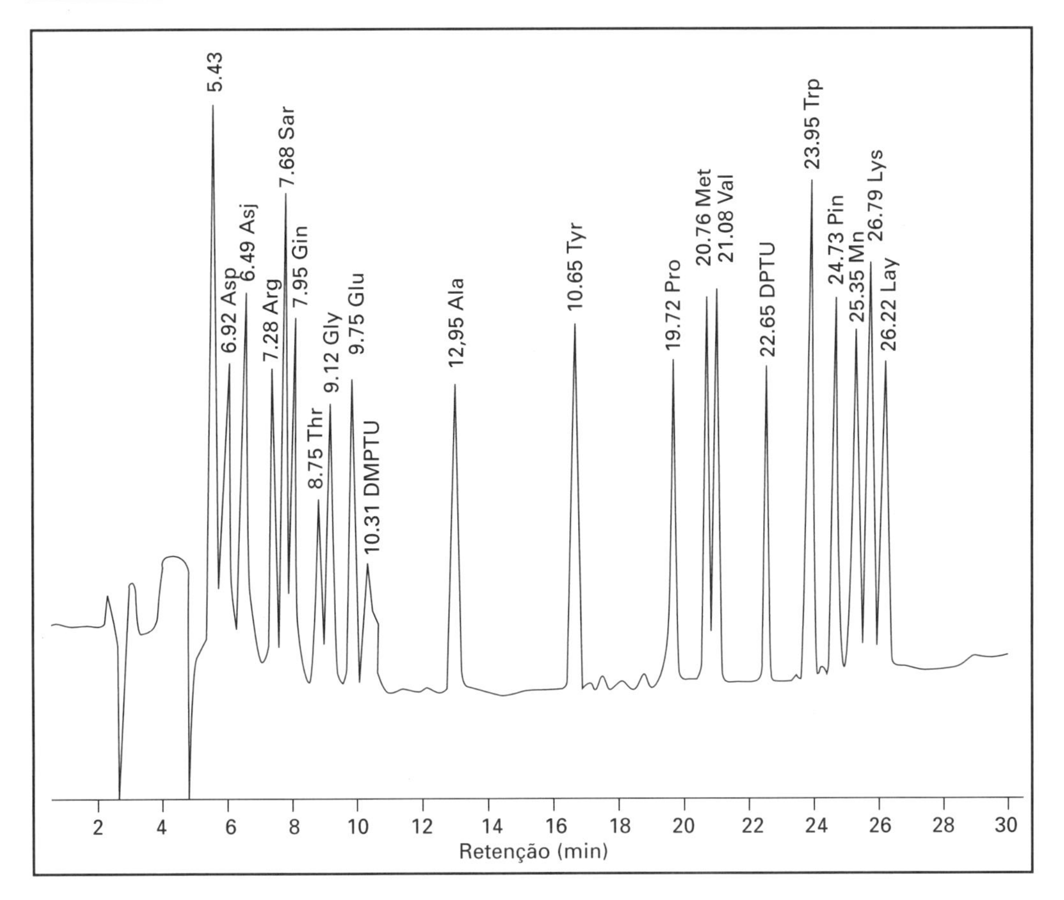

8.3 ÁCIDOS FENOXIACÉTICOS

COLUNA	**SYNCROPAK RPP 100**
DIMENSÕES	250 por 4,6 mm
VAZÃO	1,O ml/min
FASE MÓVEL	A 0,05 M KH_2PO_4 + 0,025 M TRIS, Ph 6
DETECTOR	UV 254 nm

1- ÁCIDO FENOXIACÉTICO
2-ÁCIDO CLOROFENOXIACÉTICO
3- ÁCIDO 2,6-DICLOROFENOXIACÉTICO
4- ÁCIDO 2,4-DICLOROFENOXIACÉTICO
5- ÁCIDO 2,3 -DICLOROFENOXIACÉTICO
6- ÁCIDO 2,4,5 TRICLOROACÉTICO

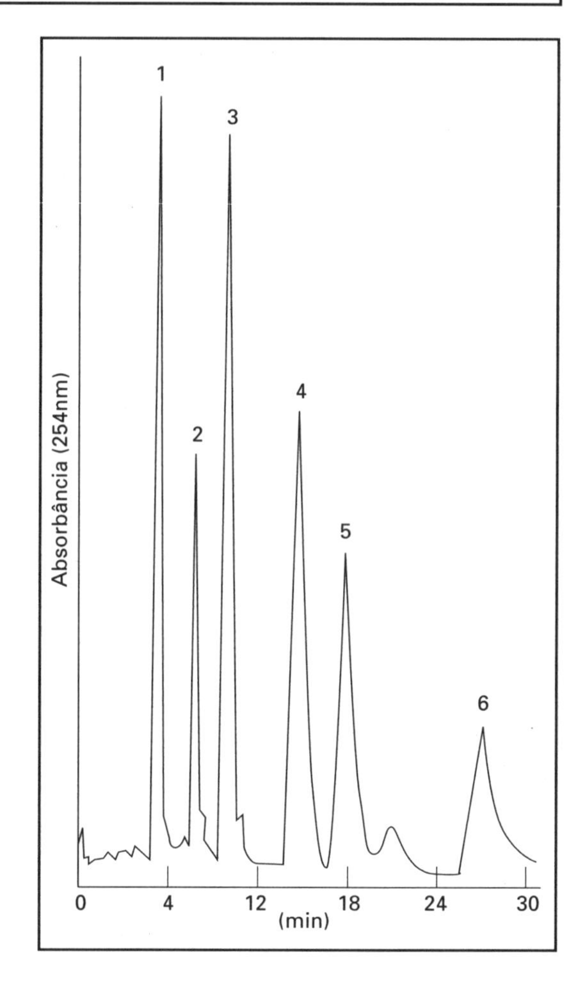

8.4 AMINAS GRAXAS

COLUNA	**ULTRACARB 30**
DIMENSÕES	150 por 4,6 mm
VAZÃO	1,7 ml/min
FASE MÓVEL	A =De 70:30 MeCN:H_2O 100 % de MeCN em 10 min
DETECTOR	UV A 200 nm
1 PALMITOOLEAMIDA	
2 LINOELAMIDA	
3 OLEAMIDA	
4 ELAIDAMIDA	
5 ERUCAMIDA	

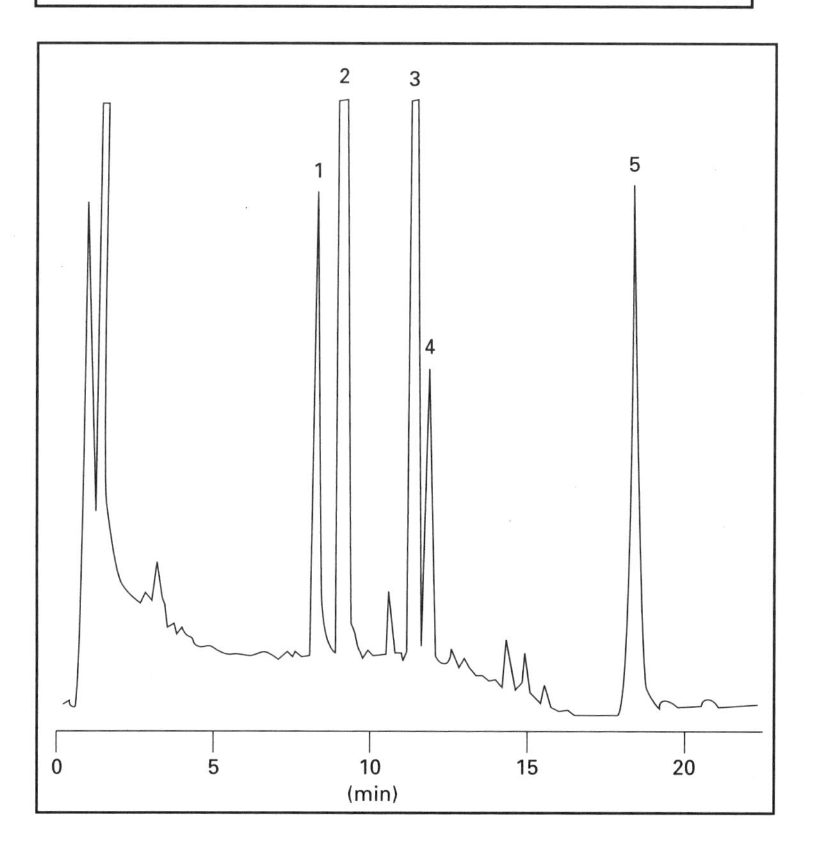

8.5 ÂNIONS INORGÂNICOS

COLUNA	PRP-X100 HAMILTON
FASE DIMENSÕES VAZÃO FASE MÓVEL	PSDVB 150 por 4,1mm 2,0 ml / min A = 4 mM ÁCIDO p-HIDROXIBENZÓICO pH = 8,9
DETECTOR	B) UV INDIRETA A 310 nm A) CONDUTIVIDADE
1- FLUORETO 2- CARBONATO 3- CLORETO 4- NITRITO 5- BROMETO 6- NITRATO 7- FOSFATO 8- SULFATO	10 ppm de cada

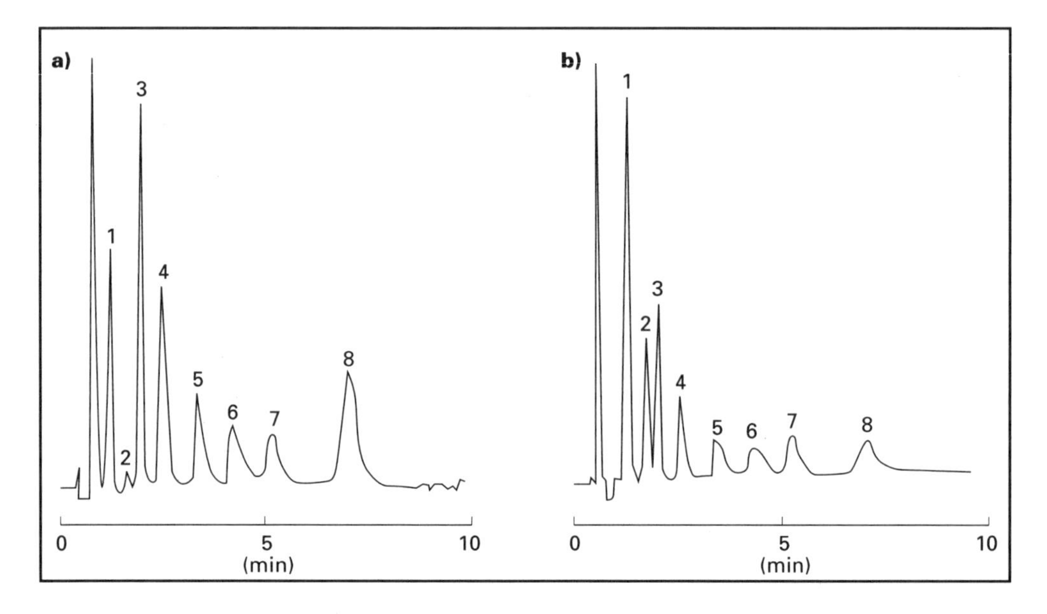

8.6 EXPLOSIVOS

COLUNA	**SPHERISORB**
FASE	S50DS2
DIMENSÕES	250 por 4,6mm
VAZÃO	2,0ml/min
FASE MÓVEL	A = ÁGUA: METANOL: THF
DETECTOR	UV / VIS 230 nm

1- RDX
2- TNT
3- 2,6 DNT
4- 2,4 - DNT
* DESCONHECIDO

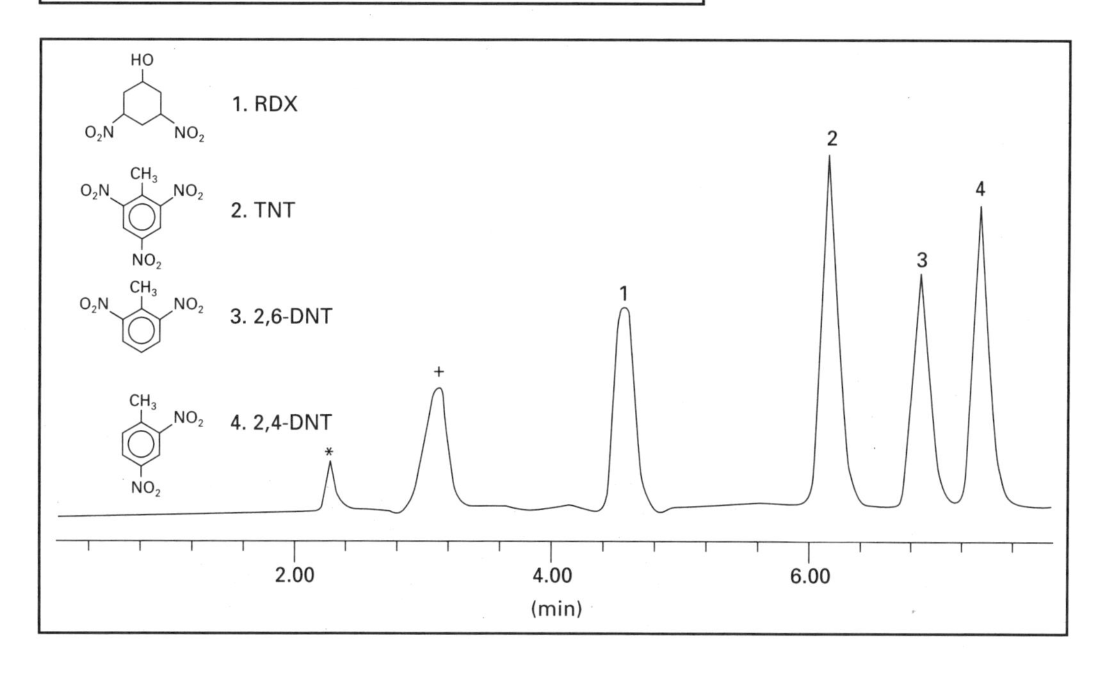

8.7 SULFONAMIDAS

COLUNA	
FASE	SPHERISORB C8 5 micra
DIMENSÕES	250 por 4,6mm
VAZÃO	1,0 ml / min
FASE MÓVEL	A =MeCN, ÁGUA: 17,5: 82,5
DETECTOR	UV 270nm

1- SULFAGUANIDINA
2- SULFANILAMIDA
3- SULFADIAZINA
4- SULFATIAZOL
5- SULFAPIRIDINA
6- SULFADIMIDINA
7- SULFAMETOXIDIAZINA

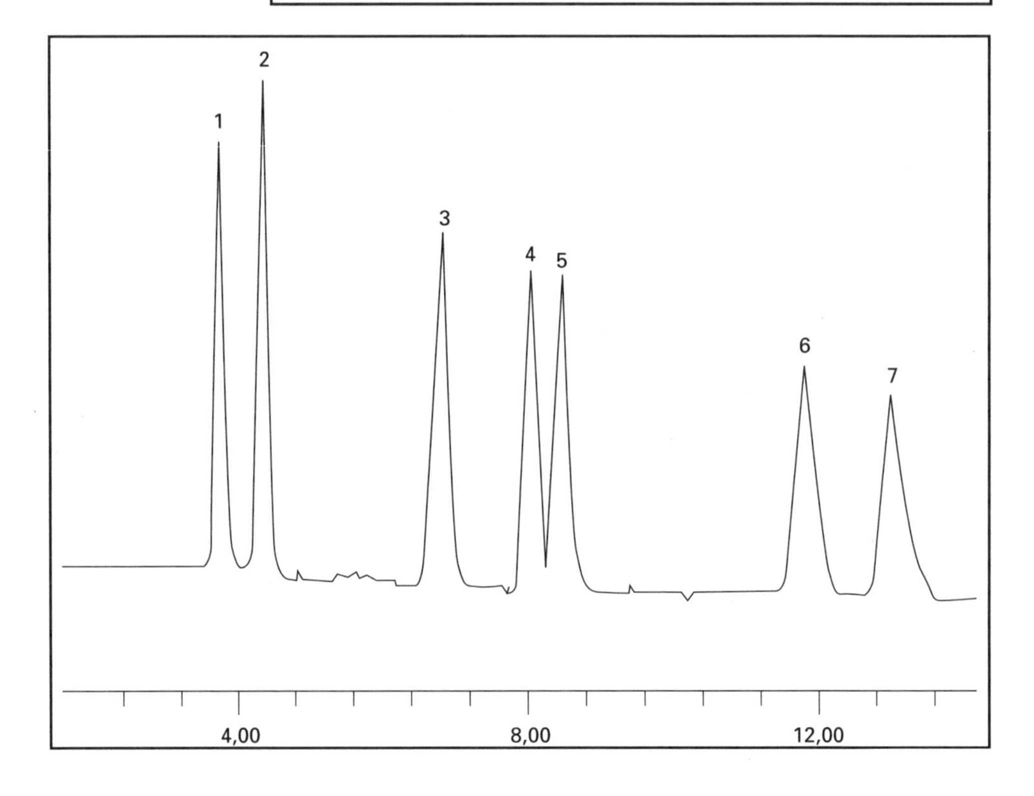

8.8 PENICILINAS

COLUNA	**SPHERISORB**
DIMENSÕES	250 por 4,6 mm
VAZÃO	1,0 ml/min
FASE MÓVEL	A = 0,01 M ÁCIDO OXÁLICO, 0,01 M CLORETO DE TETRAMETILAMÔNIO, 3 mM EDTA
DETECTOR	UV 265 nm
1 - AMOXILINA 2 - PENICILINA - G 3 - AMPICILINA	

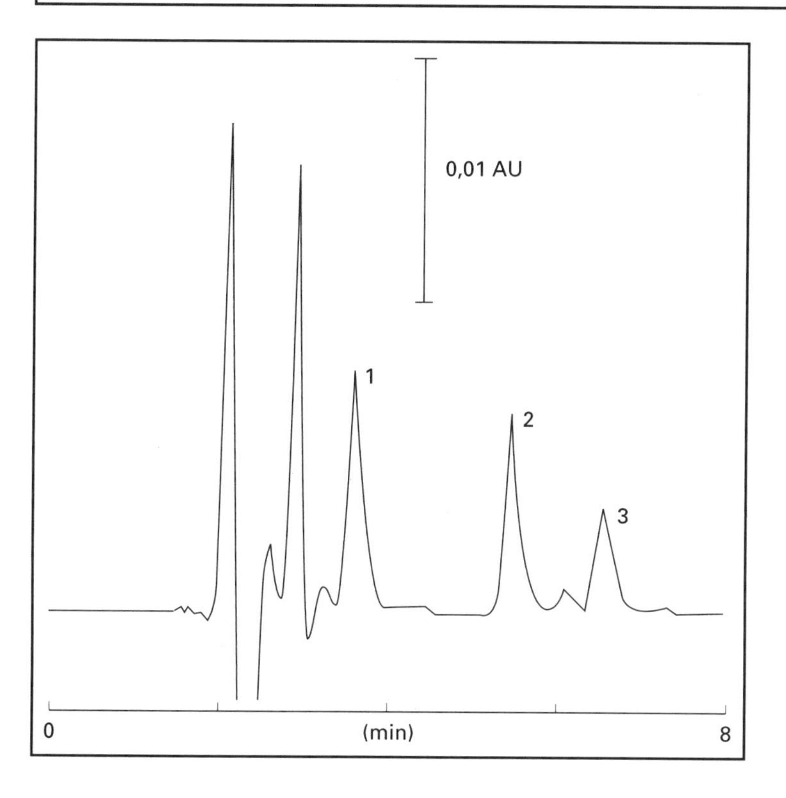

8.9 ANTIBIÓTICOS DA TETRACICLINA

COLUNA	**SPHERISORB**
FASE	ODS2 5 micra
DIMENSÕES	250 POR 4,6 mm
VAZÃO	1,0 ml/min
FASE MÓVEL	ÁCIDO OXÁLICO 0,01 M , CLORETO DE TETRA METIL AMÔNIO 0,01 M 3 mM EDTA pH 2,5/MeCN (75:30)
DETECTOR	UV 280 nm

1- OXITETRACICLINA
2- TETRACICLINA
3- CLOROTETRACICLINA

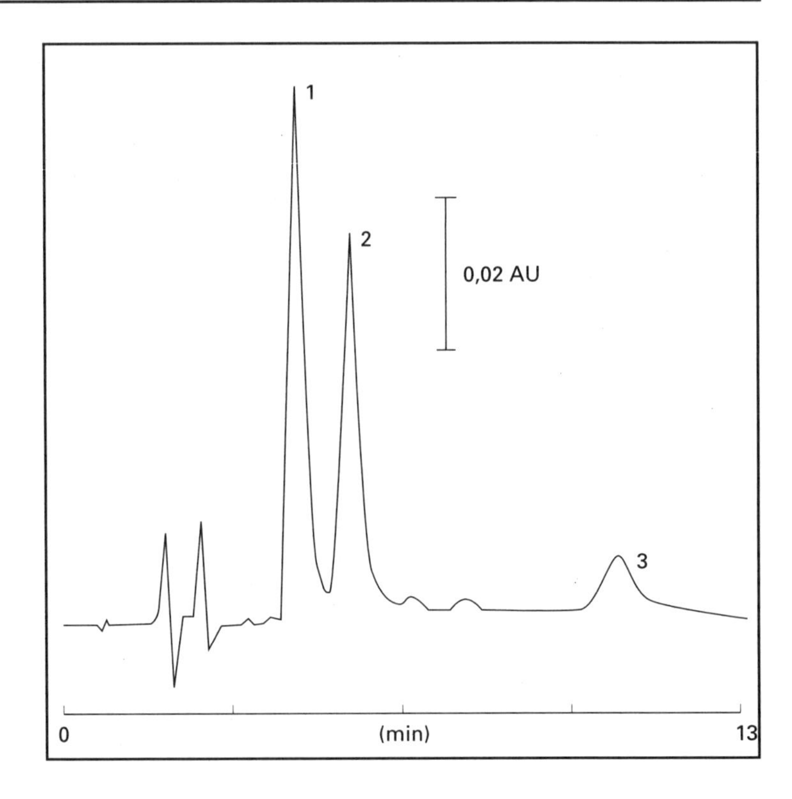

8.10 ÁCIDOS GRAXOS LIVRES

COLUNA	**ULTRACARB 20 ODS 7μ**
DIMENSÕES	150 por 4,6 mm
VAZÃO	1,5 ml/min
FASE MÓVEL	A = MeOH; 0,05 M NaH_2PO_4, (90:10) pH 2,0 com H_3PO_4
DETECTOR	
1- ÁCIDO LÁURICO	
2- ÁCIDO ELÁICO	
3- ÁCIDO LINOLÉICO	
4- ÁCIDO PALMÍTICO	
5- ÁCIDO OXÁLICO	

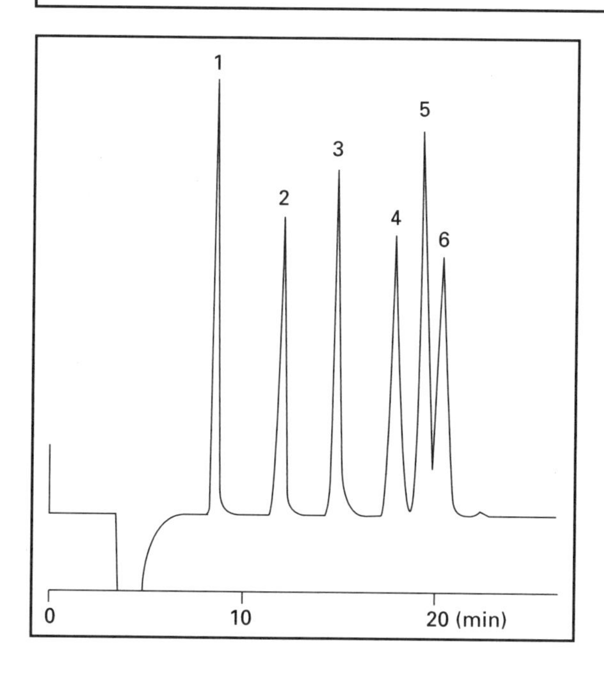

8.11 ÉSTERES FTÁLICOS

COLUNA	**SPHERISORB ODS2**
DIMENSÕES	250 por 4,6 mm
VAZÃO	1,5 ml/min
FASE MÓVEL	A = MeCN: TETRAHIDROFURANO: ÁGUA :: 60 : 2 : 46 B = MeCN: THF: 98; 2
DETECTOR	UV 230 nm

FTÁLATOS DE
1- DIMETILA
2- DIETILA
3- n-BUTIL-BENZILA
4- DI-n-BUTILA
5- di-n-OCTILA
6- DI-n-(ETILHEXÍLA)

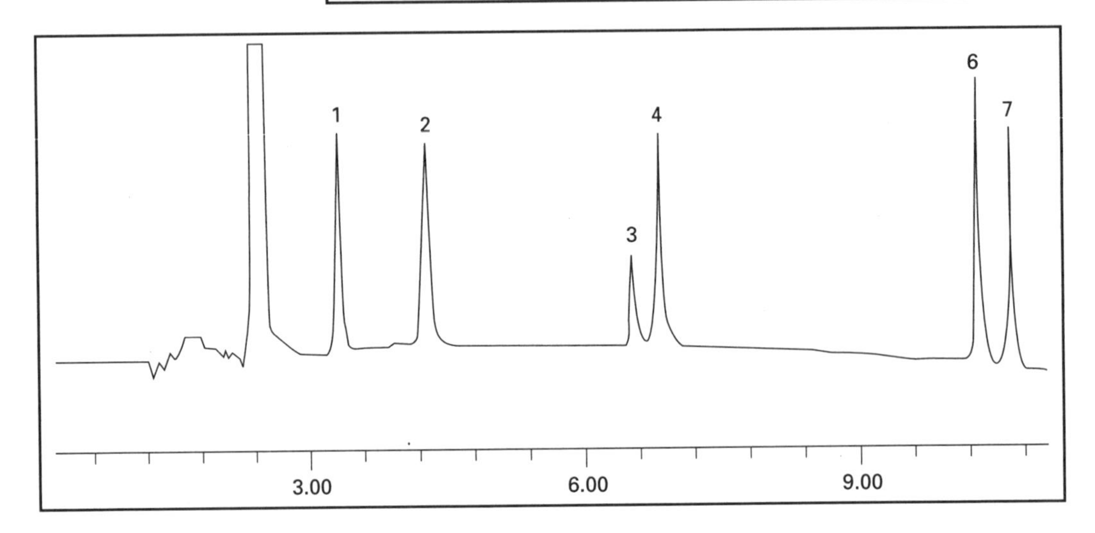

8.12 SACARÍDEOS

COLUNA	**REZEK RPM MONOSSACARÍDEOS**
DIMENSÕES	300 por 7,8 mm
VAZÃO	0,6 ml/min
FASE MÓVEL	A = ÁGUA A 75 °C
DETECTOR	I.R.

1- STAQUIOSE
2- MALTOSE
3- GLUCOSE
4- XILOSE
5- GALACTOSE
6- FRUTOSE
7- MESO-ERITRITOL
8- MANITOL
9- SAICINA
10- XILITOL

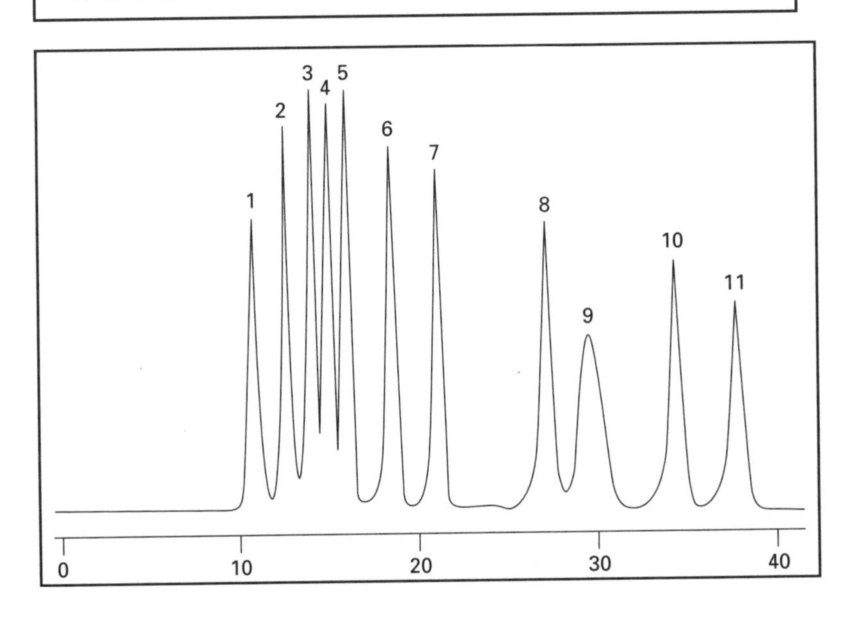

8.13 OLIGOSSACARÍDEOS

COLUNA	**REZEK-RSO OLIGOSACCARIDE**
DIMENSÕES	200 por 10 mm
VAZÃO	0,4 ml/min
FASE MÓVEL	A = ÁGUA
DETECTOR	IR

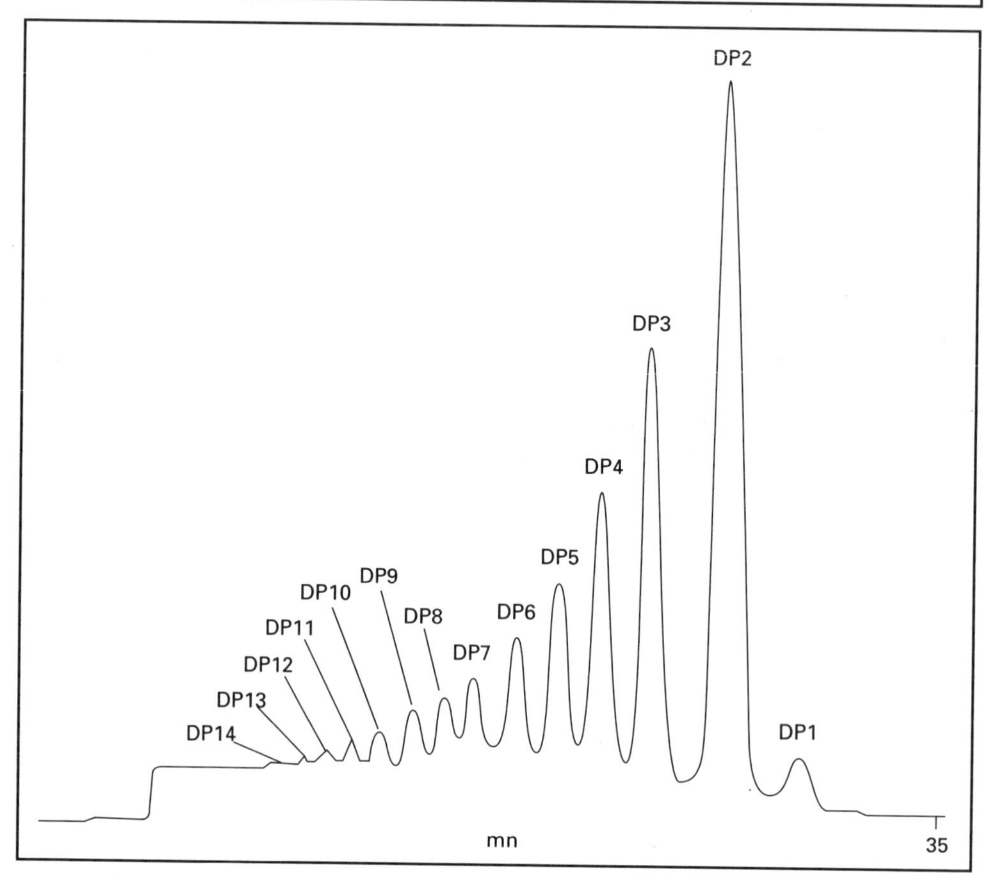

8.14 PROTEÍNAS

COLUNA	**ZORBAX GF-250**
DIMENSÕES	250 por 9,4 mm
VAZÃO	1,0 ml/min
FASE MÓVEL	A = 130 mM NaCl, 20 m M KCl, 50 m M KH_2PO_4, pH = 7,0
DETECTOR UV	210 nm

1- RATO igm 900.000 D
2- BOVINA TIROGLOBINA 670.000 D
3- BATATA DOCE - B AMILASE 200.000 D
4- ALBUMINA SORO BOVINO 67.000 D
5- ALBUMINA DA GALINHA 45.000 D
6- RNA ase BOVINO 13.700 D
7- ÍON AZETO 65 D

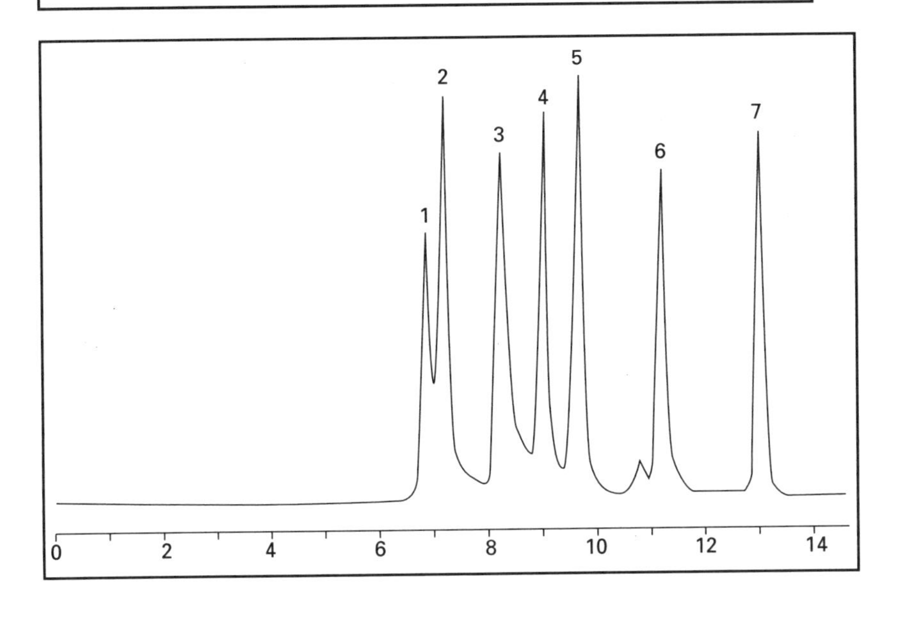

8.15 PEPTÍDEOS HIDROFÓBICOS (PEPTÍDEOS ß AP)

COLUNA	ZORBAX 300 SB-C8 80 °C
DIMENSÕES	250 por 4,6 mm
VAZÃO	1,0 ml/min
FASE MÓVEL	A = 0,1 % TFA EM 30,5 % ACETONITRILA E 69,5 ÁGUA
DETECTOR UV	210 nm

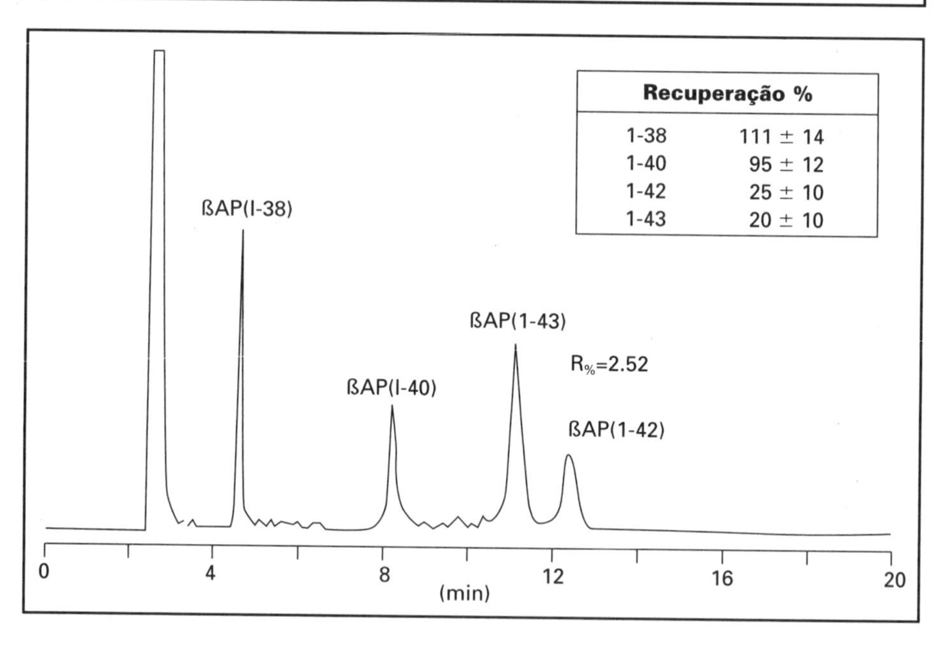

8.16 VITAMINAS B

COLUNA	**SYNCRHROPAK SCD**
DIMENSÕES	250 por 4,6 mm
VAZÃO	0,5 ml/min
FASE MÓVEL	A = 30 % METANOL 0,04m KH_2PO_4
DETECTOR UV	254 nm

1- TIAMINA - B1
2- RIBOFLAVINA B2
3- NIACINAMINA B3
4- PIRIDOXINA B6
5- CIANOCOBALAMINA B12

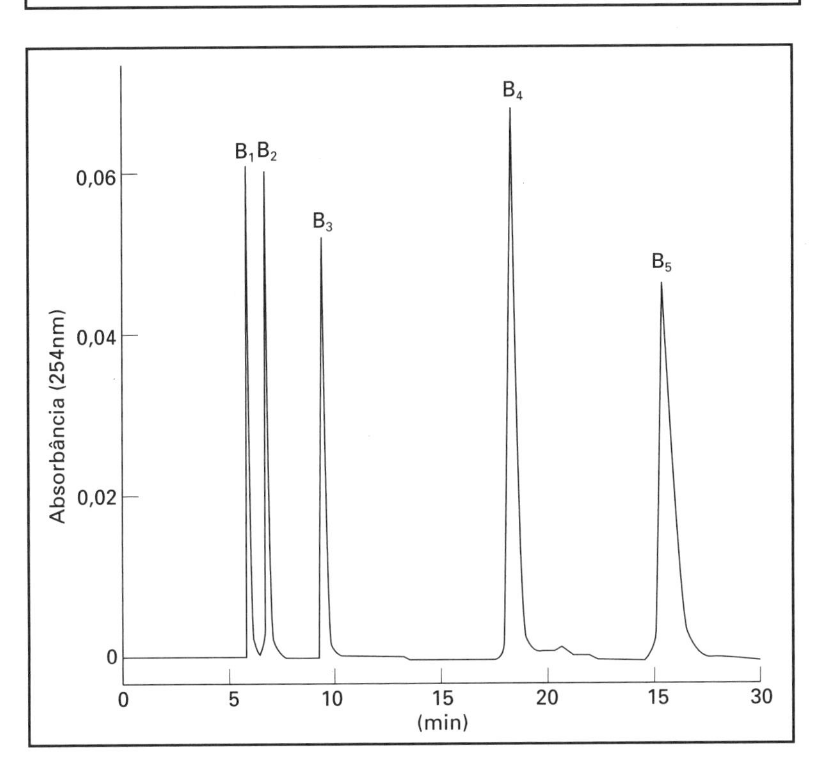

8.17 ÁCIDOS HIPÚRICOS

COLUNA	**BL-C8**
DIMENSÕES	250 por 4,6 mm
VAZÃO	1,0 ml/min
FASE MÓVEL	A = MeCN 25% + (80% ÁGUA + 1,5 % DE ÁCIDO ACÉTICO)
DETECTOR UV	270 nm

1 - ÁCIDO HIPÚRICO
2 - ÁCIDO -METILHIPÚRICO
3 - ÁCIDO m- METILHIPÚRICO

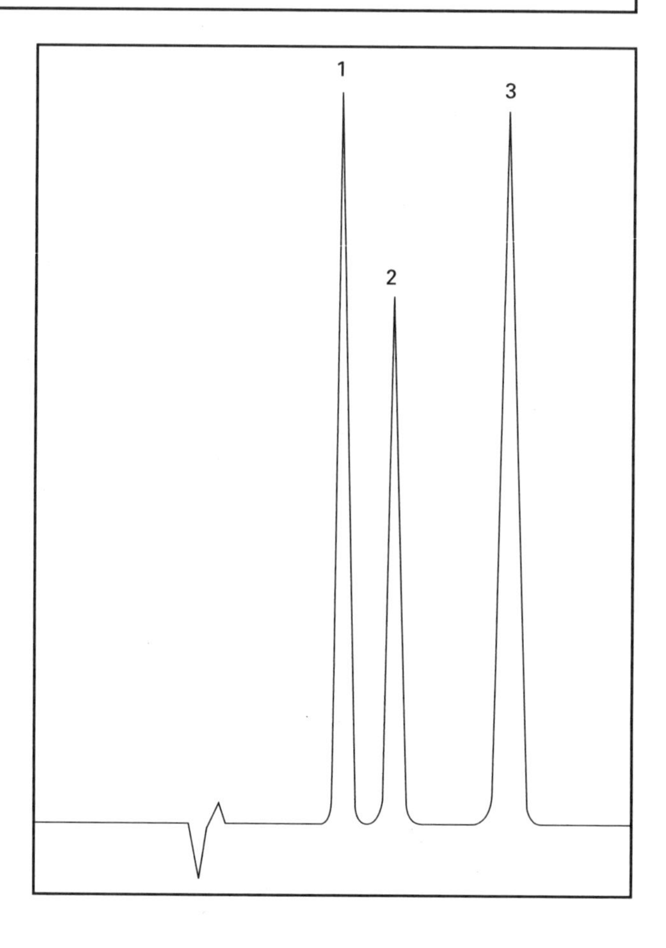

8.18 DNPH DERIVADOS DE ALDEÍDOS E CETONAS MÉTODO EPA

COLUNA	**PINACLE TO-11 - 5m, 120 °A**
DIMENSÕES	150 por 4,6 mm
VAZÃO	1,5 ml / min
FASE MÓVEL	A = MeCN + 0,05 M ACETATO DE SÓDIO. (60/40)
DETECTOR UV	365 nm

1 - FORMALDEÍDO
2 - ACETALDEÍDO
3 - ACROLEINA
4 - ACETONA
5 - PROPIONALDEÍDO
6 - CROTONALDEÍDO
7 - BUTIRALDEÍDO
8 - BENZALDEÍDO
9 - ISOVALERALDEÍDO
10 - VALERALDEÍDO
11 - o - TOLUALDEÍDO
12 - m - TOLUALDEÍDO
13 - p - TOLUALDEÍDO
14 - HEXALDEÍDO
15 - 2,5, DIMETILBENZALDEÍDO

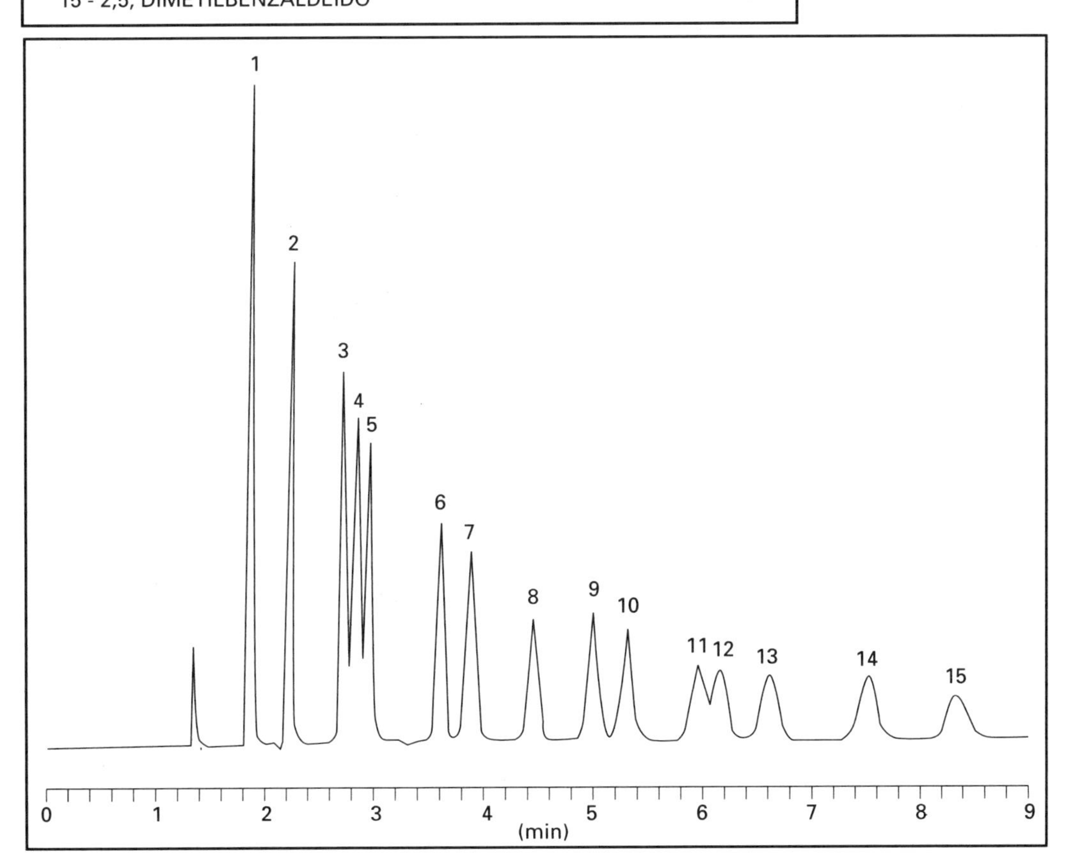

8.19 SEPARAÇÃO DE DERIVADOS DNS DE AMINOÁCIDOS DE PROTEÍNAS COM FASE MÓVEL CONTENDO REAGENTES QUIRAIS

COLUNA	**NUCLEOSIL C18 m**
DIMENSÕES	250 por 4,6 mm
VAZÃO	0,8 ml/min
FASE MÓVEL	A = ÁGUA B = ACETONITRILA DE 23 A 40 % COM UM ADITIVO QUIRAL DE ACETATO DE COBRE COMPLEXADO COM N,N DI n- PROPIL AMINA.
DETECTOR FLUORESCÊNCIA	
EXCITAÇÃO A 340 nm DETECÇÃO A 425 nm	

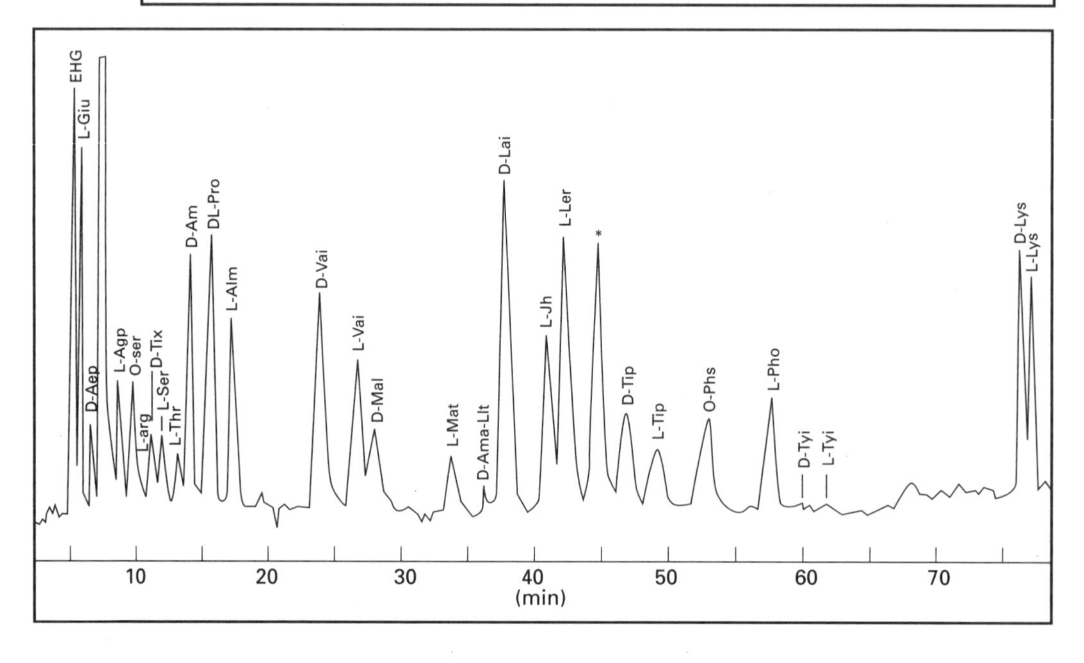

8.20 SEPARAÇÃO DE ATENOLOL COM COLUNAS QUIRAIS

COLUNA	**ULTRON ES-PEPSIN** **PEPSINA LIGADA A SÍLICA 120 A DE μ**
DIMENSÕES	150 por 4,6 mm
VAZÃO	1,0 ml/min
FASE MÓVEL	A = 20 m M KH_2PO_4 p H = 4,5
DETECTOR UV	220 nm

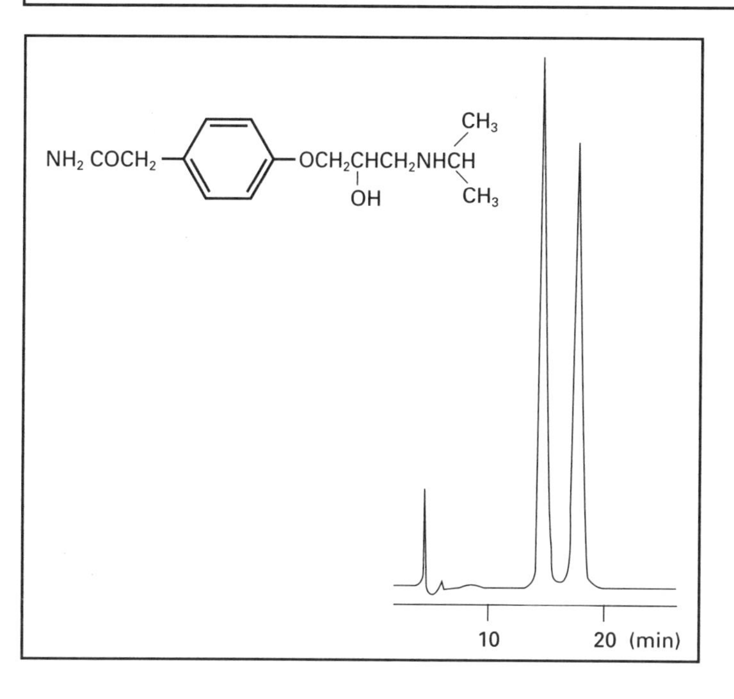

8.21 ALGUNS EXEMPLOS DE CITAÇÕES BIBLIOGRÁFICAS DA LITERATURA DE HPLC RETIRADAS DO CDCHROM (TEXTO RESUMIDO)

8.21.1 Aminas

SOLID PHASE EXTRACTION APPLIED TO THE DETERMINATION OF BIOGENIC AMINES IN WINES BY HPLC

• Chromatographia 38 (9/10): 571-78 (1994)

DETERMINATION OF VOLATILE AMINES IN AIR BY DIFFUSIVE SAMPLING, THIOUREA FORMATION AND HIGH-PERFORMANCE LIQUID CHROMATOGRAPHY

• Chromatogr. 643: 35-41 (1993)

STUDY OF PERMANENTLY COATED COLUMNS FOR THE HIGH-PERFORMANCE LIQUID CHROMATOGRAPHIC DETERMINATION OF SULPHUR ANIONS IN ENVIRON MENTAL SAMPLES FROM METALLURGICAL PROCESSES

• Chromatogr. 642: 371-77 (1993)

BIOGENIC AMINES IN TABLE OLIVES. ANALYSIS BY HIGH-PERFORMANCE LIQUID CHROMATOGRAPHY

• Analyst 119 (9): 2037-41 (1994)

HPLC CHROMATOGRAPHIC DETERMINATION OF TEN HETEROCYCLIC AROMATIC AMINES WITH ELECTROCHEMICAL DETECTION

• J. Chromatogr. 655: 101-10 (1993)

8.21.2 Derivados de aldeídos

RETENTION BEHAVIOUR OF AROMATIC ALDEHYDE DERIVATIVES IN REVERSED-PHASE LIQUID CHROMATOGRAPHY

• J. Chromatogr. 404, No. 1: 242-47 (1987)

HIGH PERFORMANCE LIQUID CHROMATOGRAPHIC SEPARATION OF ALIPHATIC ALDEHYDES BY USE OF CYCLOHEXANE-1,3-DIONE AS A FLUORESCENT DERIVATIZING REAGENT

• Bunseki Kagaku 34, No. 6: 314-18 (1985)

THE ESTIMATION OF LIGNOCAINE CONCENTRATIONS IN PLASMA BY HPLC

• Chromatogr. Anal. 9: 9-10 (1990)

HIGH-PERFORMANCE LIQUID CHROMATOGRAPHIC DETERMINATION OF d-/l-EPINEPHRINE ENANTIOMER RATIO IN LIDOCAIN-EPINEPHRINE LOCAL ANESTHETICS

• J. Chromatogr. 325, No. 1: 249-54 (1985)

LIQUID CHROMATOGRAPHIC ANALYSIS OF SAMPLES CONTAINING COCAINE, LOCAL ANESTHETICS, AND OTHER AMINES

• J. Assoc. Off. Anal. Chem. 66, No. 1: 151-57 (1983)

IMPROVED ISOCRATIC MOBILE PHASES FOR THE REVERSE PHASE ION-PAIR CHROMATOGRAPHIC ANALYSIS OF DRUGS OF FORENSIC INTEREST

- J. Liq. Chromatogr. 4, No. 3: 399-408 (1981)

8.21.3 Antibióticos

IMPROVEMENT OF CHEMICAL ANALYSIS OF ANTIBIOTICS. 21. SIMULTANEOUS DETERMINATION OF THREE POLYETHER ANTIBIOTICS IN FEEDS USING HIGH-PERFORMANCE LIQUID CHROMATOGRAPHY WITH FLUORESCENCE

- J. Agric. Food Chem. 42 (1): 112-17 (1994)

MULTIDIMENSIONAL EVALUATION OF IMPURITY PROFILES FOR GENERIC CEPHALEXIN AND CEFACLOR ANTIBIOTICS

- J. Chromatogr. 648 (1): 165-73 (1993)

MACROCYCLIC ANTIBIOTICS AS A NEW CLASS OF CHIRAL SELECTORS FOR LIQUID CHROMATOGRAPHY

- Anal. Chem. 66 (9): 1473-84 (1994)

RAPID DETERMINATION OF TETRACYCLINE ANTIBIOTICS IN SERUM BY REVERSED-PHASE HIGH-PERFORMANCE LIQUID CHROMATOGRAPHY WITH FLUORESCENCE DETECTION

- J. Chromatogr. Biomed. Appl. 619 (2): 319-23 (1993)

TERFENADINE METABOLISM IN HUMAN LIVER. IN VITRO INHIBITION BY MACROLIDE ANTIBIOTICS AND AZOLE ANTIFUNGALS

- Drug Metab. Dispos. 22 (6): 849-57 (1994)

MACROCYCLIC ANTIBIOTICS AS A NEW CLASS OF CHIRAL SELECTORS FOR LIQUID CHROMATOGRAPHY

- Anal. Chem. 66 (9): 1473-84 (1994)

8.21.4 Ácidos biliares

HPLC ASSAY OF CONJUGATED BILE ACIDS IN HUMAN FLUIDS USING ON-LINE SAMPLE PRETREATMENT ON A STANDARD ISOCRATIC CHROMATOGRAPH -

- Clin. Chim. Acta 224(2): 181-90 (1994)

SEPARATION OF BILE AND ACID METHYL ESTERS BY HIGH-PERFORMANCE LIQUID CHROMATOGRAPHY

- Lipids 28 (9): 863-65 (1993)

HIGH-PERFORMANCE LIQUID CHROMATOGRAPHIC DETERMINATION OF FREE AND CONJUGATED BILE ACIDS IN SERUM, LIVER BIOPSIES, BILE, GASTRIC JUICE AND FECES BY FLUORESCENCE LABELING

- Clin. Chim. Acta 214 (2): 195-207 (1993)

2-BROMOACETYL-6-METHOXYNAPHTHALENE: A USEFUL FLUORESCENT LABELLING REAGENT FOR HPLC ANALYSIS OF CARBOXYLIC ACIDS

- Chromatographia 33 (1/2): 13-18 (1992)

8.21.5 Carotenos

DEVELOPMENT OF HIGH-PERFORMANCE LIQUID CHROMATOGRAPHIC SYSTEMS FOR THE SEPARATION OF RADIOLABELLED CAROTENES AND PRECURSORS FORMED IN SPECIFIC ENZYMATIC REACTIONS
- J. Chromatogr. 645: 265-72 (1993)

HIGH-PERFORMANCE LIQUID CHROMATOGRAPHIC METHOD FOR THE SIMULTANEOUS DETERMINATION OF TOCOPHEROLS, CAROTENES, AND RETINOL AND ITS GEOMETRIC ISOMERS IN ITALIAN CHEESES
- Analyst 119 (6): 1161-65 (1994)

CHROMATOGRAPHIC ANALYSIS OF CIS-TRANS CAROTENOID ISOMERS
- J. Chromatogr. 624: 235-52 (1992)

SEPARATION OF TRANS/CIS-alpha- AND beta-CAROTENES BY SUPERCRITICAL FLUID CHROMATOGRAPHY. EFFECTS OF TEMPERATURE, PRESSURE, AND ORGANIC MODIFIERS ON THE RETENTION OF CAROTENES
- J. Chromatogr. 557: 47-58 (1991)

8.21.6 Catecolaminas

DETERMINATION OF CATECHOLAMINES IN URINE AND PLASMA BY ON-LINE SAMPLE PRETREATMENT USING AN INTERNAL SURFACE BORONIC ACID GEL
- J. Chromatogr. Biomed. Appl. 620 (2): 175-81 (1993)

IN-LINE DERIVATIZATION METHOD FOR FLUOROMETRIC DETERMINATION OF CATECHOLAMINES BY HIGH-PERFORMANCE LIQUID CHROMATOGRAPHY
- Chromatographia 38 (9/10): 591-94 (1994)

8.21.7 Explosivos

GC AND HPLC WITH SELECTIVE DETECTION FOR THE DETERMINATION OF EXPLOSIVES IN WATER AND SOIL
- LÇ-GC Int. 7 (12): 698-701 (1994)

ANALYSIS OF COMMERCIAL EXPLOSIVES BY SINGLE-COLUMN ION CHROMATOGRAPHY
- J. Chromatogr. 602: 149-54 (1992)

8.21.8 Fungicidas

APPLICATION OF SOLID-PHASE DISK EXTRACTION FOLLOWED BY GAS AND LIQUID CHROMATOGRAPHY FOR THE SIMULTANEOUS DETERMINATION OF THE FUNGICIDES, CAPTAN, CAPTAFOL, CARBENDAZIM, CHLOROTHALONIL, ETHIRIMOL, FOLPET, METALAXYL AND VINCLOZOLIN IN ENVIRONMENTAL WATERS
- Anal. Chim. Acta 293 (1-2): 109-1175 (1994)

NEW ANALYTICAL METHODS FOR QUANTITATION OF FOUR FUNGICIDES BY GAS AND HIGH-PERFORMANCE LIQUID CHROMATOGRAPHY
- J. Chromatogr. 604 (2): 247-53 (1992)

8.21.9 Inseticidas

AUTOMATED DETERMINATION OF PYRETHROID INSECTICIDES IN SURFACE WATER BY COLUMN LIQUID CHROMATOGRAPHY WITH DIODE ARRAY UV DETECTION, USING ON-LINE MICELLE-MEDIATED SAMPLE PREPARATION

- Fresenius Z. Anal. Chem. 350 (7-9): 487-95 (1994)

DETERMINATION OF N-METHYLCARBAMATE INSECTICIDES IN VEGETABLES, FRUITS, AND FEEDS USING SOLID-PHASE EXTRACTION CLEANUP IN THE NORMAL PHASE

- J. Assoc. Off. Anal. Chem. 75 (6): 1073-83 (1992)

APPLICATION OF HIGH-PERFORMANCE LIQUID CHROMATOGRAPHY IN PESTICIDE RESIDUE ANALYSIS: A REVIEW

- Pesticides Information 18(1): 5-9 (1992)

8.21.10 Nicotina

HIGH-PERFORMANCE LIQUID CHROMATOGRAPHIC DETERMINATION OF NICOTINE AND ITS URINARY METABOLITES VIA THEIR 1,3-DIETHYL-2-THIOBARBITURIC ACID DERIVATIVES

- J. Chromatogr. 613: 95-103 (1993)

DETERMINATION OF NICOTINE AND TWO MAJOR METABOLITES IN SERUM BY SOLID-PHASE EXTRACTION AND HIGH-PERFORMANCE LIQUID CHROMATOGRAPHY, HIGH-PERFORMANCE LIQUID CHROMATOGRAPHY - PARTICLE BEAM MASS SPECTROMETRY

- J. Chromatogr. 612: 209-13 (1993)

8.21.11 Lipídeos

AN AUTOMATED GAS - LIQUID CHROMATOGRAPHIC METHOD OF MEASURING FREE FATTY ACIDS IN CANOLA

- J. Am. Oil Chem. Soc. 70 (3): 229-33 (March 1993)

HIGH-PERFORMANCE LIQUID CHROMATOGRAPHY OF HUMAN MILK TRIACYLGLYCEROLS AND GAS CHROMATOGRAPHY OF COMPONENT FATTY ACIDS

- Lipids 27 (11): 933-38 (1992)

SUNFLOWER OIL USED FOR FRYING: COMBINATION OF COLUMN, GAS, AND HIGH-PERFORMANCE SIZE-EXCLUSION CHROMATOGRAPHY FOR ITS EVALUATION

- J. Am. Oil Chem. Soc. 70 (3): 235-40 (1993)

SIMULTANEOUS DETERMINATION OF AMOUNTS OF MAJOR PHOSPHOLIPID CLASSES AND THEIR FATTY ACID COMPOSITION IN ERYTHROCYTE MEMBRANES USING HIGH-PERFORMANCE LIQUID CHROMATOGRAPHY AND GAS CHROMATOGRAPHY

- J. Chromatogr. 598 (1): 33-42 (1992)

ANALYSIS OF NORTH ATLANTIC AND BALTIC FISH OIL TRIACYLGLYCEROLS BY HIGH-PERFORMANCE LIQUID CHROMATOGRAPHY AND SILVER ION COLUMN

- Lipids 25 (5): 284-91 (1990)

ANALYSIS OF VERY LONG CHAIN POLYENOIC FATTY ACIDS BY HIGH-PERFORMANCE LIQUID CHROMATOGRAPHY AND GAS CHROMATOGRAPHY - MASS SPECTROMETRY WITH CHEMICAL IONIZATION

- LC-GC 8 (7): 542-45 (1990)

SEPARATION OF MAJOR PHOSPHOLIPID CLASSES BY HIGH-PERFORMANCE LIQUID CHROMATOGRAPHY AND SUBSEQUENT ANALYSIS OF PHOSPHOLIPID-BOUND FATTY ACIDS USING GAS CHROMATOGRAPHY

- J. Chromatogr. 469: 271-80 (1989)

8.21.12 Triglicerídeos

DETERMINATION OF POLYMERIZED TRIGLYCERIDES IN FRYING FATS AND OILS BY GEL PERMEATION CHROMATOGRAPHY: INTERLABORATORY STUDY

- J. Assoc. Anal. Chem. 77 (3): 667-71 (1994)

METHOD FOR ISOLATION OF NON-ESTERIFIED FATTY ACIDS AND SEVERAL OTHER CLASSES OF PLASMA LIPIDS BY COLUMN CHROMATOGRAPHY ON SILICA GEL

- J. Chromatogr. Biomed. Appl. 619 (1): 9-19 (1993)

METHOD FOR ISOLATION OF NON-ESTERIFIED FATTY ACIDS AND SEVERAL OTHER CLASSES OF PLASMA LIPIDS BY COLUMN CHROMATOGRAPHY ON SILICA GEL

- J. Chromatogr. Biomed. Appl. 619 (1): 9-19 (1993)

FATTY ACID COMPOSITION OF HUMAN MILK TRIGLYCERIDE SPECIES. POSSIBLE CONSEQUENCES FOR OPTIMAL STRUCTURES OF INFANT FORMULA TRIGLYCERIDES

- J. Chromatogr. 616: 9-24 (1993)

FATTY ACID DISTRIBUTION OF FATS, OILS, AND SOAPS BY HIGH-PERFORMANCE LIQUID CHROMATOGRAPHY WITHOUT DERIVATIZATION

- J. Am. Oil Chem. Soc. 71 (7): 789-91 (1994)

SIMULTANEOUS DETERMINATION OF PROSTAGLANDINS E1, A1, AND B1 BY REVERSED-PHASE HIGH-PERFORMANCE LIQUID CHROMATOGRAPHY FOR THE KINETIC STUDIES OF PROSTAGLANDIN E1 IN SOLUTION

- J. Chromatogr. 555: 73-80 (1991)

VITAMIN B12, A CATALYST IN THE SYNTHESIS OF PROSTAGLANDINS

- Tetrahedron 46 (9): 3155-66 (1990)

8.21.13 Proteínas

SOLID-PHASE EXTRACTION OF SOLUBLE PROTEINS IN GRAPE MUSTS

- J. Chromatogr. 655: 336-39 (1993)

SEPARATION OF HUMAN TEAR PROTEINS WITH CERAMIC HYDROXYAPATITE HIGH-PERFORMANCE LIQUID CHROMATOGRAPHY

- J. Chromatogr. Biomed. Appl. 620 (1): 149-52 (1993)

RAPID METHOD FOR THE FRACTIONATION OF NUCLEAR PROTEINS AND THEIR COMPLEXES BY BATCH ELUTION FROM HYDROXYAPATITE

- J. Chromatogr. 648 (1): 275-78 (1993)

8.21.14 Esteroídes

DETERMINATION OF ANABOLIC STEROIDS IN PHARMACEUTICALS BY LIQUID CHROMATOGRAPHY WITH A MICROEMULSION OF SODIUM DODECYLSULFATE AND PENTANOL AS MOBILE PHASE

- Anal. Chim. Acta 302 (2-3): 163-72 (1995)

APPLICATION OF beta-CYCLODEXTRIN FOR THE ANALYSIS OF ESTROGENIC STEROIDS IN HUMAN URINE BY HIGH-PERFORMANCE LIQUID CHROMATOGRAPHY

- Chromatographia 38 (3/4): 168-72 (1994)

USE OF METHYL AND ETHYL ACETATE AS ORGANIC MODIFIERS IN REVERSED-PHASE HIGH-PERFORMANCE LIQUID CHROMATOGRAPHY APPLICATION TO IMPURITY CONTROL IN BULK DRUG STEROIDS

- J. Chromatogr. 607 (2): 175-81 (1992)

BIBLIOGRAFIA

CD-CHROM - Preston Publications - Niles, Ill, USA

IMPRESSÃO E ACABAMENTO
YANGRAF
GRÁFICA E EDITORA LTDA.
WWW.YANGRAF.COM.BR
(11) 2095-7722